HANSE-THESEN ZUR KLIMAANPASSUNG

*Karsten Reise (Hrsg.)*
*mit Luftbildern von Alex S. MacLean*

# Kurswechsel Küste

*Was tun, wenn die Nordsee steigt?*

WACHHOLTZ
MURMANN PUBLISHERS

Gesamtherstellung: Wachholtz Verlag

Zeichnungen: studio urbane landschaften – hamburg
landschaftsarchitektur. stadt- und raumforschung,
Julia Schulz, Sabine Rabe und Amy Stamatopoulou

Umschlaggestaltung und Layout: Buchholz Graphiker

Umschlagfoto: H. Dietrich Habbe

Litho: ReproTechnik Fromme, Hamburg

Printed in Germany
ISBN 978-3-529-05394-8

Besuchen Sie uns im Internet:
www.wachholtz-verlag.de

# Inhalt

# Prolog

*Freundschaft*

*Ja, mit dem Meer bin ich befreundet. Kaum stecke ich morgens den Kopf zum Fenster hinaus, schlaferfrischt auf die frischen Wolken zu blicken, auf die gelben, sandigen Dünen, beginnt es am Horizont zu wallen. Lärmend und rollend, den Rücken windbedeckt, steigt es über den Strand auf. Schon kurze Zeit später hat es seinen eigenen Höchstpegel überschritten und nähert sich meinem Hause. Rasch sammelt es seine ausgestreckten Lachen hier und da, steigt erneut weiter, um damit erst in Höhe des ersten Stockes, aus dessen Fenster ich noch immer lehne, schwappend einzuhalten. Ich werfe einige kleine Abfälle hinaus, die es dankbar verschlingt. Mit ungebärdiger Bewegung leckt es meine Hand. Unterhalb seines Spiegels indes bricht es die Wände ein, lockert die Pfosten und – während es bei mir oben noch rauschend schwatzt und schmatzt – knickt es an allen vier Ecken das Haus um. Knapp gelange ich durchs Fenster und aufs Dach, auf dem reitend ich eilig vom Festland fortgetragen werde, hinaus, hinfort. Ja, daran seht ihr: Ich bin wirklich mit dem Meer befreundet.*

*Günter Kunert (Kramen in Fächern 1968)*

*Rasch noch eine Fernreise, schnell noch eine Kreuzfahrt, hastig noch ein Tänzchen …, bevor die Sintflut die Nachgeborenen erwischt, die unserer kaum mit Nachsicht, vielmehr Neid und einer hilflosen Rachsucht gedenken dürften.*

*Günter Kunert (Tröstliche Katastrophen 2013)*

# Vorwort

Erdgeschichtlich gesehen sind Meeresspiegelanstiege aufgrund des steten Wechsels von Kalt- und Warmzeiten nichts Ungewöhnliches. Für Küstenbewohner stellt ein steigender Meeresspiegel jedoch eine massive Bedrohung dar. Viele Küstenregionen sind von den Auswirkungen klimatischer Veränderungen betroffen, neben dem beständigen Anstieg des Meeresspiegels auch durch Extremereignisse wie Sturmfluten.

Bevor der Mensch sesshaft wurde, konnte er sich bei drohendem Hochwasser mit seinem Hab und Gut in höher gelegene Regionen zurückziehen. Seit dem Bau fester Häuser und Siedlungen war dies nicht mehr so ohne Weiteres möglich. Stattdessen begann der Mensch, Deiche zu bauen. Weltweit sind insbesondere die Küstenregionen dicht besiedelt, Tendenz steigend. So leben heute allein in den Anrainerstaaten der Nordsee etwa 80 Millionen Menschen weniger als 150 Kilometer von der Küste entfernt.

Wie steht es angesichts der vieldiskutierten globalen Erwärmung nun um die Zukunft der Nordseeküste hier vor unserer Haustür?

Bei einem Anstieg des Meeresspiegels von über 1 Meter sind beispielsweise fast 90 Prozent der Landfläche Bremens von Überflutungen bedroht. Ohne angemessene Anpassungsstrategie bliebe langfristig nur der Rückzug ins Landesinnere. Oder kann die Küste gegen einen Anstieg des Meeresspiegels gewappnet und krisensicherer gestaltet werden – und wenn ja, wie? Wird es weiterhin reichen, die Deiche zu erhöhen? Sollen Überflutungen bestimmter Gebiete sogar bewusst in Kauf genommen werden? Welche Folgen hat der Meeresspiegelanstieg, nicht nur für die Küstenbewohner, sondern auch für Nutzungsformen wie Tourismus oder Hafenwirtschaft? Welchen Kurs soll die Küste also nehmen? Steht sogar ein „Kurswechsel Küste“ an? Was sollen wir tun, wenn die Nordsee steigt?

Zur Beantwortung all dieser Fragen will das Hanse-Wissenschaftskolleg (HWK), *Institute for Advanced Study*, in Delmenhorst seinen Beitrag leisten. Hier, wo renommierte Wissenschaftler aus aller Welt und aus verschiedenen Disziplinen aufeinander treffen, um zentrale Forschungsfragen zu beantworten, sollte ein Buch entstehen, das sich ausschließlich mit regionalen Auswirkungen des globalen Klimawandels befasst, basierend auf thematischen Workshops und Gesprächsrunden mit renommierten Experten rund um das Thema Küste. Von Anfang an war dabei ein wissenschaftlich fundiertes und zugleich gut verständliches, ansprechend gestaltetes Buch unser Ziel, das die Leserinnen und Leser motiviert, sich mit dem für ihre Heimat so wesentlichen Thema auseinanderzusetzen.

Für die Förderung dieses Buchprojektes konnten wir die Bremer Landesbank begeistern. Die Bremer Landesbank engagiert sich in der Förderung von Projekten in vier Kernbereichen, darunter Wissenschaft und Bildung sowie Natur und Ressourcen. Eine solche Schwerpunktsetzung passt hervorragend zu den Themen, die am HWK bearbeitet und auch im Buch erörtert werden. Mit der Bremer Landesbank im Boot nahmen wir Ende 2012 die Arbeit auf, die mit Erscheinen des vorliegenden Buches ihren Abschluss gefunden hat.

Für die wissenschaftliche Leitung galt es, eine renommierte Forscherpersönlichkeit zu gewinnen, die nicht nur über einen umfassenden fachlichen Hintergrund, sondern auch über die nötigen Kapazitäten verfügt, um sich intensiv der Realisierung des geplanten Buches widmen zu können. In Karsten Reise, dem emeritierten Professor für Küstenökologie an der Universität Kiel und langjährigen Leiter der Wattenmeerstation Sylt des Alfred-Wegener-Instituts, Helmholtz-Zentrum für Polar- und Meeresforschung, haben wir diese „Ankerperson“ gefunden. Karsten Reise hatte bereits mehrere Bücher zur Wattenmeerökologie veröffentlicht und überdies dazu beigetragen, dass das Wattenmeer im Juni 2009 zum Weltnaturerbe erklärt wurde. Zu unserer Freude war er sofort Feuer und Flamme für unsere Idee und wurde als Assoziierter Fellow an das HWK berufen.

An den Workshops rund um das Thema Küste nahmen neben renommierten Wissenschaftlerinnen und Wissenschaftlern unterschiedlicher Fachdisziplinen auch ausgewiesene Experten aus den unterschiedlichsten Bereichen teil, sie vertraten beispielsweise Naturschutz, mit Küstenschutz betraute Landesbehörden, Wirtschaft oder auch Gemeinde- und Hafenverwaltungen. Während der kleineren, ebenfalls hochkarätig besetzten Round-Table-Gespräche wurden die Projektplanungen und Gliederung des Buches immer wieder reflektiert und die Ergebnisse der Workshops durch ein Kernteam weiterentwickelt, dem neben Karsten Reise Doris Meyerdierks und Peter Bremer angehörten. Insgesamt kamen über 60 Experten nach Delmenhorst, deren Wissen und Ideen sich im Buch niederschlagen.

Bei allen Mitwirkenden, die bei Workshops und Round-Table-Gesprächen so intensiv und konstruktiv diskutiert haben, möchten wir uns sehr herzlich bedanken – ohne sie wäre das Buch nicht zustande gekommen. Alle Beteiligten werden in der folgenden Einleitung namentlich genannt. Ein ganz besonderer Dank gebührt dem erwähnten Kernteam und dabei besonders unserer Ankerperson Karsten Reise, der die schwierige Aufgabe übernommen hatte, aus vielen Beiträgen letztendlich einen zusammenhängenden Buchtext zu erstellen.

Einen faszinierenden Beitrag zum Buch lieferte der amerikanische Fotograf Alex S. MacLean – als *Artist in Residence* ebenfalls Fellow am HWK – mit seinen Luftaufnahmen. Gemeinsam flogen Alex MacLean und Karsten Reise mehrmals über das Wattenmeer Niedersachsens und Schleswig-Holsteins, um diese einzigartige Landschaft aus der Luft zu dokumentieren und natürliche Prozesse ebenso wie menschliche Eingriffe professionell ins Bild zu setzen. So zeigen die 75 Fotos des Künstlers nicht nur die einmalige Schönheit des Wattenmeeres, sondern auch die in den Küstenregionen zum Teil dramatischen Eingriffe des Menschen. Auch Alex MacLean gilt dafür unser ganz besonderer Dank.

Das Projekt wurde durch eine großzügige finanzielle Unterstützung der Bremer Landesbank erst möglich, wofür wir uns beim Vorstand der Bank sehr herzlich bedanken. Über drei Jahre begleitete und unterstützte die Bank den Entstehungsprozess des Buches, stellvertretend für alle Beteiligten seien Herr Marco Behn, Leiter Kommunikation und Marketing, und Herr Marco Thomfohrde erwähnt.

Das Buch, das Sie jetzt in Händen halten, ist das Resultat eines dreijährigen diskursiven Prozesses unter Einbeziehung von Wissenschaft, Expertenwissen und Kunst. Mit diesem Buch wird die Reihe der „Hanse-Thesen zur Klimaanpassung" fortgesetzt, die seit 2010 im Bereich Meeres- und Klimaforschung am HWK in loser Folge erscheint. Wir sind der festen Überzeugung, dass ein solch diskursiver Prozess, für den *Institutes for Advanced Study* wie das HWK die geeigneten Orte sind, die richtige Antwort auf komplexe Probleme darstellt.

Doris Meyerdierks, Wissenschaftliche Referentin
Reto Weiler, Rektor
Hanse-Wissenschaftskolleg
Delmenhorst, im August 2015

# Wie dieses Buch geworden und wem dafür zu danken ist

Das Buch *Kurswechsel Küste* will zum offenen Dialog darüber anregen, welcher Kurs an und mit der Küste einzuschlagen wäre, damit trotz des Meeresspiegelanstiegs die Nordseeküste noch lange gesund und bewohnbar bleibt.

Anfangs ging es in den dafür zusammengerufenen Gesprächsrunden zum Thema „Was tun, wenn die Nordsee steigt?" hoch her. Ob nicht schon alles getan werde, was möglich und bezahlbar sei, damit keine Deiche brechen? Wer wisse denn schon, wie hoch irgendwann der Meeresspiegel wirklich steigen wird? Die Geschichte lehre doch: Vorsorge geschehe immer erst für die übernächste Katastrophe! Solange sich die Leute sicher fühlten, wolle doch niemand etwas vom Meeresspiegelanstieg wissen. Solange es Hunger gebe in dieser Welt, dürfe fruchtbares Marschenland nicht unter Wasser kommen.

So oder ähnlich lauteten Wortmeldungen in der ersten Runde. Skepsis war verbreitet, ob ein Buch sich wirklich lohnt, das die fundamentale Frage stellt, ob langfristig eine starke Abwehrlinie gegen das immer weiter ansteigende Meer reichen wird, oder ob sich frühzeitig die Küstenregion auf mehr Meerwasser so einlassen sollte, dass sie mitwachsen kann und Bebauungsgebiete und Verkehrswege Überflutungen aushalten können. Diese Skepsis ist nie ganz verstummt, aber in den letzten Runden überwog die Zuversicht, dass nun die Zeit gekommen sei, darüber in breiter Öffentlichkeit an den Küsten zu beraten.

Anpassungen an einen immer höher steigenden Meeresspiegel dürfen nicht allein den Wasserbauexperten überlassen werden, auch wenn sie bisher gute Arbeit geleistet haben. Denn es geht dabei um viel mehr: Wie sollte eine künftige Nordseeküste beschaffen sein, wenn der mittlere Meeresspiegel schon bis Ende dieses Jahrhunderts um 1 Meter steigt und danach bis auf 3 Meter oder mehr? Soll es ein Bollwerk geben, vor dem das Meer toben kann, wie es will, und hinter dem sich Küstenland anfühlt wie tiefes Binnenland? Können wir von der Natur lernen, eine Küste an höhere Wasserstände anzupassen? Was können wir heute schon tun, woran künftige Bewohner der Nordseeküste gut anknüpfen könnten? Muss nicht diese flache Küstenregion mit gutem Beispiel vorangehen, solange Klimawandel und Meeresspiegelanstieg sich noch in Grenzen halten?

Die Fragen in den Gesprächsrunden wurden im Verlauf des Projektes immer konkreter und die Lösungsvorschläge bunter. Klar war von Anbeginn: Unser Ziel kann nicht ein Plan oder mehrere Pläne sein, die dann den Betroffenen an der Küste übergestülpt werden, sondern wir wollen mit unseren Vorschlägen einen echten, offenen Dialog über Küstenanpassungen anstoßen. Erst daraus können gut auf örtliche Verhältnisse abgestimmte Pläne erwachsen. Der Dialog dazu sollte jetzt beginnen, denn Verständnis füreinander und Meinungsbildung brauchen ihre Zeit. Noch ist Zeit vorhanden. Der Meeresspiegelanstieg wird nur langsam in Schwung kommen, aber wenn er erst einmal beginnt, wird er schwer wieder zu bremsen sein. Das ist ein triftiger Grund, ihn nicht zu verdrängen, sondern sich weitsichtig darauf vorzubereiten.

Die jeweils 20 bis 30 Teilnehmerinnen und Teilnehmer der fünf zweitägigen Gesprächsrunden und weiterer Beratungen in kleinerem Kreis im Hanse-Wissenschaftskolleg (HWK) in Delmenhorst brachten ihre fachlichen Erfahrungen und individuelle Betroffenheit ein. Vollkommen gegensätzliche Vorstellungen trafen aufeinander. Unsere Stärke lag in der Vielfalt der Meinungen, nicht im Konsens.

Der Verlauf der Gespräche wurde protokolliert und ausgewertet. Darauf baut dieses Buch auf. Es ist ein Gemeinschaftswerk, aber kein Konsenspapier. Als Gesprächsleiter übernahm ich die Aufgabe, einerseits die Vielfalt der Ansichten aufzugreifen und andererseits einen Text mit deutlicher Botschaft zu verfassen. Alle Kapitel wurden von jeweils zwei bis vier Teilnehmern der Gesprächsrunden – manchmal ergänzt durch Externe – kritisch gelesen, korrigiert und verbessert. Zu diesen Begutachterinnen und Begutachtern der einzelnen Kapitel, denen ein besonderer Dank gebührt, gehörten: Frank Ahlhorn, Ute Ahrens, Uwe von Bargen, Peter Bremer, Franciscus Colijn, Sönke Dangendorf, Heinz Glindemann, Ludwig Fischer, Norbert Fischer, Jannes Fröhlich, Dierk Hebbeln, Jürgen Jensen, Andreas Kannen, Thomas Klenke, Otto Knottnerus, Dagmar Lackschewitz, Dirk Meier, Doris Meyerdierks, Olaf Orb, Sabine Rabe, Helge Raddatz, Werner Riesch, Michael Schirmer, Wolfgang Stenzel, Martin Stock, Manfred Vollmer, Hans-Peter Ziemek.

Manches hielt der Kritik nicht stand und wurde wieder gestrichen. Häufiger aber kamen ganze Absätze hinzu oder der Kurs der Argumentation erhielt eine ganz neue Richtung. Daher müssten eigentlich über jedem Kapitel mehrere Autorennamen stehen. Das aber hätte Übereinstimmung bei allen Formulierungen erfordert, was selten der Fall war, denn die Beteiligten wurden gerade wegen ihrer unterschiedlichen Auffassungen ausgewählt. Die Verantwortung für die Schwächen, Auslassungen und überzogenen

Verallgemeinerungen in den einzelnen Kapiteln liegt somit allein beim Herausgeber. Ausnahmen sind nur die namentlich gekennzeichneten Interviews.

Auch wenn durch die Begutachtungen schon manch sprachliche Entgleisung behoben wurde, so gilt doch Frank Timrott besonderer Dank für seine einfühlsame sprachliche Glättung des gesamten Textes. Daniel Grossman danke ich für die sprachliche Überarbeitung der Summary. Besonders gefreut hat mich die spontane Zusage des Schriftstellers Günter Kunert, einen passenden Prolog aus seinem Erzählschatz beizusteuern.

Die Texte machen jedoch nur einen Teil des Buches aus. Sachverhalte und Vorschläge werden erst durch die Grafiken wirklich anschaulich, die in enger Zusammenarbeit zwischen Herausgeber und dem studio urbane landschaften entstanden sind. Großen Dank verdienen dafür Sabine Rabe, Julia Schulz, Amy Stamatopoulou und Wiebke Genzmer. Meine groben Entwürfe wurden dabei nicht nur zeichnerisch umgesetzt, sondern durch viele originelle Einfälle ergänzt. Für das meisterhafte Layout gebührt Jan Buchholz größter Dank. Glanz erhält das Buch mit den kunstvollen Luftbildern von Alex MacLean, der sofort begeistert von der Idee des Buches war und eigens dafür Flüge unternahm. Zugute kam dabei dem Projekt, dass er mit ähnlicher Themenstellung bereits über die Lagune von Venedig, die Niederlande und Florida geflogen war. Stellvertretend für viele andere Piloten sei hier besonders Jürgen Meyer-Brenkhof für seine gekonnten Flugmanöver über den Zielobjekten gedankt.

Entstanden wäre das Buch nicht ohne das engagierte Team des Hanse-Wissenschaftskollegs mit seinem Rektor Reto Weiler, der die Bremer Landesbank als Förderer gewinnen konnte. Im Hanse-Wissenschaftskolleg hat Doris Meyerdierks das Projekt konzipiert, gemeinsam mit Peter Bremer die Gesprächsrunden organisiert und schließlich die Veröffentlichung des Buches koordiniert. Bei beiden möchte ich mich ganz besonders und stellvertretend für alle Teilnehmerinnen und Teilnehmer des Projektes von Herzen bedanken. Der Wattenmeerstation Sylt vom Alfred-Wegener-Institut, Helmholtz-Zentrum für Polar- und Meeresforschung, danke ich für den Arbeitsplatz mit Blick zum Meer. Dank gebührt schließlich dem Verleger von Wachholtz – Murmann Publishers für das großartige Entgegenkommen und dem Verlagsteam für die Zusammenarbeit beim Reifen dieses Küstenbuches.

Karsten Reise, Sylt, im August 2015

**Mitwirkende der Gesprächsrunden**

Dr. Frank Ahlhorn, Küste und Raum – Ahlhorn & Meyerdirks GbR, Varel
Ute Ahrens, Amt für regionale Landesentwicklung Weser-Ems, Oldenburg
Dr. Eckhard Asche, Landwirtschaftskammer Niedersachsen, Oldenburg
Dr. Ingrid Austen, Planungsbüro Dr. Austen, Brunsbüttel
Dr. Peter-René Becker, Landesmuseum Natur und Mensch, Oldenburg
Dr. Hauke Bietz, artnordwest, Wiefelstede
Dr. Peter Bremer, Hanse- Wissenschaftskolleg, Delmenhorst/ Carl von Ossietzky Universität Oldenburg
Dr. Friederike Bungenstock, Niedersächsisches Institut für historische Küstenforschung, Wilhelmshaven
Prof. Dr. Franciscus Colijn, Institut für Küstenforschung, Helmholtz-Zentrum Geesthacht
Dr. Andreas Dänhardt, Institut für Hydrobiologie und Fischereiwissenschaft, Universität Hamburg
Jens Enemark, ehemals Common Wadden Sea Secretariat, Wilhelmshaven
Dr. Hubert Farke, ehemals Nationalparkverwaltung Niedersächsisches Wattenmeer, Wilhelmshaven
Prof. em. Dr. Ludwig Fischer, Institut für Germanistik, Universität Hamburg

Prof. Dr. Norbert Fischer, Institut für Volkskunde/ Kulturanthropologie, Universität Hamburg
Jannes Fröhlich, World Wide Fund for Nature (WWF) Deutschland, Wattenmeerbüro, Husum
Uwe Garrels, Bürgermeister der Inselgemeinde Langeoog
Dr. Christiane Gätje, Nationalparkverwaltung Schleswig-Holsteinisches Wattenmeer/ Landesbetrieb für Küstenschutz, Nationalpark und Meeresschutz Schleswig-Holstein, Tönning
Birgit Gerkensmeier, Institut für Küstenforschung, Helmholtz-Zentrum Geesthacht
Heinz Glindemann, Erster Baudirektor (EBD) a. D./ Glindemann Consult Hamburg
Dr. Kevin Grecksch, ehemals COAST - Zentrum für Umwelt- und Nachhaltigkeitsforschung, Carl von Ossietzky Universität Oldenburg
Britta Hamann, Nordwest-Verbund Meeresforschung e.V./ Hanse-Wissenschaftskolleg, Delmenhorst
Carola Havekost, Oldenburgische Industrie- und Handelskammer, Oldenburg
Prof. Dr. Dierk Hebbeln, MARUM, Universität Bremen
Dr. Nina Hinrichs, Fakultät für Kulturwissenschaften, Universität Paderborn
Dr. Klaus Janke, Freie und Hansestadt Hamburg, Behörde für Umwelt und Energie, Amt für Naturschutz, Grünplanung und Energie
Prof. Dr.-Ing. Jürgen Jensen, Forschungsinstitut Wasser und Umwelt, Universität Siegen
Dr. Andreas Kannen, Sozioökonomie des Küstenraumes, Helmholtz-Zentrum Geesthacht
Leena Karrasch, COAST – Zentrum für Umwelt- und Nachhaltigkeitsforschung, Carl von Ossietzky Universität Oldenburg
Prof. Dr. Sunhild Kleingärtner, Deutsches Schifffahrtsmuseum, Bremerhaven
Dr. Thomas Klenke, COAST – Zentrum für Umwelt- und Nachhaltigkeitsforschung, Carl von Ossietzky Universität Oldenburg
Michael Klisch, Stellvertretender Bürgermeister der Gemeinde Hallig Hooge
Otto S. Knottnerus, Soziologe und Historiker, Haren, Niederlande
Dr. Iven Krämer, Freie Hansestadt Bremen, Der Senator für Wirtschaft, Arbeit und Häfen, Referat Hafenwirtschaft und -infrastruktur, Schifffahrt
Dr. Gesche Krause, Alfred-Wegener-Institut, Helmholtz-Zentrum für Polar- und Meeresforschung, Bremerhaven
Dr. Harald Marencic, Common Wadden Sea Secretariat, Wilhelmshaven
Dr. habil. Dirk Meier, Küstenarchäologie und Landschaftsentwicklung, Dozent an der Universität Kiel
Magdalene Melchers, Kulturjournalistin für die öffentlich-rechtlichen Rundfunkanstalten und Lehrbeauftragte an der Carl von Ossietzky Universität Oldenburg
Dr. Doris Meyerdierks, Bereich Meeres- und Klimaforschung, Hanse-Wissenschaftskolleg, Delmenhorst
Dr. Stefanie Nolte, Abteilung Angewandte Pflanzenökologie, Universität Hamburg
Dr. Jan Christian Oberg, Institut für Ethnologie und Kulturwissenschaft, Universität Bremen
Olaf Orb, Handelskammer Bremen, Geschäftsbereich Standortpolitik, Häfen, Verkehr
Petra Potel, Nationalparkverwaltung Niedersächsisches Wattenmeer, Wilhelmshaven
Klaus Prietzel, Bund für Umwelt und Naturschutz Deutschland (BUND), Landesverband Bremen e.V.
Sabine Rabe, studio urbane landschaften – hamburg
Dr. Hans-Ulrich Rösner, World Wide Fund for Nature (WWF) Deutschland, Wattenmeerbüro, Husum
Dr. Gregor Scheiffarth, Nationalparkverwaltung Niedersächsisches Wattenmeer, Wilhelmshaven
Dr. Bernd Scherer, ehemals Ministerium für Landwirtschaft, Ländliche Räume und Umwelt des Landes Schleswig-Holstein, Tönning
Dr. Michael Schirmer, Deichhauptmann des Bremischen Deichverbandes am rechten Weserufer
Dr. Eckart Schrey, Verein Jordsand zum Schutz der Seevögel und der Natur e.V., Ahrensburg
Gerko Schröder, TH Treibhaus Landschaftsarchitektur - Hamburg
Dr. Bastian Schuchardt, Bioconsult Schuchardt & Scholle GbR, Bremen
Steffen Schwalfenberg, ehemals Carl von Ossietzky Universität Oldenburg und Rijksuniversiteit Groningen
Michael Stark, Industrie- und Handelskammer Bremerhaven
Wolfgang Stenzel, Bereich Energieforschung, Hanse-Wissenschaftskolleg, Delmenhorst
Prof. Antje Stokman, Institut für Landschaftsplanung und Ökologie, Universität Stuttgart
Dr. Matthias Strasser, Erlebniszentrum Naturgewalten Sylt
Meinfried Striegnitz, Institut für Umweltkommunikation, Leuphana Universität Lüneburg; Präsident a.D. des Niedersächsischen Landesamtes für Ökologie
Peter Südbeck, Nationalparkverwaltung Niedersächsisches Wattenmeer, Wilhelmshaven
Kirsten Thiemann, Schutzstation Wattenmeer, Husum
Manfred Vollmer, Wadden Sea Forum e.V., Wilhelmshaven
Uwe von Bargen, bremenports GmbH & Co. KG, Bremerhaven
Prof. Dr. Karen Helen Wiltshire, Alfred-Wegener-Institut, Helmholtz-Zentrum für Polar- und Meeresforschung, List/Sylt
Insa Winkler, studio kunst und landschaft, Hude
Prof. Dr. Hans-Peter Ziemek, Institut für Biologiedidaktik, Justus-Liebig-Universität Gießen

# 1. Um welche Nordseeküste geht es?

Geschrieben unter Mithilfe von Otto S. Knottnerus

*Bevor es im vorliegenden Buch um den Meeresspiegelanstieg geht und darum, wie an der Nordseeküste darauf nachhaltig reagiert werden könnte, blickt das erste Kapitel auf die erdgeschichtliche Entwicklung dieser Küste, ihre natürliche Formung, und wie diese seit dem Mittelalter zunehmend vom Menschen geprägt wurde. Das Wechselspiel zwischen Natur und Mensch brachte eine vielfältige Küstenlandschaft hervor.*

*Besonders folgenreich waren die Eindeichung der Marschen, Entwässerung der Küstenmoore und der Abbau der Torflager im Deichvorland. Einerseits förderten diese Maßnahmen Besiedlung und Landwirtschaft, andererseits geriet dadurch viel Land durch Trockenlegung auf ein Niveau unter dem Meeresspiegel. Das wiederum trug zu großen Landverlusten bei. Heute erscheint die Küste weitgehend gesichert, aber wirtschaftliche, soziale und ökologische Verhältnisse haben sich grundlegend geändert.*

*Während die landwirtschaftlich geprägten Marschen mehr ins Abseits geraten, überflutet der Tourismus Inseln und Küstenorte, und die großen Hafenstädte erleben einen Boom. Während auf der einen Seite Tideflüsse zu Fahrrinnen vertieft wurden, avancierte auf der anderen das Wattenmeer zum Weltnaturerbe. Während Windkraftanlagen die Nordseeküste vollständig mit klimaneutraler Energie versorgen könnten, heizen große Kraftwerke mit Importkohle das Klima weiter an. Viel wird sich ändern müssen, um diese Küstenregion trotz Meeresspiegelanstieg erfolgreich über Wasser halten zu können.*

Soll eine Küste dem Meeresspiegelanstieg angepasst werden, ist es notwendig, viel von ihrer Entstehung zu wissen. Die Herkunft setzt der Zukunft den Rahmen. Wie Vertrautes wahrgenommen wird, lenkt den Blick dorthin, wie die Zukunft gewünscht wird. Soll die Küste wieder werden, wie sie früher einmal war, oder soll sie lieber bleiben, wie sie heute ist? Oder soll die Küstenregion zu ganz neuen Ufern aufbrechen und welche wären das? Dieses Kapitel betrachtet, wie Natur und Mensch die Küstenlandschaft formten und wie sich natürliche Faktoren und menschliche Ziele mit der Zeit veränderten. Dies beeinflusst noch heute das Leben an der Nordsee und wird es weiterhin tun

Die Übersichtskarte zeigt die landschaftliche Vielfalt der betrachteten Region (Bild 1.1).

**Wie weit reicht für uns die Küste?**

Zur offenen See hin darf die Grenze fließend sein. Sie mag entlang der 20-Meter-Tiefenlinie definiert werden oder 20 Kilometer seewärts vom Wattenmeer in der Nordsee liegen. Das kann davon abhängen, ob wir gerade die Sedimentdrift am Meeresboden, den Ausflug einer Möwe oder den Kurs eines Küstenmotorschiffs betrachten.

Wie weit aber reicht die Küste ins Land? In den Flüssen könnten wir so weit stromaufwärts rudern, wie die Gezeiten reichen, und dort eine Grenzlinie ziehen. Doch diese Grenze wäre künstlich. Bei allen in die Nordsee mündenden Flüssen bremsen Stauwehre oder Sperrwerke die Gezeiten und Eindeichungen und vertiefte Fahrrinnen vergrößern wiederum den Tidenhub.

Auf dem Land könnte zur Küste derjenige Bereich gehören, von wo aus das Meer noch zu fühlen oder zu sehen ist. Mit mehr Bezug zum Thema dieses Buches würde man die Küstengrenze an der Linie festmachen, bis zu der die Nordsee mit ihren Sturmfluten käme, wenn Deiche das nicht verhindern würden (Bild 1.2). Dabei macht es wenig Unterschied, welche Sturmfluthöhe zwischen 2 und 5 Metern über mittlerem Tidehochwasser angenommen wird.

Bei der vorletzten Eiszeit deponierten Gletscher Moränen im Nordseeraum. Die Moränen ragen über mögliche Sturmfluthöhen deutlich hinaus. Nur an wenigen Stellen der deutschen Küsten wie Dangast, Cuxhaven oder Sylt grenzen sie direkt ans Meer. Meist liegen zwischen diesen Altmoränen, der Geest und der Nordsee die flachen Marschen. Deren Ausdehnung deckt sich weitgehend mit dem hypothetisch überflutbaren Bereich (Bild 1.2).

1.1: Die deutsche Nordseeküste im Überblick.

1.2: Überflutete Nordseeküste bei mittlerem Sturmhochwasser (+ 2 Meter MThw), wenn es keine Deiche gäbe. (Verändert nach http://flood.firetree.net/).

Ob nun zur Küste gehört, wer sich als Küstenbewohner fühlt, vor oder hinter einem Stauwehr lebt, in der flachen Marsch, auf der Geest mit Blick aufs Meer oder auf einer Inseldüne, können wir getrost offen lassen. Eine klare Küstengrenze gibt es nicht, und wie hoch die Nordsee steigen könnte, wenn die Menschheit das Klima weiterhin aufheizt, wird im nächsten Kapitel ausgelotet.

#### Erdgeschichte mit Wirkungen auf Gegenwart und Zukunft

Zwei bis vier Kilometer unter der Nordseeküste liegen Gesteine aus dem Karbon, die vor über 300 Millionen Jahren entstanden sind[1, 2] (Bild 1.3). Sie sind das Muttergestein für Erdöl und Erdgas, die aus einem darüber liegenden, porösen Sandstein gefördert werden können.

Ein für Deutschland bedeutendes Erdöllager befindet sich unter dem Wattenmeer vor Dithmarschen. Gefördert wird von einer Bohrinsel auf der Mittelplate seit 1985 (Foto S. 55). Die Anlage verfügt seit 2005 über eine Pipeline zum Festland. Etwa ein Viertel des Vorkommens wurde bisher gefördert und das meiste davon in einer Raffinerie in Dithmarschen verarbeitet. Das bei der Verbrennung fossiler Brennstoffe wie Erdöl und Kohle entstehende $CO_2$ wirkt als Treibhausgas und trägt zum Anstieg des Meeresspiegels bei. Wo die Ems in die Nordsee fließt, liegt zwischen Dollart und Groningen in 3 Kilometer Tiefe das größte Erdgasvorkommen Europas (Bild 1.3). Die Förderung reicht für den gesamten Gasbedarf der Niederlande. Als Nebeneffekt sank dort der Marschenboden bereits um 10 bis 30 Zentimeter ab, und Erdstöße führten zu Rissen in alten Häusern. Inzwischen wird deswegen die Fördermenge wieder reduziert. Mehr zur Nutzung fossiler Energiequellen an der Nordseeküste wird in Kapitel 3 ausgeführt.

Salzgesteine, die im Perm vor 255 Millionen Jahren beim Austrocknen des Zechsteinmeeres entstanden sind, quellen stellenweise steil auf (Bild 1.3). Das schob den darüber liegenden Buntsandstein und die Kreide weit nach oben, zum Beispiel die Insel Helgoland oder die Kreidevorkommen bei Legerdorf in Dithmarschen. In Wilhelmshaven wurden 2 Kilometer tiefe Kavernen in solch einen Salzstock getrieben. In diesen Kavernen wird seit der Ölkrise von 1973 Erdöl auf Vorrat gespeichert.

Kreidegestein entstand vor 145 bis 65 Millionen Jahren aus den Kalkschalen von Meeresorganismen und es hat eine durchschnittliche Schichtdicke von rund 1 Kilometer (Bild 1.3).

Danach wurde im Nordseebecken vorwiegend Sand abgelagert. Die obersten Schichten davon zeigt das Morsum-Kliff auf Sylt, wo durch einen Salzstock auch wieder tiefere Schichten ganz nach oben gelangten. Zuoberst liegt weißgrauer, grobkörniger Flusssand. Der Flusssand stammt aus dem Deltabereich eines gewal-

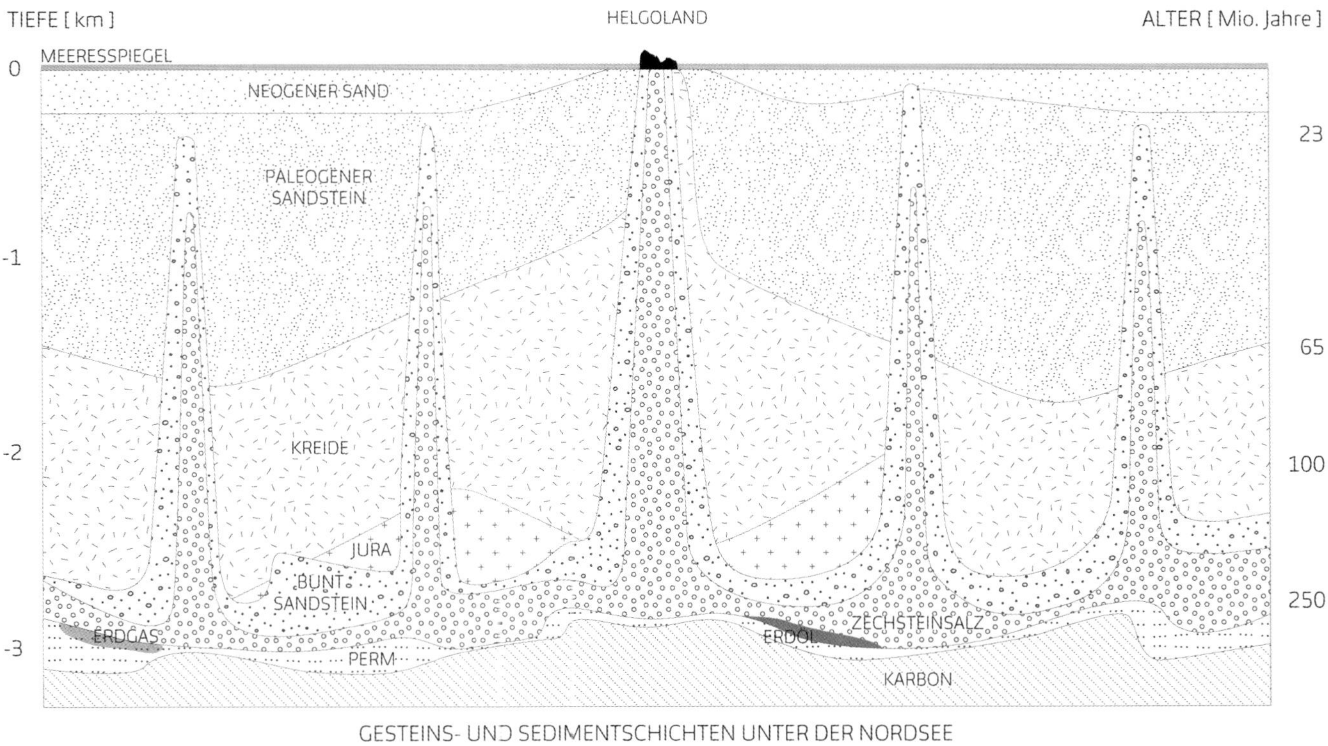


**1.3: Schema der Gesteins- und Sedimentschichten unter der Nordseeküste. Links sind die Tiefe in Kilometern und rechts das Alter in Millionen Jahren angegeben (verändert nach [1]).**

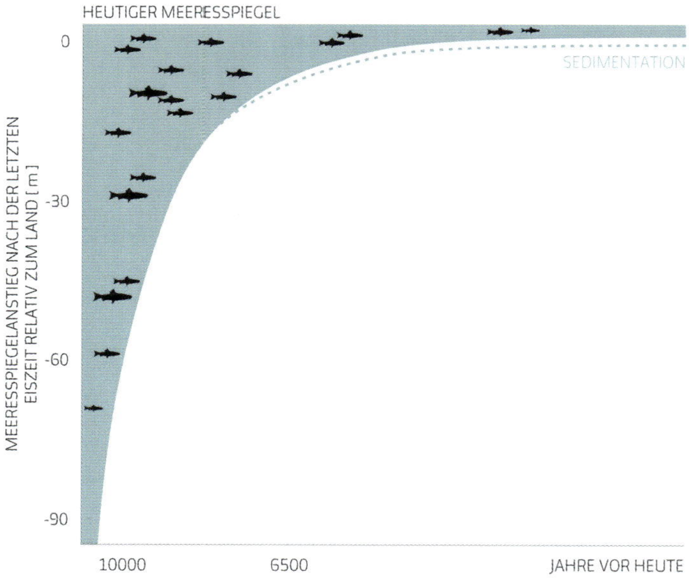


**1.4: Schema zum erst schnellen (12 000 bis 6500 Jahre vor heute), dann langsamen Meeresspiegelanstieg nach der letzten Eiszeit relativ zum Land. Ab etwa 6 500 Jahren vor heute glich die Sedimentation an der Nordseeküste in etwa den Meeresspiegelanstieg aus (verändert nach [3]).**

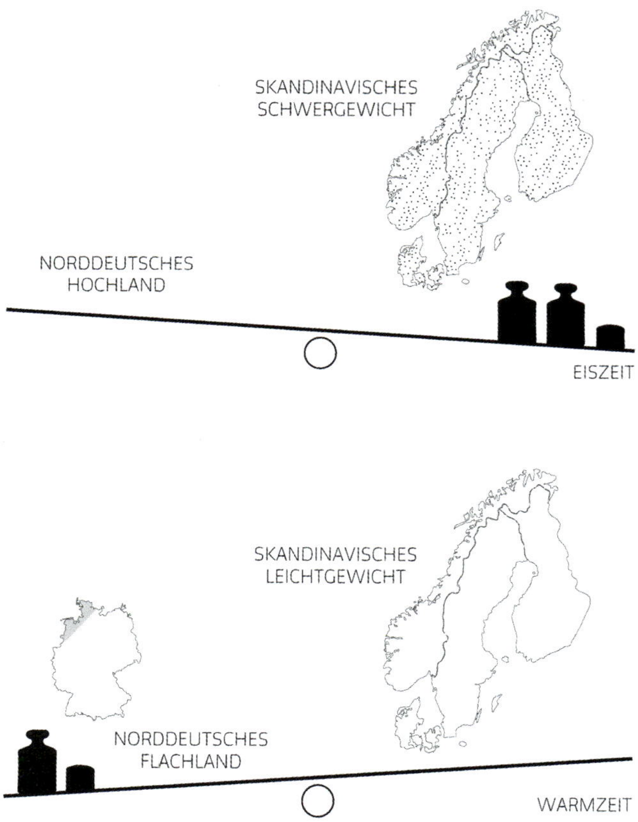


**1.5: Eisschaukel zwischen Nordseeküste und Skandinavien: Das vom Eis belastete Skandinavien drückte während der letzten Eiszeit den norddeutschen Raum nach oben. Seit dem Abschmelzen senkte er sich wieder, weil sich das vom Gewicht des Eises entlastete Skandinavien hob.**

tigen, 2 bis 4 Millionen Jahre alten Flusssystems aus dem Osten Europas und ist an der Nordseeküste als bis zu 100 Meter mächtige Ablagerung weitverbreitet. Vor Sylt saugen Baggerschiffe diesen Kaolinsand vom Grund der Nordsee auf und gleichen damit die Strandverluste der Insel wieder aus (mehr dazu in Kap. 5).

Vor 5 Millionen Jahren begann sich das Klima allmählich abzukühlen und vor 800 000 Jahren setzten, unterbrochen von kurzen Warmzeiten, ausgeprägte lange Kaltzeiten ein, die Eiszeiten und Zwischeneiszeiten.

Die warmen Phasen traten immer dann auf, wenn unser Planet auf seiner Bahn der Sonne etwas näher kam als sonst und gleichzeitig die Erdachse so taumelte, dass besonders viel Sonnenstrahlung die Erde erwärmte.

In den kalten Zeiten reichte der skandinavische Eisschild mehrmals weit in die Nordseeregion hinein, aber während der letzten Eiszeit kamen die Gletscher nicht mehr über den Ostseeraum hinaus. Lediglich ihr Schmelzwasser floss in die Nordsee.

Die Eiszeiten brachten Steine und Erdreich aus Skandinavien. Sie schufen hohe Moränen und flache Sande und modellierten so die norddeutsche Landschaft. Während der Eiszeiten sank der Meeresspiegel um über 100 Meter und der größte Teil der flachen Nordsee wurde zu Land. In der bis jetzt anhaltenden Warmzeit stieg der Meeresspiegel zunächst um 1 bis 2 Meter pro Jahrhundert, aber ab einem Zeitpunkt vor ungefähr 6500 Jahren verlangsamte sich der Anstieg auf höchstens eine Handbreit pro Jahrhundert (Bild 1.4).

Das war die Geburt unserer heutigen Nordseeküste. Die Wellen spülten nun so viel Sand an, dass die Küste mit dem Meeresspiegelanstieg mehr oder weniger mithalten konnte. Die angespülten Sedimente glichen auch die Landsenkung aus. Weil sich das vom Eisschild entlastete Skandinavien immer noch hebt, sinkt nämlich zum Ausgleich die Nordseeküste[4] (Bild 1.5). Das macht heute im Mittel nur noch einen halben Millimeter pro Jahr aus, aber seit dem Abschmelzen nach der letzten Eiszeit summiert sich das auf eine Senkung von insgesamt 20 Metern. Gleichzeitig stieg der globale Meeresspiegel um etwa 100 Meter an.

Die Entstehung der Küstenmoore, Marschen, Watten und Inseln fällt erst in die für Geologen junge Zeit der letzten 6000 Jahre.[5, 6] Auf Sandbänken erwuchsen durch die Wechselwirkung zwischen verwehtem Sand und Pflanzenwuchs hohe Dünen. Im Schutz solcher Dünengruppen bildeten sich Salzwiesen. Die so entstandenen Inseln wanderten im Laufe der Zeit durch Wellenerosion und Sandverwehungen, mitunter zerbrachen sie oder wuchsen zusammen.

Bemerkenswert ist vor allem die große Ausdehnung der Watten. Zusammen mit den niederländischen und dänischen Watten bilden die deutschen Watten das größte zusammenhängende Wattenmeer

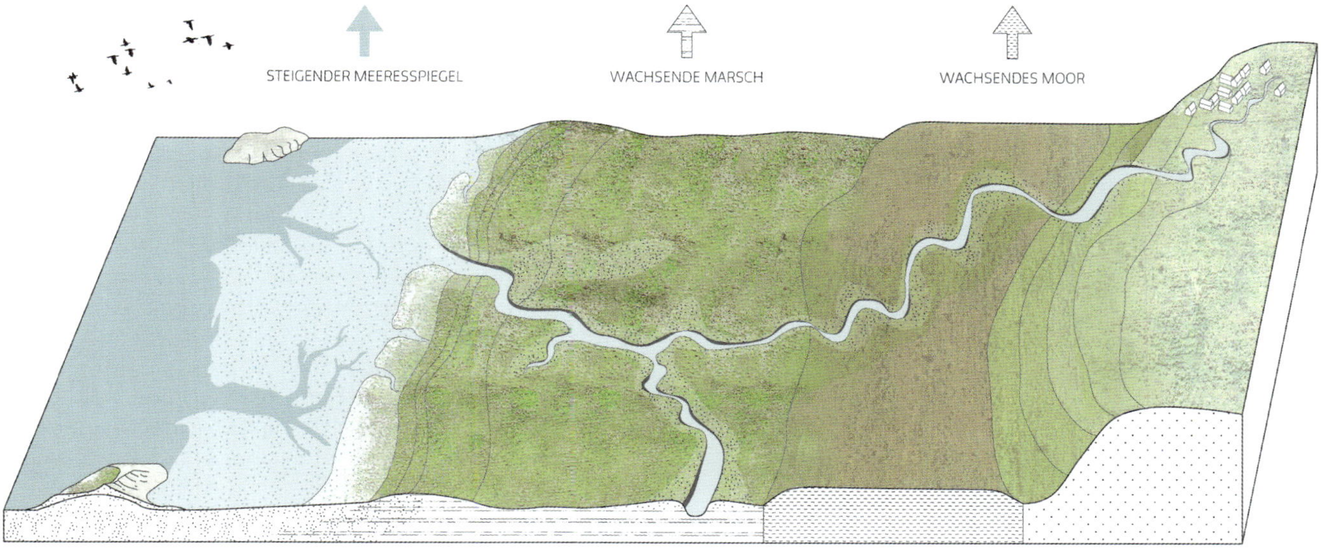


**1.6: Schema der Küstenzonen von der hohen Geest über Moore, Marschen, Watten und Inseln bis zur Nordsee. Mit Ausnahme der Geest wachsen alle Zonen gegen die nacheiszeitliche Senkung mit dem Meeresanstieg nach oben: Watt und Marsch durch Sedimentation, das Moor durch nicht verwesende Pflanzenteile.**

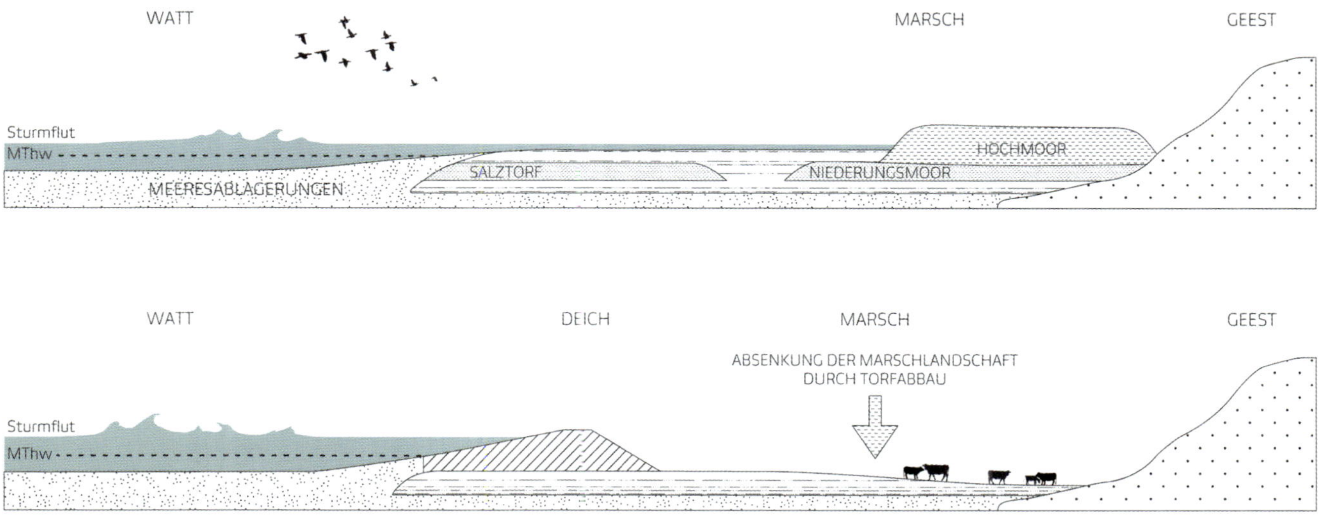


**1.7: Schema zur Küstensenkung durch Torfabbau seit dem Mittelalter: Vom Meer überschwemmte Niederungsmoore gerieten unter Wattsedimente und Salzwiesen und sogen sich mit Salzwasser voll. Der entstandene Salztorf wurde zur Salzgewinnung ausgegraben. Im Hinterland wurden Hochmoore entwässert und der dort gewonnene Torf stellenweise als Brennmaterial abgebaut (nach [10-12]). Das Landniveau senkte sich.**

der Erde. Die Watten entstanden vornehmlich aus den Sedimenten der Nordsee und wuchsen mit dem langsam weiter steigenden Meeresspiegel mehr oder weniger mit, bis heute insgesamt um etwa 12 Meter. Der Transport der Sedimente erfolgte mit den Gezeiten und Wellen.

Das Ganze war keineswegs ein kontinuierlicher und überall gleichgerichteter Ablauf.[7, 8] Wo direkt vor den eiszeitlichen Moränen die Sedimentation hoch war – wie zum Beispiel vor dem heutigen Dithmarschen –, wuchsen Salzwiesen aus dem Watt. Wo das Meer auch bei hohen Fluten nicht mehr hinkam, entstanden an der regenreichen Küste Sümpfe und Moore (Bild 1.6). Kamen weniger Sedimente an oder stieg das Meer vorübergehend schneller, überlagerte es die Salzwiesen und Moore bei Sturmfluten wieder mit Wattsand. Nicht Konstanz, sondern Veränderungen sind für die Nordseeküste seit jeher normal.

## Marschen, Menschen und Meer

Menschen siedelten als Jäger und Sammler bereits bei der Entstehung der Nordseeküste in diesem Raum.[7-10] Als die Küstenformation mehr oder weni-

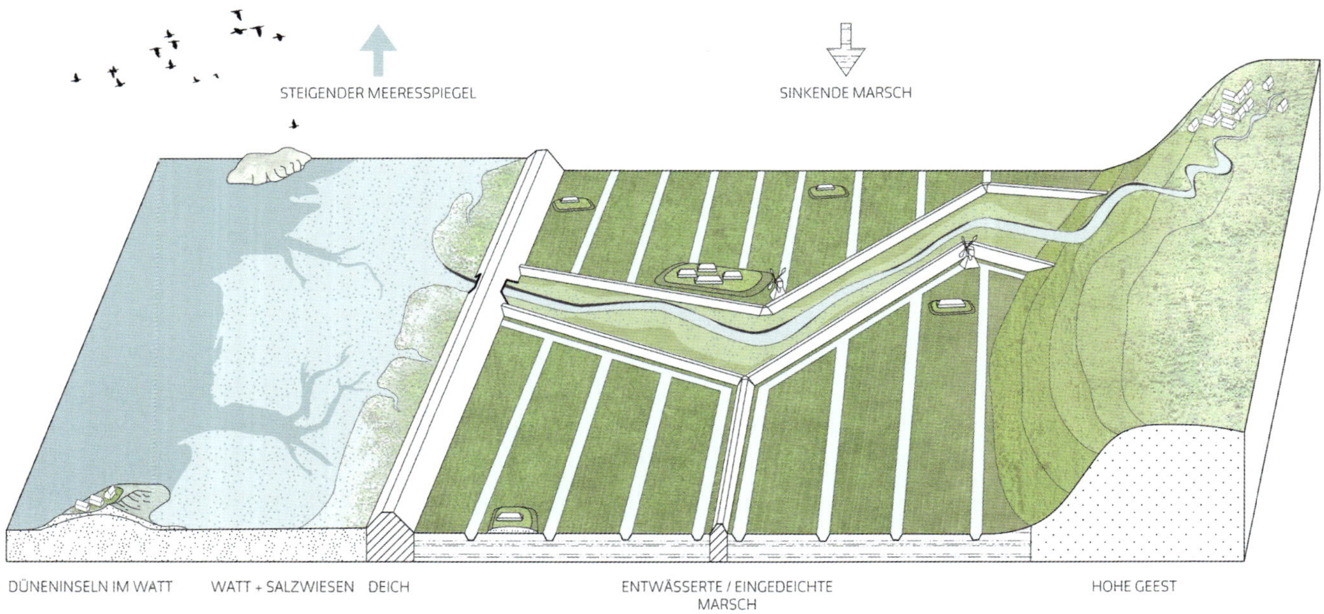


**1.8: Schema einer Poldermarsch: Eingedeichte und entwässerte Marschen sowie von holländischen Moorkolonisten entwässerte und abgebaute Küstenmoore.**

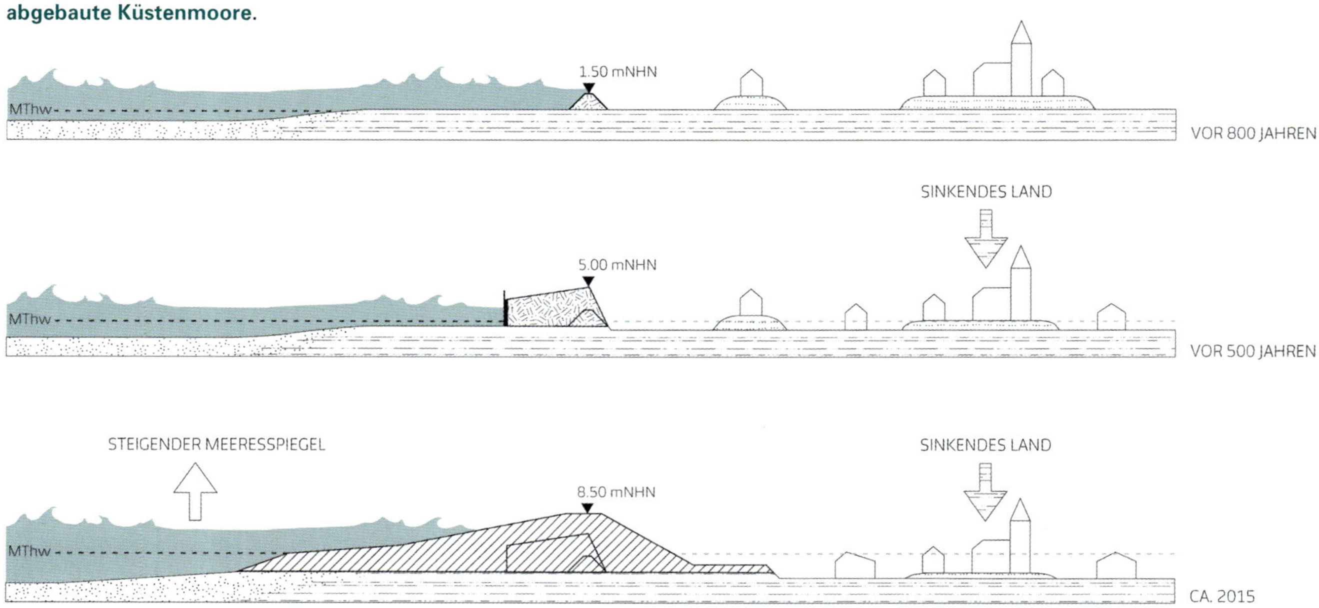


**1.9: Hinter immer höheren Deichen sackten die entwässerten Marschen und sanken Sietländer immer tiefer, während vor den Deichen Watt und Salzwiesen mit steigendem Meer höher aufwuchsen. Immer mehr Menschen siedelten nun in den Marschen.**

ger zur Ruhe kam, wanderten Bauern ein. Das begann schon in der Jungsteinzeit auf küstennahen Anhöhen und den nordfriesischen Geestinseln. Wo es Wald gab, wurde er weitgehend gerodet. In den nassen Marschen wurden nur die höheren Uferwälle entlang von Flüssen und Prielen besiedelt. Ab 400 v. Chr. wurden in den Marschen bereits auch künstliche Wohnhügel angelegt. Diese Warften oder Wurten ragten auch bei Sturmflut aus dem Meer. Die umliegenden Salzwiesen dienten als Viehweiden. Die Marschenpriele boten Fische und waren Transportwege für beladene Boote. Außerdem wurde gejagt, man sammelte Vogeleier und betrieb ein wenig Ackerbau.

In der Völkerwanderungszeit wurden viele Küstensiedlungen verlassen und die Bewohner zogen nach England. Neue, meist friesische Siedler kamen. In der stark zergliederten Küstenlandschaft organisierte sich die Bevölkerung bis weit in die Neuzeit vorwiegend kleinräumig. Schwer passierbare Moore und Sümpfe hielten die Machthaber des Binnenlandes von der Marschenküste fern. Die großen Ereignisse der Geschichte waren weit weg. Untereinander pflegten die Bewohner jedoch einen regen Handelsverkehr von der Rheinmündung bis nach Jütland.

Wichtige Exportgüter waren Tücher aus Schafwolle, in einigen Regionen auch Salz, das aus vom Meer

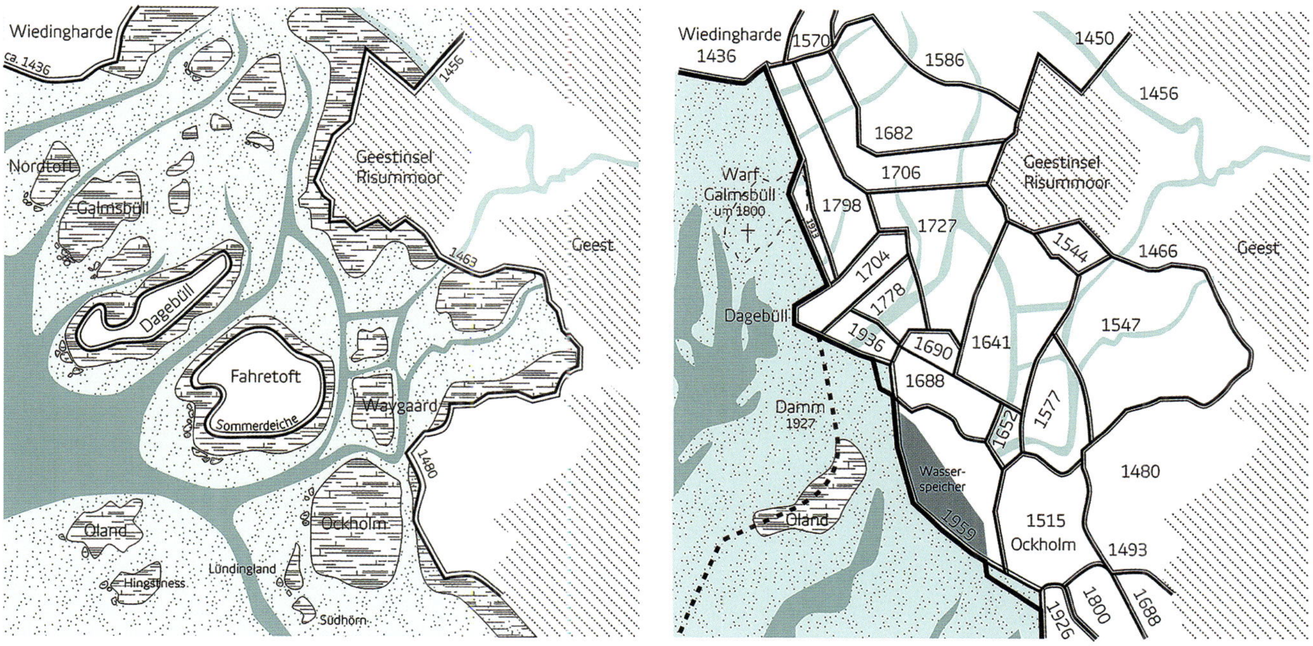


**1.10: Küstenabschnitt um Dagebüll in Nordfriesland mit Verlust an Halligen und Gewinn an neuen Poldern (mit Jahr der Eindeichung) (nach [15], ergänzt).**

überspülten Torfablagerungen gewonnen wurde. Es besaß im Mittelalter einen hohen Handelswert. Der Salztorfabbau zog die Senkung ganzer Landstriche unter Meeresniveau nach sich – schwere Überflutungen waren die Folge (Bild 1.7).

Ab dem 11. Jahrhundert wurden die ersten Deiche gebaut, um zumindest im Sommer Überflutungen der Ländereien zu verhindern. Das ermöglichte eine sicherere Heuernte und insbesondere mehr Ackerbau. Auch Rinder- und Pferdezucht wurden intensiviert. Diese mittelalterlichen Deiche waren selten höher als 2 Meter, aber der Lebensstandard und die Siedlungsdichte hinter den Deichen nahmen zu. Das sukzessive Eindeichen schuf die typische Polderlandschaft (Bild 1.8). Den ausgedehnten Küstenmooren zwischen Marschen und Geest wurde buchstäblich das Wasser abgegraben. Trockener Moorboden verwitterte schnell, schrumpfte, sackte zusammen und wurde häufig als Torf abgebaut oder verbrannt. Ackerbau war dort oft nur vorübergehend möglich, danach dominierten Wiesen und Weiden.

Wo es nicht gelang, die See- und Flussdeiche fortlaufend zu stärken, brachen Sturmfluten ein und dann war es besonders schwer, die tiefliegenden Moormarschen wieder zu entwässern.[7, 8, 11] Besonders im 14. Jahrhundert bildeten sich durch schwere Meereseinbrüche weit ins Land reichende Buchten wie der Dollart, die Leybucht, die Harlebucht oder der Jadebusen, und es entstand das nordfriesische Wattenmeer. Die Fluten, Deichpflichten und wirtschaftliche Not zwangen viele Marschbewohner, aufzugeben. Andere vergrößerten dagegen ihren Landbesitz, indem sie verlassenes Land zukauften.

Die einstige Eigenständigkeit der Marschenbevölkerung ging nach und nach an die Landesfürsten verloren. Diese organisierten nun den immer aufwendiger gewordenen Deich- und Sielbau sowie die weitere Moorkultivierung. Dafür warben sie Fachleute und Investoren vor allem aus den Niederlanden an.[9-11] Im 16. Jahrhundert nahm die Küstenbevölkerung erneut deutlich zu, denn die Agrarexporte warfen jetzt gute Gewinne ab. Getreide und Käse wurden über den Seeweg vertrieben, Pferde und Ochsen über Land zu den Märkten getrieben. Einige Marschen profitierten von ihrer Nähe zu den großen Hansestädten. Die Küstenschifffahrt florierte erneut.

Seit dem 13. Jahrhundert schützten die jetzt höheren Deiche auch mehr oder weniger vor den Sturmfluten im Winter und wurden nach und nach weiter ausgebaut. Je höher die Deiche wurden und je mehr man sich auf sie verließ, umso größer waren dann die Katastrophen, wenn sie dennoch brachen (Bild 1.9). Tausende ertranken, besonders die armen Bewohner, die inzwischen ihre Häuser auf dem ebenen Marschboden bauten. Auf den alten Wohnhügeln war nicht genug Platz für alle, neue Wohnhügel aufzuschütten war teuer und in die neuen Deiche setzte man viel Vertrauen.

Der Strukturwandel der Marschenlandschaft (vgl. Bild 1.6, 1.8 und 1.9) verlief nicht ohne Auseinandersetzungen.[11-14] Ohne Deiche wuchs die Marsch mit jeder Überflutung durch Sedimentation höher. Mit Deichen sackten die entwässerten Marschböden. Das sprach eigentlich mehr für ein Leben in der Marsch mit Wohnhügeln und ohne Deiche. Außerdem düngten

**Exkurs zur Küstenvielfalt** [9, 13, 16-18]

Deutlich verändert sich das Bild der Nordseeküste beim Flug vom Meer in Richtung Land, aber auch parallel zur Küste zeigen sich augenfällige Unterschiede. Nur wenige fallen im eigentlichen Wattenmeer auf, wo das gleiche Nordseewasser hin- und herfließt, aber Flüsse trennen die Marschen, die so jeweils eigene Entwicklungen nahmen. Dasselbe gilt auch für die Städte.

*Ems*: Der Unterlauf der dunklen Ems wurde ab der Papenburger Werft zur Ablaufrinne für dort gebaute Schiffe. Die äußere Ems wurde für den Autoexport ab Emden vertieft. In keinem anderen Fluss schwappt durch Fahrrinnenausbau so viel Schlick hin und her.

*Weser*: Die versandende und einst reich verzweigte Unterweser wurde ab Bremen für den Seeverkehr „korrigiert". Für Bremerhaven, einst entstanden am Übergang zum Wattenmeer für das Be- und Entladen der größeren Schiffe, wurde die Außenweser ausgebaggert.

*Elbe*: Durch schiere Größe blieb der Unterelbe mehr von ihrem Flusswesen als Ems und Weser. Doch durch Eindeichen und Fahrrinnenausbau nahm der Tidenhub zu und Sturmfluten liefen höher auf. Wie soll es weitergehen: Die Unterelbe den Schiffen oder die Schiffstransporte dem Strom anpassen?

*Kleinere Flüsse*, die in untere Ems, Weser und Elbe oder wie die Eider direkt in die Nordsee fließen, werden an ihren Mündungen bei Sturmfluten mit Sperrwerken verschlossen. Diese Flüsse sind wichtig für die Entwässerung der Marschen. Ihre Schleusen passieren heute vorwiegend Freizeitboote.

*Marschen*: Jede Marsch hat ihr eigenes Gesicht. Während Nordfriesland viel Land verlor, konnte Dithmarschen ins Meer wachsen. Die Elbmarschen prägte der Handel mit Hamburg. Über die Wesermarschen bis zum Jadebusen zogen einst gewaltige Überschwemmungen. Die Antoniusflut verband 1511 die Weser mit dem Jadebusen und machte Stadland und Butjadingen vorübergehend zu Inseln. Weideland herrscht von der Weser bis Ostfriesland vor. Mehr Arbeitsplätze als die Landwirtschaft bieten die Industrien an Weser und Ems. Das heutige Marschenbild dominieren die hohen Windkraftanlagen.

*Küstenstädte*: Vielfältig wie die Marschen sind auch die Küstenstädte. Emden, Papenburg, Wilhelmshaven und ein großer Teil von Hamburg sind von Kanälen und Wasserflächen durchzogen. Bremen und Hamburg bauen neue Stadtteile in stillgelegte Hafenbereiche. Hamburg, Bremerhaven, Wilhelmshaven und Emden konkurrieren mit ihren hochgerüsteten Hafenanlagen um die größten Schiffe der Welt, aber nur vereint könnten sie Rotterdam das Wasser reichen. Von einst bedeutender Fischerei ist nur die Fischverarbeitung in Bremerhaven und Cuxhaven geblieben. In Leer, Jever, Stade, Glückstadt und Husum wurde einiges vom alten Glanz erhalten. Vom städtischen Küstentourismus profitieren besonders Hamburg und Cuxhaven.

*Inseln*: Das kärgliche Inselleben alter Zeiten hat der Tourismus weggespült. Der löste einen Bauboom aus, der wiederum verstärkten Uferschutz nach sich zog. Landverlust kann nun nicht mehr toleriert werden. Wandernde Dünen wurden bepflanzt und dadurch festgelegt. Viele Insulaner ziehen heute auf das Festland, weil ihnen das Inselleben zu teuer ist.

die Nordseefluten. Doch der Bau von Deichen wurde fortgesetzt.

Verlorenes Land wurde durch systematische Förderung der Sedimentation und durch anschließendes Eindeichen zurückgewonnen (Bild 1.10). Das Vertrauen in den Fortschritt sorgte für Zuversicht trotz einzelner Rückschläge. Zwar finden sich in allen alten Marschen noch Warften/Wurten, aber durch die immer sicherer und höher gewordenen Deiche nutzten diese inzwischen vergleichsweise flachen Erhebungen nur noch der besseren Aussicht. Eine deichlose Wohnhügelkultur blieb nur auf den nordfriesischen Halligen bis heute erhalten. Nur hier wird noch die Höhe der Warften den steigenden Sturmfluthöhen angepasst.

Ab dem 18. Jahrhundert wurden die Deiche zum Garanten für Sicherheit, trotz höher auflaufenden Sturmfluten und weiter sinkendem Land. Je früher ein Polder eingedeicht wurde und je mooriger der Bo-

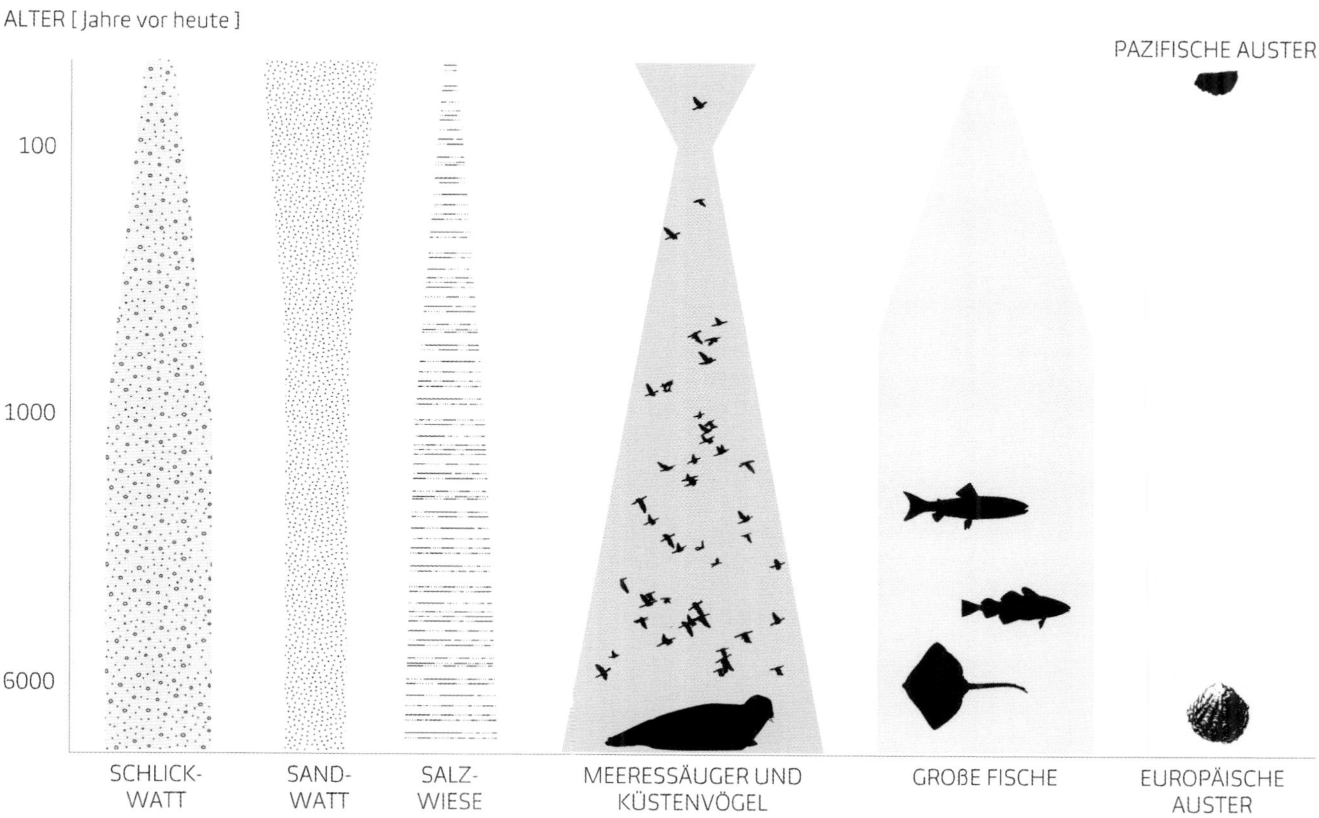


**1.11: Veränderte Flächenanteile ausgewählter Biotope und Häufigkeit ausgewählter Tiergruppen im Wattenmeer (verändert nach [3]). Die Zeitachse ist zur frühen Zeit hin gestaucht.**

den war, umso tiefer sackte er. Den Rekord hält Neuendorf-Sachsenbande in der Wilstermarsch mit mehr als 3 Metern (bis zu -3,6 Meter NHN) unter mittlerem Meeresniveau beziehungsweise 5 Metern unter dem Tidehochwasser. Die Entwässerung ist entsprechend aufwendig.

### Naturwandel im Wattenmeer

Im Gezeitenwechsel auf- und abtauchende Meeresböden sind an flachen Küsten mit ausgeprägtem Tidenhub verbreitet. Meist aber schwemmen die Flüsse die Sedimente an – im Wattenmeer dagegen kommt das Sediment vorwiegend aus der Nordsee. Im Wattenmeer sind die Landpflanzen ganz auf die oberste Gezeitenzone beschränkt, wo sich die Flut nur kurz aufhält. Die Schlick- und Sandwatten sind an keiner anderen Küste so ausgedehnt wie im Wattenmeer.[6]

Im Gegensatz zu den fruchtbaren Marschböden galten die Watten lange als öde und trostlos. Erst seit 1900 wurde man sich allmählich ihrer Besonderheit bewusst. Durch Eindeichen nahm ihre Fläche bis in die 1980er Jahre dennoch weiterhin ab (Bild 1.11). Eingedeicht wurden vorwiegend die schlickigen Buchten mit ihren Salzwiesen. Der Schlick- und Salzwiesenanteil im Wattenmeer ging dadurch zurück, und der Sandanteil nahm zu. Das veränderte das gesamte Artengefüge bis hin zu Fischen und Küstenvögeln. Natürlich gewachsene Salzwiesen sind heute selten geworden. Die durch Buschlahnungen und Grüppen entstandenen Deichvorländer sind von geringerer Biodiversität.

Auch Jagd und Befischung veränderten das Artenspektrum [20, 21] (Bild 1.11). Grauwale und Kegelrobben wurden in der Nordsee schon im Mittelalter ausgerottet. Nur die Kegelrobben kamen später zurück. Gefangene Schellfische und Kabeljaus wurden im Laufe der Zeit immer kleiner – ein Indiz für frühe Überfischung. Raubbau auf den Austernbänken zeigte sich schon Ende des 19. Jahrhunderts, und Mitte des 20. Jahrhunderts verschwand diese heimische Austernart vollkommen. Einst zahlreich, wurden ab Mitte des 20. Jahrhunderts auch weder Lachs noch Stör gefangen. Das Aufkommen der Motorkutter intensivierte die Fänge der Fischerei, bis schließlich das Wattenmeer außer Krabben (oder Granat) und Muscheln nichts mehr hergab.

Den Küstenvögeln erging es zunächst wie den Fischen, doch der ab 1900 einsetzende Vogelschutz schaffte hier eine Wende. Auch das Jagdverbot auf Seehunde seit den 1970er Jahren brachte eindrucksvolle Erfolge. Fischen in den Flüssen und Vögeln in

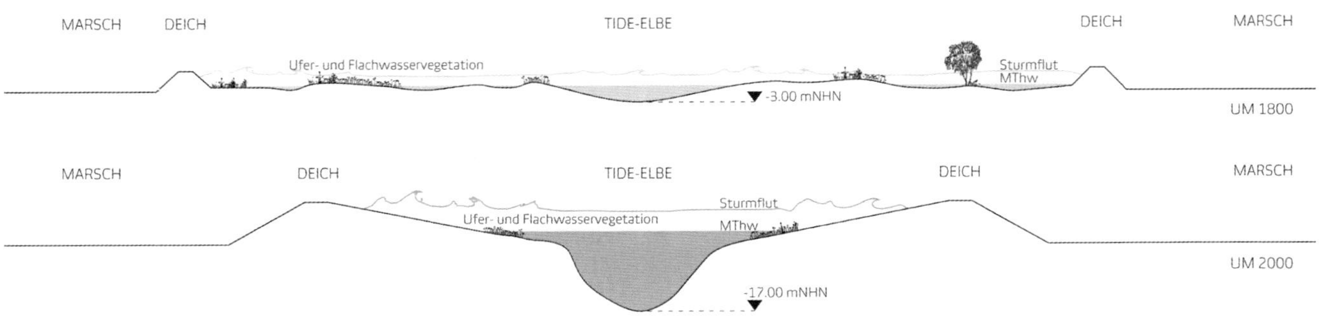


**1.12: Schema zum einst weiten Überflutungsraum der flachen Tideflüsse (oben), dann verengt durch Eindeichen und zusätzlich durch Ausbaggern einer Fahrrinne vertieft. Dadurch stiegen Strömung, Tidehub und Sturmfluthöhen.**

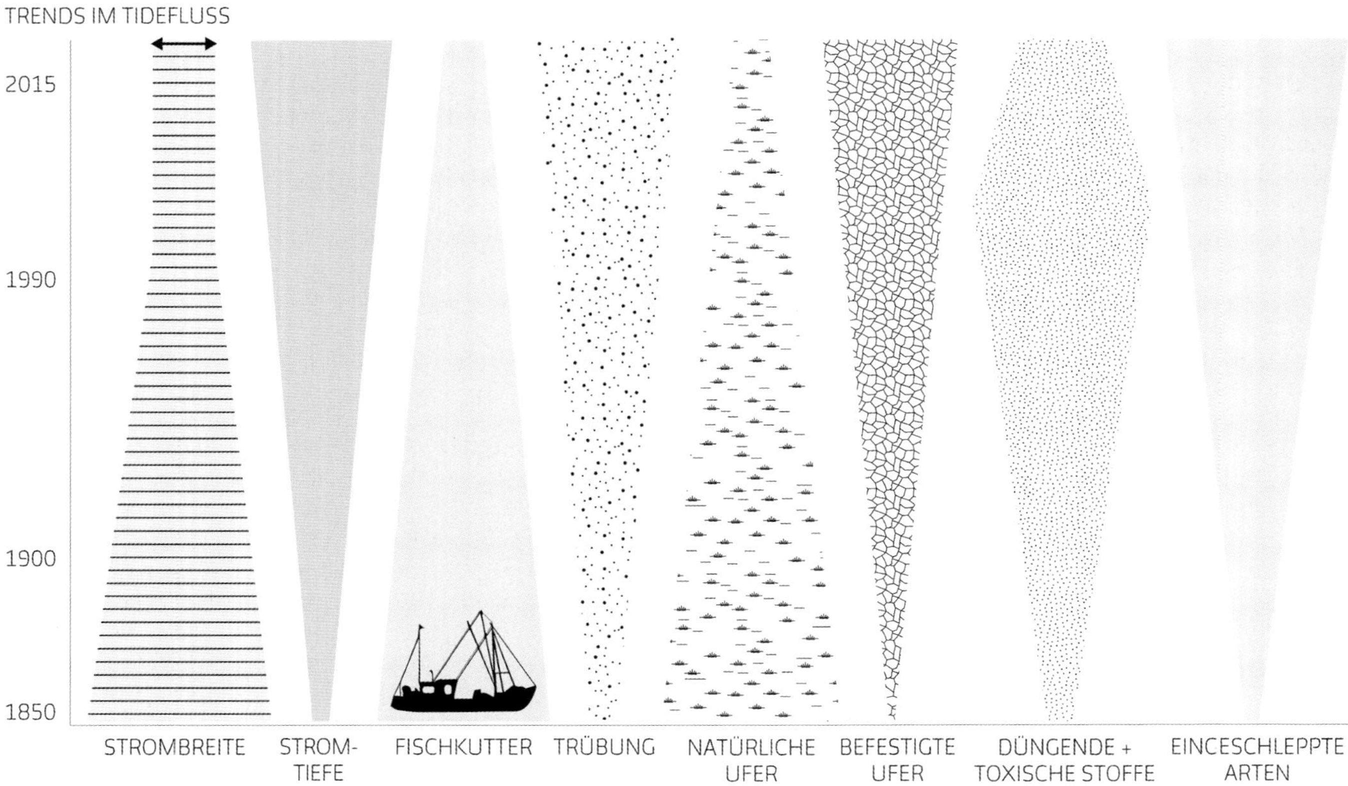


**1.13: Überblick zu ausgewählten Veränderungen im Tidefluss seit Mitte des 19. Jahrhunderts.**

der Küstenlandschaft fehlt aber weiterhin geeigneter Lebensraum zum Laichen beziehungsweise Brüten. Aus Übersee eingeschleppte Arten haben das biologische Spektrum der Küste erheblich erweitert (Bild 1.11). Auf dem Land ist die asiatische Rugosa-Rose am auffälligsten, am Strand fallen die Schalen der amerikanischen Schwertmuscheln ins Auge und auf den Muschelbänken die aus Japan eingeführten und dann verwilderten pazifischen Austern.

Solche Veränderungen sind inzwischen weltweit für dicht besiedelte Küsten normal. Geblieben sind dem Wattenmeer die faszinierenden Zugvogelschwärme, die ihre Nahrung auf den Watten und in den Marschen finden. Gezählt werden jährlich über zehn Millionen Küstenvögel, von denen die meisten in der Arktis brüten und in Afrika überwintern. Den Vogelschwärmen im Himmel entspricht ein Gewimmel an Kleintieren im Wattboden. In Gewicht ausgedrückt: zehnmal mehr als am Grund der Nordsee. Das Wattenmeer wurde 1985-86 Nationalpark und 2009 Welterbe der UNESCO.

### Vom Tidefluss zur Fahrrinne

Die Tideflüsse bilden mit dem Wattenmeer ein zusammenhängendes Küstenökosystem, genießen aber nicht den gleichen Schutz. Für Wanderfische zwischen Süß- und Salzwasser waren sie wichtigster Transitbereich, aber diese Fische sind selten geworden. Nicht marine, sondern Brack- und Süßwasserwatten dehnten sich in den Tideflüssen aus. Statt Salzwiesen säumten meist Röhrichte und Weidengebüsche die Ufer. Diese Tideflüsse wurden stärker verändert als die äußeren Küstenbereiche.[22-25]

Mehr noch als im Wattenmeer verengte die Eindeichung den Überflutungsraum (Bild 1.12). Die Strömung nahm zu, und mehr Sediment kam in Bewegung. Das Sediment trieb stromauf, wo es die Schiffbarkeit behinderte. So begannen ab Mitte des 19. Jahrhunderts systematische Vertiefungen für Fahrrinnen. Das Ausbaggern hörte seitdem nie mehr auf, weil die Schiffe immer größer wurden. Meist wurden die gebaggerten Sedimente an anderer Stelle im Fluss verklappt. Dort erfasste sie die zunehmende Strömung erneut. Das machte nicht nur das Baggern zur Sisyphusarbeit, sondern das Flusswasser wurde auch immer trüber. Das wiederum beeinträchtigte einen Teil der Wasserpflanzen, und die Sedimente verloren weiter an Halt. Ein Teufelskreis kam in Gang.

Die vertieften Fahrrinnen lassen nicht nur größere Schiffe passieren, sondern auch die Sturmfluten schneller stromaufwärts. Wegen des engeren Flutraums steigen die Wassermassen dazu höher. Das erfordert wiederum höhere Deiche. Da der Aufwand für immer höhere Deiche entlang der vielen Nebenflüsse zu hoch wurde, erhielten diese Flüsse an ihren Mündungen Sperrwerke gegen Sturmfluthochwasser (Foto S. 28). Dadurch stiegen im Hauptfluss die Sturmfluten noch weiter an. Ein weiterer Teufelskreis kam in Gang. Hinzu kommt noch, dass mit höherem Tidehub Nordseewasser weiter stromauf gelangt. Wo im Sommer Flusswasser zur Bewässerung benötigt wird, stört nun der Salzgehalt.

Kommunale und industrielle Abwasser, Dünger von den Feldern, aufgewärmtes Kühlwasser von Kraftwerken, Stauwehre und Dämme, versteinerte Ufer und vieles mehr – Flüsse und an ihren Mündungen die Tideflüsse haben es schon lange schwer (Bild 1.13).

Verfärbung, Gestank, Schaumberge und tote Fische veränderten schließlich das Verhältnis der Menschen zum Fluss und Abhilfe begann Ende des vorigen Jahrhunderts. Zwar gelangten jetzt weniger Gifte und düngende Stoffe in den Fluss, aber durch die stattgefundenen „Flusskorrekturen" ging viel von der natürlichen Filterwirkung verloren. Ein Teil der Flussfracht rauscht durch oder schwappt eine Weile mit den Gezeiten hin und her. Der andere Teil setzt sich in Hafenbecken ab. Dort ausgebaggert, muss dieser Schlick als Sondermüll entsorgt werden.

**Wendungen im Küstenkurs**

Die wohl größte Wende für die Nordseeküste begann im ausgehenden Mittelalter mit der geschlossenen Deichlinie entlang der Marschenufer und mit der Entwässerung des Hinterlandes. Das blieb keine ungebrochene Erfolgsgeschichte. Das Meer durchbrach Uferwälle und Deiche und flutete das Land. Wo das eingedeichte Land gesackt war und die Torfmoore verschwunden, lief das Meerwasser nicht mehr hinaus. Erst nach Jahrzehnten oder Jahrhunderten der Aufschlickung konnte das verlorene Land wieder neu eingedeicht werden. Doch verglichen mit dem Binnenland, ging es der Küstenbevölkerung in den fruchtbaren Marschen nicht schlecht. So nahm die Besiedlung hinter den Deichen weiter zu.

Die Konkurrenz war allerdings hart. Kleinbauern gaben auf und überließen ihr Land größeren Betrieben. In den meisten Marschen entstand im 18. und 19. Jahrhundert ein „Bauernadel", der die Landarbeit von Tagelöhnern verrichten ließ.[11, 26] Den Insulanern bescherten nur phasenweise Walfang und Handelsfahrten gute Verdienste. Die Wohlstandsverteilung wurde sehr ungleich an der Nordseeküste. Küstenluft machte nicht alle frei. Viele wanderten aus oder zogen in die Städte. In den Küstenstädten entstanden Industriebetriebe, die Arbeiter brauchten. Die Küstenstädte waren durch Frachtschiffe gut mit Rohmaterial versorgt, konnten Abwasser günstig entsorgen und Produkte leicht in alle Welt verschiffen.

Im Verlauf des 19. Jahrhunderts begann auf den Inseln und in den Küstenorten ein Badetourismus mit Adel und Bürgertum aus dem Binnenland. Dazu trug auch ein veränderter Blick auf den Küstenraum bei: Jetzt schrieb man der Nordseeküste einen besonderen ästhetischen Reiz zu.[27] Wo vorher die Küstennatur nur Gebrauchswert hatte, versprach sie nun auch Inspiration und Erbauung. Maler und Fotografen schufen ein erhabenes Bild der Küste, und Erzähler loteten mythische Tiefen aus. Mit dem erstarkenden Nationalismus wurden Landgewinnung und Küstenschutz intensiviert und straff organisiert. Bis heute ist dem Küstenschutz eine gewisse Kampfmetaphorik geblieben[27] (s. Exkurs).

Der Einsatz von Kunstdünger schmälerte die Besonderheit der reichen Marschböden. Auch auf der Geest konnte man nun ertragreich ackern. Für den Fischfang musste man immer weiter hinaus auf den Atlantik, um noch genug Fisch zu finden. Schließlich lohnte sich die Fischerei von den Küstenorten aus nicht mehr. Die Landtransporte nahmen zu, und die Küstenschifffahrt nahm ab. In der Tendenz gerieten die Marschen wirtschaftlich an den Rand, während sich die Entwicklung auf Städte, Häfen und Inseln konzentrierte.

Windkraftanlagen in den Marschen und in der Nordsee könnten die Küstenregion in der Energiegewinnung autark machen. Noch aber heizen Kraftwerke, befeuert mit Kohle aus Übersee (Foto S. 34), das Klima an, und im Wattenmeer wird weiter Erdöl gefördert. Das unterläuft alle Mahnungen, den Anstieg des Meeresspiegels in Grenzen zu halten.

Foto: Klas Gregefalk

**Exkurs: Geschichtliche Umwälzungen im Küstenverständnis**

*Gespräch mit Prof. Dr. Ludwig Fischer (LF), Kulturwissenschaftler, Universität Hamburg*

Früher wurden Katastrophen wie der Untergang Rungholts im Nordseesturm als Strafe Gottes für sündhafte Lebensführung aufgefasst. Wirkt das bis heute nach, wenn wir an den vom Menschen in Gang gesetzten Klimawandel und die dadurch höher auflaufenden Sturmfluten denken?

*LF: Direkt nicht, allenfalls die Metapher von der „Rache der Natur" bemüht noch eine Vorstellung von einem handelnden Subjekt, das sich in sogenannten Naturkatastrophen zeige. Es ist aber unerlässlich, unsere erreichten Lebensformen und unser Naturverständnis, auch mit Blick auf unsere Geschichte an der Nordseeküste, als zeitbedingt und revidierbar zu erkennen. Hinter dem Deich auf flachem Grund zu siedeln, statt wie vor Jahrhunderten auf künstlichen Wohnhügeln, hat sich als Selbstverständlichkeit tief in unser heutiges Küstenverständnis eingesenkt. Sich in Anbetracht des steigenden Meeresspiegels an eine Neubewertung des Risikos zu machen und schwimmende Siedlungsformen zu entwickeln, ist deshalb nicht nur eine technische Aufgabe, sondern mehr noch eine kulturelle Herausforderung.*

Was soll daran so schwierig sein? Haben sich Küstenbewohner nicht schon immer an veränderte Verhältnisse angepasst und anpassen müssen?

*LF: Das waren stets sich in die Länge ziehende Prozesse. Man darf sich nicht der Illusion hingeben, dass bereits „vernünftige Aufklärung durch richtige Einsichten" in den Köpfen die notwendigen Umstellungen in Gang setzen könne. Gerade das inzwischen angehäufte Wissen um den Klimawandel macht die Diskrepanz zwischen vorhandener Einsicht und faktischem Verhalten offensichtlich. Das dominante Konzept der Nordseeküste als Festungslinie gegen die See ist so unbezweifelbar und so rigoros handlungsleitend geworden, dass jede Frage nach der aktuellen Angemessenheit als Affront oder gar Bedrohung erscheint. Eine Aufweichung erscheint da vorerst undenkbar.*

War das schon immer so? Herrschte an der Nordseeküste stets Einigkeit beim Kampf gegen das Meer?

*LF: Wer Kulturwissenschaft und Textanalyse betreibt, kann unschwer erkennen, dass es in der Mentalitätsgeschichte der Küstengesellschaften sehr wohl andere Haltungen und andere Konzepte von der Nordseeküste gegeben hat. Beispiele finden sich dafür viele, so beim Eiderstedter Pastor Petrus Petrejus, der 1740 über den Beginn des Deichbaus reflektierte, ihn als Kriegserklärung der Friesen gegen das Meer verstand und an den damit verbundenen Verlust an natürlichen Küstenwerten erinnerte. Bewohner der Halligen wehrten sich noch gut hundert Jahre später heftig gegen preußisch verordneten harten Uferschutz und die Abschaffung ihrer Allmende. Das darin sichtbare Einverständnis mit den Naturgegebenheiten teilt nicht die Vorstellung vom heimtückischen Meer, das als Feind zu bekämpfen sei. Die Landschaftsmalerei des 19. Jahrhunderts inszenierte die Erhabenheit der wilden Küstennatur, die damit dem frühen Küstentourismus den Weg bahnte.*

Könnte – an die Kampfverweigerer anknüpfend – sogar an eine Allianz mit den Naturkräften zum Mitwachsen der Küstenlandschaft bei höher steigendem Meeresspiegel gedacht werden?

*LF: Wir können hinter die erreichte Form der Ablösung von unserer Naturbasis nicht einfach zurück. Einen Rückzug von der Küste können wir uns im Grundsatz nur als Ergebnis von Katastrophen vorstellen. Aber in einer der berühmtesten Passagen der jüngeren Ideengeschichte spricht Ernst Bloch von einer „konkreten Allianz" mit den Naturgegebenheiten, in die das gesellschaftlich organisierte Subjekt Mensch eintreten müsse. Solche philosophischen Entwürfe lassen sich nicht umstandslos in praktisches Handeln umsetzen. Doch das wissenschaftlich-technologische Küstenkonzept eines mehr oder weniger starren Bollwerks gegen die See dürfte bei massivem Meeresspiegelanstieg und extremen Wetterlagen an Grenzen des politisch Durchsetzbaren und des technisch Machbaren kommen. Da werden wir uns wohl ein Stück weit von den elementaren Selbstverständlichkeiten unseres heute vorherrschenden Naturverhältnisses lösen müssen.*

Viele Akteure drängen sich heute am Verhandlungstisch der Küstengesellschaft. Außer Land- und Wasserwirtschaft, Großindustrie und Seehandel sind das auch Tourismus, Windenergie, Natur- und Klimaschutz. Das macht die Positionen vielfältiger, und alle berührt die Frage, ob die Küste mit immer massiveren Bollwerken gegen die Nordsee abzuschotten ist oder doch versucht werden sollte, sie dem Meer zu öffnen, um so mit ihm wachsen zu können? Zum Dialog über diese Zukunftsfrage liefern die folgenden Kapitel Fakten und Anregungen.


[1] Verweij JM, Schokker J, 2012: Geoscientific research in the Wadden Sea region. Neth J Geosciences 91: 289-292.

[2] Rothe P, Storch V, von See C, 2014: Lebensspuren im Stein. Ausflüge in die Erdgeschichte Mitteleuropas. Wiley-VCH, Weinheim 285 S.

[3] Reise K, 2014: Eine Naturgeschichte vom Wattenmeer. Wadden Academy, Common Wadden Sea Secretariat, Leeuwarden 102 S.

[4] Vink A, Steffen H, Reinhardt L, Kaufmann G, 2007: Holocene relative sea-level change, isostatic subsidence and radial viscosity structure of the mantle of northwest Europe (Belgium, the Netherlands, Germany, southern North Sea). Quaternary Science Reviews 26: 3249-3275.

[5] Vos PC, van Kesteren WP, 2000: The long-term evolution of intertidal mudflats in the northern Netherlands during the Holocene; natural and anthropogenic processes. Continental Shelf Research 20: 1687-1710.

[6] Reise K, Baptist M, Burbridge P (+ 5 weitere Autoren), 2010: The Wadden Sea – A universally outstanding tidal wetland. Wadden Sea Ecosystem 29: 7-23. Common Wadden Sea Secretariat, Wilhelmshaven.

[7] Meier D, 2006: Die Nordseeküste. Boyens, Heide 208 S.

[8] Behre K-E, 2008: Landschaftsgeschichte Norddeutschlands. Wachholtz, Neumünster 308 S.

[9] Meier D, 2014: Die Unterelbe. Boyens, Heide 215 S.

[10] Fansa M (Hrsg.), 2006: Mensch und Meer, Küste und Marsch – Eine ewige Liebesgeschichte. Schriftenreihe des Landesmuseums für Natur und Mensch Oldenburg. Heft 44, 215 S

[11] Knottnerus O, 2005: History of human settlement, cultural change and interference with the marine environment. Helgol Mar Res 59: 2-8.

[12] Bazelmans J, Meier D, Nieuwhof A, Spek T, Vos P, 2012: Understanding the cultural historical value of the Wadden Sea region. The co-evolution of environment and society in the Wadden Sea area in the Holocene up to early modern times (11,700 BC-1800 AD): An outline. Ocean & Coastal Management 68: 114-126.

[13] Behre K-E, 2012: Die Geschichte der Landschaft um den Jadebusen. Brune-Mettcker, Wilhelmshaven 280 S.

[14] Jakubowski-Tiessen M, 2011: Vom Umgang mit dem Meer. Sturmfluten und Deichbau als mentale Herausforderung. In: Fischer L, Reise K (Hrsg.) Küstenmentalität und Klimawandel. Oekom, München, 55-64.

[15] Bantelmann A, 1966: Die Landschaftsentwicklung an der schleswig-holsteinischen Westküste, dargestellt am Beispiel Nordfriesland. Die Küste 14 (2): 5-99.

[16] Fischer L (Hrsg.), 1997: Kulturlandschaft Nordseemarschen. Verlag Nordfriisk Instituut, Hever 254 S.

[17] Vollmer M, Guldberg M, Maluck M, Marrewijk D, Schlickbier G, 2001: Landscape and cultural heritage in the Wadden Sea region. – Project Report. Wadden Sea Ecosystem 12. Common Wadden Sea Secretariat, Wilhelmshaven 336 S.

[18] Fischer L, Steensen T, Waterbolk HT, Lengen van H, Frederiksen J, Enemark J (Hrsg), 2005: Das Wattenmeer. Theiss, Meppel 351 S.

[19] Meier D, Kühn HJ, Borger GJ, 2013: Der Küstenatlas. Das schleswig-holsteinische Wattenmeer in Vergangenheit und Gegenwart. Boyens, Heide 191 S.

[20] Lotze HK, Reise K, Worm B (+ 12 weitere Autoren), 2005: Human transformations of the Wadden Sea ecosystem through time: a synthesis. Helgoland Marine Research 59: 84-95.

[21] Roberts C, 2007: The unnatural history of the sea. Islandpress / Shearwater Books, Washington London 435 S.

[22] Lozán J et al. (Hrsg.), 1996: Warnsignale aus den Flüssen und Ästuaren. Parey, Berlin 390 S.

[23] Blackbourn D, 2006: The Conquest of Nature. Water, Landscape, and the Making of Modern Germany. WW Norton & Company, New York, London 466 S.

[24] Schuchardt B, Scholle J, 2009: Estuaries. Thematic Report 16. In: Marencic H, Vlas J de (Hrsg.) Quality Status Report 2009. Wadden Sea Ecosystem 25. Common Wadden Sea Secretariat, Wilhelmshaven 19 S.

[25] Fischer N, Pelc O (Hrsg), 2013: Flüsse in Norddeutschland. Landschaftsverband Stade, Wachholtz, Neumünster 528 S.

[26] Westerman F, 2009: Das Getreideparadies. Ch. Links Verlag, Berlin 318 S.

[27] Fischer L, Reise K (Hrsg.), 2011: Küstenmentalität und Klimawandel. Oekom, München 227 S.

**Ein Unwetter zieht über Bremerhaven: Dreifußverankerungen mit gelbem Rohr für Offshore-Windkraftanlagen und die Container-Kaje geraten in Dunkelheit. Wie lange bleibt der wirtschaftliche Aufwind noch unberührt vom ansteigenden Meeresspiegel?**

***Bad weather over Bremerhaven harbor: yellow-headed tripod foundations for offshore wind turbines and the container terminal are fading into darkness. For how long will the economic upturn remain untouched by sea level rise?***

EUKOR
WALLENIUS WILHELMSEN

Die Stadt Norderney im Abendlicht. Ein Bollwerk aus Stein mit Buhnen sichert das westliche Inselufer. Zwischen den Buhnen wird durch ein Rohr gerade neu Sand aufgespült.

*Norderney in sunset light: A strong revetment with perpendicular groynes defends the western end of the island. In the photograph the sand between the groynes is being replenished using a pipe.*

Durch Leitdämme für den tideunabhängigen Fährverkehr gesicherte Fahrrinne zwischen der Insel Langeoog und dem Festlandshafen Bensersiel.

*Long jetties stabilize the shipping canal for tide independent ferry services between the island of Langeoog and Bensersiel on the mainland.*

Ein mit Pricken markierter Wattweg lenkt Wanderer und Pferdekutschen zur Insel Neuwerk. Der um 1300 auf einer Warft errichtete Wehr- und Wachturm wurde 1814 zum Leuchtfeuer in der Elbmündung ausgebaut und dient im Falle eines Deichbruchs als Zuflucht.

*A marked path guides hikers and horse-drawn carriages across tidal flats towards the island of Neuwerk. A watch tower from 1300 was turned into a lighthouse in 1814, helping ships through the Elbe estuary. The tower serves as a place of refuge should a storm surge breach the dike.*

**Wohin steigt das Wasser in Hamburg, wenn Sturmfluten es immer höher elbaufwärts drücken? Und was soll man tun: weiter abschotten oder auf Pfählen oder sogar schwimmenden Pontons bauen und noch mehr mit dem Wasser leben?**

***Where should the water in Hamburg go when storm floods push it ever higher upstream? Should we continue to build further flood protection barriers or turn to constructions on pilings or even floating pontoons and then live with more water?***

**Das erst 1973 als »Jahrhundertbauwerk« eingeweihte Eidersperrwerk müsste voraussichtlich gegen Ende dieses Jahrhunderts schon bei mittlerem Tidehochwasser schließen. Bis dahin benötigt die ganze Eider-Treene-Region mehr Überflutungsräume, weil der Abfluss ins Meer blockiert ist.**

***Celebrated as construction work of the century in 1973, the storm surge barrier at the Eider estuary may have to be closed during every high-tide towards the end of this century. Until then, the region around the river Eider will need more room for water.***

Häuser der Westermarsch bei Norden ducken sich hinter den Deich. Am Übergang zum Watt ist der Deich mit Steinpackungen gegen Wellenschlag gesichert und davor sollen Buhnen den Wattboden festhalten.

*Homes crouch behind a tall dike, which is armored with stones against breaking waves. Groynes are supposed to keep tidal sediments in place (Westermarsch near Norden).*

Buhnen helfen, Sandverluste vor dem Nordseebad Wangerooge aufzuhalten. Vom Inselosten wird zusätzlich verlorener Sand per Lastwagen zurück gefahren. Hinter Wangeooge das aus derJaderinne aufgespülte Minsener Oog und der rot-weiße Leuchtturm Mellumplate.

*Groynes on the beach combat losses of sand at the island of Wangerooge. Lost sand is also shuttled back by truck from the downstream end of the island. Beyond Wangerooge sits an artificial island created by dredging in Jade Deep and the lighthouse Mellumplate in red-and-white.*

Zwischen Jade und Weser: Von Prielen durchzogenes Watt: Wie lange wird es mit dem Anstieg des Meeresspiegels noch mithalten können?

*Tidal flats dissected by channels between Jade Deep and Weser estuary: For how long will mudflat accretion keep up with sea level rising?*

Mit Betonklötzen in Quer- und Längsreihen geschützter Strand an der Südspitze von Sylt. Zusätzlich ein Buschzaunstreifen am aufgespülten oberen Strand, der den Flugsand einfangen soll.

*Concrete sea structures, perpendicular and parallel to the shore, serve to protect the southern spit of the island of Sylt. Brushwood fences at the upper end of the sand nourished beach keep wind-blown sand in place.*

**Aufschlickende Salzwiese (Außengroden) mit mäandernden Prielen im Westen der Insel Wangerooge. Die Kleinbahntrasse verbindet Fährhafen und Inseldorf.**

***Accreting salt marsh into which meandering creeks entrench themselves at Wangerooge. A railway track links the ferry port and the island's village.***

Das mit Steinkohle aus Übersee befeuerte Dampfkraftwerk am Jadefahrwasser bei Wilhelmshaven trägt zum Meeresspiegelanstieg bei. Im Hintergrund Butjadingen, das unter dem Meeresspiegel liegt, am Horizont Bremerhaven mit Containerterminal.

*The power plant at Jade Deep near Wilhelmshaven, fuelled with coal from overseas, is contributing to sea level rise. Butjadingen peninsula, visible behind the power plant, lies below mean sea level. On the horizon is the harbor front of Bremerhaven, with its container terminal and three tall wind turbines.*

# 2. Wie hoch steigt das Meer?

*Ein schnellerer Anstieg des Meeresspiegels ist bereits nicht mehr abzuwenden. Wie schnell und wie hoch der Meeresspiegel im schlimmsten Fall steigen wird, kann nur grob geschätzt werden: auf bis zu 1 Meter bis zum Jahr 2100 und bis zu 3 Meter bis zum Jahr 2200.*

*Vor allem unberechenbare Schmelzvorgänge im Polareis machen Projektionen zum Meeresspiegel noch sehr unsicher. Auch regionale Auswirkungen auf einzelne Küsten wie die der Nordsee sind noch nicht sicher abzuleiten. Die Eem-Warmzeit vor 126 000 bis 115 000 Jahren war nur wenig wärmer als die gegenwärtige Warmzeit, das Holozän. Der Meeresspiegel erreichte jedoch damals einen Höchststand von 9 Meter über dem Meeresspiegel von heute.*

*Sturmfluthöhen können nicht einfach auf den steigenden Meeresspiegel addiert werden, sondern nehmen je nach Lage der Küste eigene Entwicklungen. Im Nordseeraum werden sie wahrscheinlich nicht wesentlich kräftiger werden als bisher. Neues Wissen und verbleibende Unwägbarkeiten zu Meeresanstieg und Sturmfluthöhen werden in diesem Kapitel frisch aufbereitet.*

In den letzten 2 Millionen Jahren hob und senkte sich der Meeresspiegel ungefähr 30 Mal um etwa 100 Meter. Das geschah im Rhythmus von Kalt- und Warmzeiten (s. Kap. 1). Solch gewaltige Veränderungen im Meeresspiegel müssen uns aber noch nicht gleich auf Berge oder Kreuzfahrtschiffe treiben, denn über die letzten Jahrtausende verhielt sich der Meeresspiegel verhältnismäßig ruhig (Bild 1.4). In dieser Zeit entstanden die fruchtbaren, heute dicht besiedelten Deltaregionen der großen Flüsse wie Yangtse, Mekong, Ganges oder Nil aus angeschwemmten Sedimenten; an der Nordseeküste bildete sich das flache Wattenmeer.

Solche flachen Küstenlandschaften konnten nur entstehen, weil der Meeresspiegel kaum noch weiter anstieg und durch Sedimentablagerung beständig mehr oder weniger ausgeglichen wurde. Mangelt es aber an Sediment oder steigt das Meer wieder schneller, dann geht es den flachen Küstenzonen wie auch dem Wattenmeer an die Substanz.

### Kohlendioxid, Erwärmung und die Höhe des Meeresspiegels

Die steigende $CO_2$-Konzentration in der Atmosphäre treibt den Klimawandel an. Der Klimawandel in Richtung Erwärmung hat unabwendbar einen schnelleren Meeresspiegelanstieg zur Folge.[1-5] Mit dem ruhigen Meeresspiegel könnte es auf lange Zeit vorbei sein.

Der Kohlendioxidgehalt der Atmosphäre nimmt durch die Verbrennung fossiler Kohlenstoffe wie Kohle, Erdöl und Erdgas immer weiter zu. Gleichzeitig schreitet die Auslichtung der Pflanzendecke voran. Je mehr Moore und Wälder schwinden, desto weniger $CO_2$ wird langfristig in Pflanzensubstanz gebunden. Folglich bleibt mehr $CO_2$ in der Luft. Seit der Industrialisierung stieg die Konzentration in der unteren Atmosphäre von 280 auf beachtliche 400 ppm an.

Einen Teil der $CO_2$-Emissionen nahm das Meer auf, der andere Teil verstärkte in der Atmosphäre die Treibhauswirkung zusammen mit Spurengasen wie Methan und Lachgas. Sie absorbieren einen Teil der Wärmestrahlung unseres Planeten, bevor diese ins Weltall entweichen kann. Dadurch wird es wärmer. Die bodennahe Lufttemperatur nahm im globalen Mittel um fast ein Grad zu und die der oberen Wasserschicht im Ozean um etwa ein halbes Grad.

Gemessen an den täglichen Temperaturschwankungen, die wir gewohnt sind, erscheint das unbedeutend. Doch zur Bewertung solcher über viele Jahrzehnte gemittelten Temperaturen hilft ein Blick in die Klimageschichte. Im Rhythmus von Kalt- und Warmzeiten zeigen $CO_2$ und Temperatur ein gleichsinniges Auf und Ab, beim $CO_2$ um 100 ppm und bei der Temperatur um 10 Grad Celsius – das kann kaum noch Zufall sein (Bild 2.1).

Voraussetzung für dieses rhythmische Klimageschehen ist die nach der kontinentalen Drift entstandene Ansammlung großer Kontinente rund um den Nordpol. Das macht das Klima sehr sensibel gegenüber veränderten Strahlungsmengen. Die tiefere Ursache aber sind zyklische Veränderungen von Erdbahn und Erdachse. Dadurch empfängt unser Planet unterschiedlich viel Bestrahlung und somit Wärme. Ist der Ozean kalt, atmet er viel $CO_2$ ein, und ist er warm, atmet er viel wieder aus. Das erklärt die gleichsinnigen Schwankungen von $CO_2$ und Temperatur in der Luft, wobei 90 Prozent der entstandenen Treibhauswärme vom Meer geschluckt wurden.

Die Klimaforschung hat keinen Zweifel, dass die gestiegenen $CO_2$-Emissionen der letzten hundert Jahre wesentlichen Anteil an der aktuellen Klimaerwärmung haben. Zwar wäre es nicht das erste Mal, dass wissenschaftliche Einsichten revidiert werden müssen, aber derzeit gibt es keine andere glaubwürdige Erklärung für diesen Klimawandel. Die Wahrscheinlichkeit ist zumindest äußerst gering, dass dieser offensichtliche Zusammenhang zwischen der gestiegenen $CO_2$-Konzentration und der globalen Erwärmung noch reiner Zufall ist.

Das gilt auch für den Meeresspiegel, der auf die Temperaturunterschiede zwischen Kalt- und Warmzeiten mit Schwankungen um 100 Meter reagierte (Bild 2.1). Die drei Kurven entsprechen einander nur ungefähr. Das mag zum Teil an der Ungenauigkeit der Rekonstruktionen liegen, aber es gibt auch noch eine Fülle weiterer Faktoren, die entweder verstärkend oder dämpfend wirken können, so dass auch kein exakter Gleichklang zu erwarten ist. Schon vor den industriel-

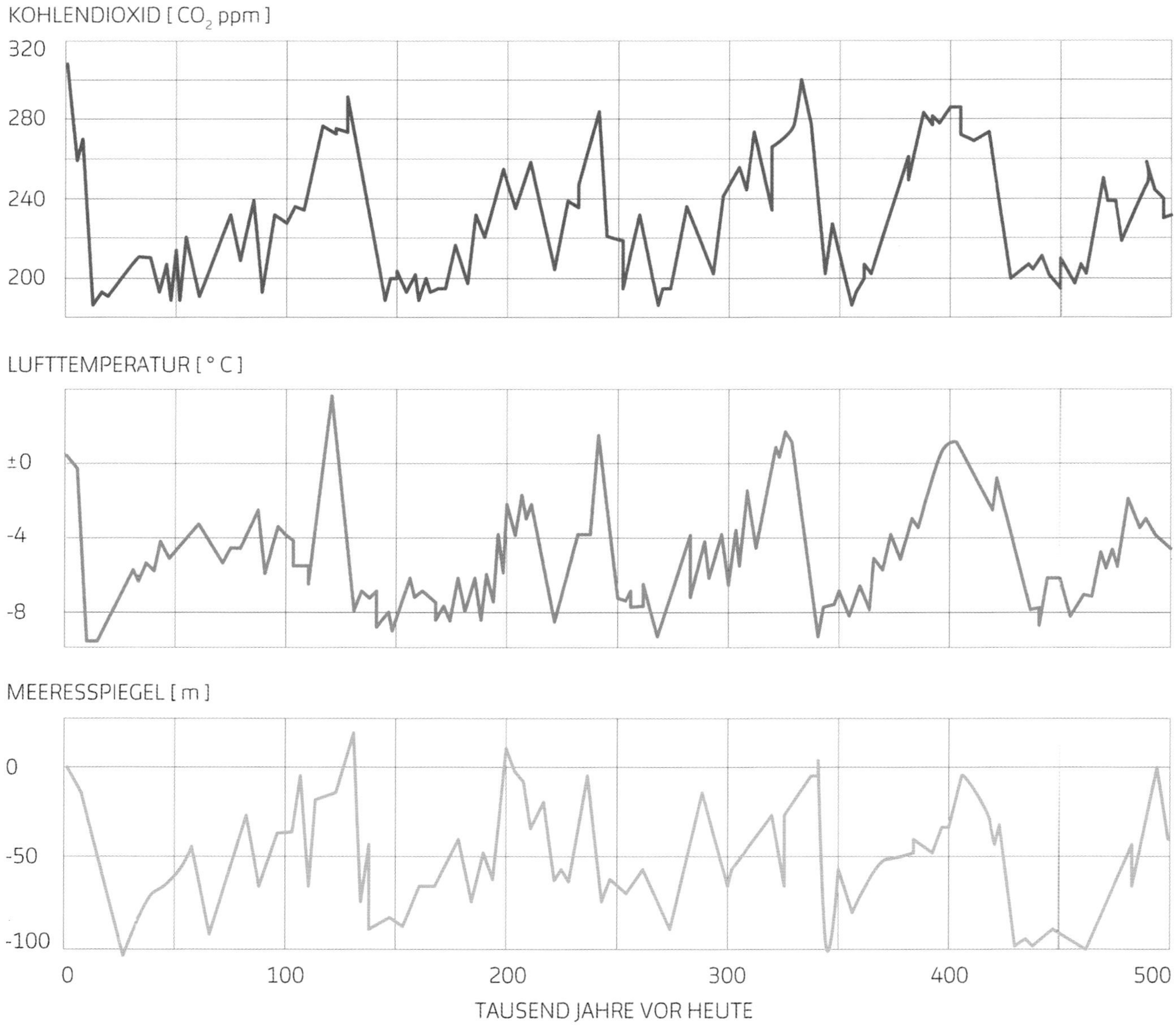


**2.1: Die letzten fünf Zyklen von Warm- und Kaltzeiten mit sehr ähnlichem Verlauf von Kohlendoxidkonzentration in der Luft, Lufttemperatur und Meeresspiegel (zusammengestellt nach [6,7]).**

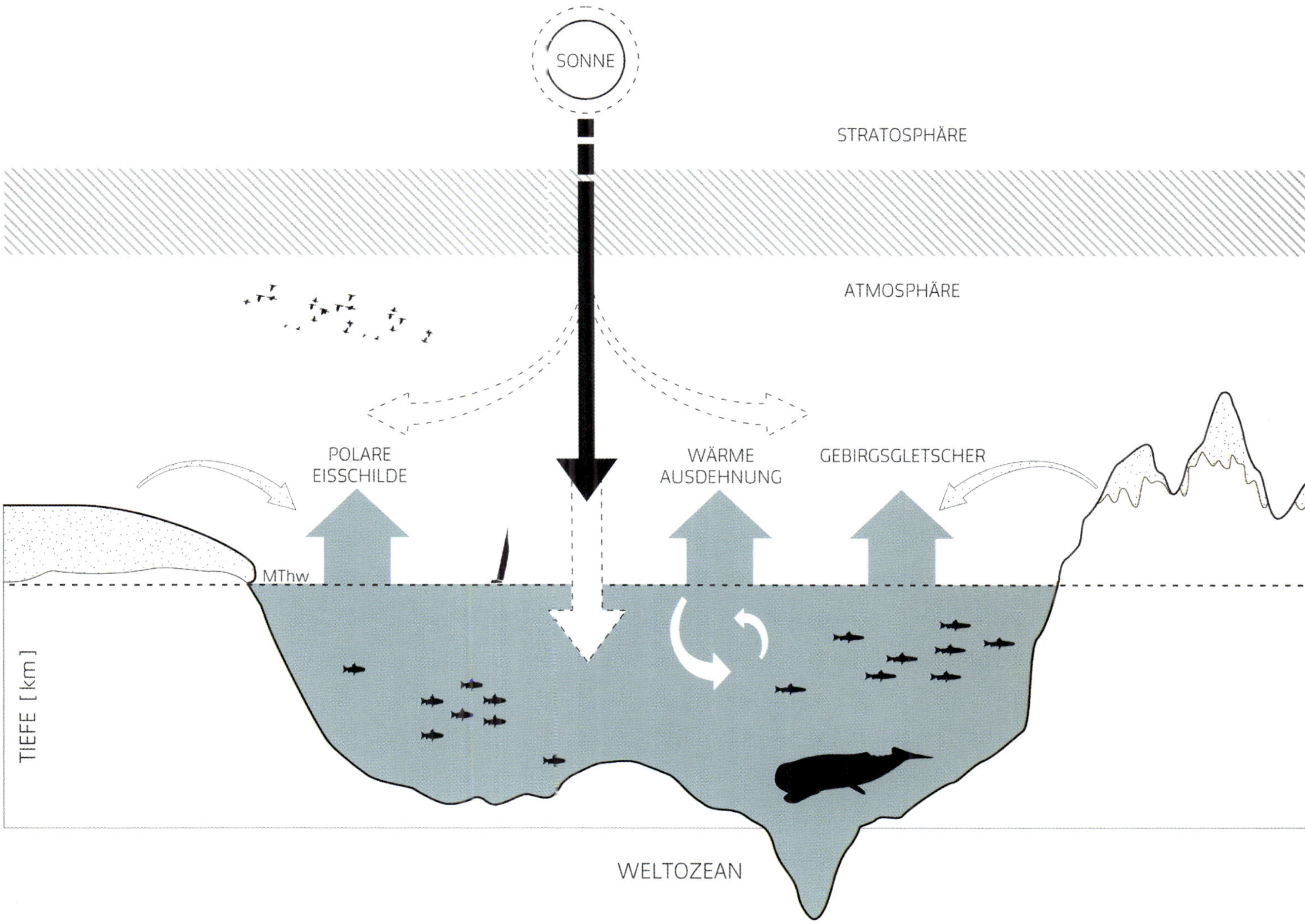


**2.2: Anstieg des Meeresspiegels durch Erwärmung (Volumenzunahme des Ozeans) und durch Schmelzwasser von Gebirgsgletschern und den polaren Eisschilden (Wassermassenzunahme des Ozeans) (nach [5,9,10]).**

len Treibhausgasemissionen war es so und so geht es natürlich auch weiter.

Wird Meerwasser wärmer, dehnt es sich aus und der Meeresspiegel steigt (Bild 2.2). Tiefes Meerwasser hat bei 1 bis 2 Grad seine höchste Dichte. Dies zu erwärmen, braucht mehr Energie als weniger dichtes und wärmeres Wasser an der Meeresoberfläche. Wie sich die Wärme mit den Strömungen und Umwälzungen über die Meerestiefen verteilt, ist daher wichtig für das Volumen.[8]

Wird es auf unserem Planeten wärmer, dann schmelzen Gebirgsgletscher und polare Eisschilde. Je mehr Eis schmilzt, desto mehr Meerwasser gibt es und desto höher steigt der Meeresspiegel.

Während zusätzliche Wärme das Volumen der Meere vergrößert, vermehrt das Schmelzwasser auch die Masse der Meere. Beides lässt den Meeresspiegel steigen. Schließlich kann der Meeresspiegel erst dann wieder sinken, wenn es dauerhaft so kalt geworden ist, dass sich das Meer global abkühlt und sich auf dem Land in großem Umfang neues Eis bildet.

## Schwankende Meeresspiegel

Der Meeresspiegel ist wie ein Zerrspiegel. Daher ist die mittlere Meereshöhe nicht so einfach zu messen. Auch wenn wir vom Wind erzeugte Wellen gedanklich glätten, ist die Meeresoberfläche keineswegs völlig eben. Wassermassen unterschiedlicher Dichte, Kälte oder Wärme, Salzigkeit oder Trübe, sind in den Ozeanen unablässig unterwegs, tauchen ab oder steigen auf. Das hebt den Meeresspiegel oder dellt ihn ein. Auch die über das Meer ziehenden Hoch- und Tiefdruckgebiete zusammen mit der Schubkraft der Winde wirken entsprechend. Weiterhin verändern die Anziehungskräfte zwischen großen Massen regional die Meereshöhe, abhängig von Meerestiefe, angrenzenden Kontinenten und an den Polen auch der Eisschilde.

Am augenfälligsten für den Beobachter an der Küste sind die kurzfristigen, meist meterhohen Schwankungen der Gezeiten, verursacht durch die Anziehungskräfte von Mond und Sonne sowie der Fliehkraft der rotierenden Erde (siehe Exkurs).

Über die letzten zwei Jahrhunderte wurde der Meeresspiegel mit Pegeln entlang der Küsten gemessen. Die erfassen aber nur den Rand des Ozeans und stehen zudem oft auf veränderlichem Grund. Das erfordert für jeden Pegel Korrekturberechnungen. Erst seit 1993 wird die Meereshöhe mit Satelliten vermessen, allerdings bislang noch ohne Polargebiete. Satelliten tasten fortlaufend die Meeresoberfläche ab. Aus den gewonnenen Daten werden Mittelwerte errechnet und schließlich eine Anstiegskurve gezeichnet. Die Zunahme des Meeresspiegels seit 1993 betrug knapp 3 Millimeter pro Jahr[13] (Bild 2.3). Nach Pegelmessungen betrug der weltweite Anstieg im 19. Jahrhundert etwa 10 Zentimeter, im 20. Jahrhundert aber schon fast 20 Zentimeter.

An der Nordseeküste misst ein Pegel in Cuxhaven schon seit 1843 (Bild 2.4). Die meisten anderen Pegel kamen erst vor achtzig Jahren hinzu. Nach diesen Pegeln ist der mittlere Meeresspiegel im April und Mai am niedrigsten und im November um rund 20 Zentimeter höher.[15] Das liegt vorwiegend an mehr auflandigem Wind im Herbst. Mit Küstenpegeln gemessene Jahresmittel des Meeresspiegels weichen oft um 10 bis 15 Zentimeter voneinander ab. Ursache sind meist unterschiedlich lang anhaltende Westwindlagen und die veränderlichen Meeresströmungen entlang der europäischen Atlantikküste.[16]

**Exkurs: Nordseegezeiten**

Der Rhythmus der Gezeiten folgt der Umrundung der Erde durch den Mond in 24 Stunden und 50 Minuten. Bedingt durch die Anziehungskraft des Mondes und die Fliehkraft der rotierenden Erde läuft in der Regel das Wasser 6 Stunden und 12 Minuten lang auf (Flut) und ebenso lange wieder ab (Ebbe). Aufeinanderfolgende Hochwasser beziehungsweise Niedrigwasser haben also einen Abstand von 12 Stunden und 25 Minuten. Davon gibt es tageszeitliche und örtliche Abweichungen. So verschieben sich an der Nordseeküste die Gezeiten von Tag zu Tag zwar im Mittel um 50 Minuten, vormittags aber nur um eine halbe und nachmittags um mehr als eine ganze Stunde. Häufig dauert die Ebbe etwas länger als die Flut. Diese Abweichungen liegen daran, dass Kontinente den Weltozean in mehrere Becken und Nebenbecken aufteilen, die aber miteinander in Verbindung stehen, so dass sich zeitlich etwas versetzte Tidewellen begegnen. Der höchst unregelmäßige Verlauf der Küsten wirkt zusätzlich ablenkend.

In der Nordsee dreht sich die Flutwelle entgegen dem Uhrzeigersinn um einen Punkt vor der englischen Küste. Dadurch erreicht das Hochwasser die Insel Borkum drei Stunden früher als Sylt.[11] Flussaufwärts ist der Zeitverzug noch länger. In Hamburg St. Pauli ist das Hochwasser etwa fünf Stunden später als bei Helgoland. Der vertikale Unterschied zwischen Hoch- und Niedrigwasser (Tidehub oder Tidenhub) verändert sich von Nipptiden (bei Halbmond: niedriges Hochwasser, hohes Niedrigwasser) zu Springtiden (bei Voll- oder Neumond: hohes Hochwasser, niedriges Niedrigwasser) sowie im Verlauf eines Jahres um einige Zentimeter. Windeffekte sind meist stärker. Größer sind auch die Unterschiede im Tidehub von Westen (Borkum 2,4 Meter) nach Osten (Cuxhaven 3,0 Meter) und von dort nach Norden (List 1,8 Meter). Noch größer sind die Unterschiede von der Außenküste (Helgoland 2,4 Meter) flussaufwärts bis Hamburg (St. Pauli 3,7 Meter), Bremen (4,2 Meter) oder Papenburg (3,6 Meter).

Der Tidenhub nahm besonders in den Tideflüssen zu. Dies liegt vornehmlich an der durch Deiche und Vertiefungen veränderten Küstenarchitektur. So nahm der Tidehub in der verengten und vertieften Elbe bei Hamburg St. Pauli seit 1870 von 1,5 auf 3,7 Meter zu, in der Weser bei Bremen sogar von 0,2 auf 4,2 Meter und in der Ems bei Papenburg von etwa 1 auf 3,6 Meter.[12] Das ist extrem. Außerhalb der Tideflüsse dagegen nahm der Tidehub nur wenig zu.

Dazu gibt es nicht nur Schwankungen von einem Jahr zum anderen, sondern auch mehrjährige Phasen, wo der Meeresspiegel nicht oder nur sehr langsam steigt, und dann wieder Phasen, in denen es schneller nach oben geht.[17-19] Da nicht zu sagen ist, ob und wann wieder eine Ruhephase eintritt oder wann eine neue Beschleunigung hinzukommt, können solche Trends nicht einfach linear in die Zukunft verlängert werden.[20]

Bei der viel von Stürmen aufgewühlten Nordsee ist der Wind beziehungsweise die wechselnde Häufigkeit der aus dem Nordatlantik kommenden Windfelder eine Hauptursache für diese Schwankungen. Weitere Ursachen wirken mehr im globalen Maßstab. So schwankt auch der Zufluss an Wasser in den Ozean.[21] Einerseits, weil das Schmelzen der Gletscher oft in Schüben erfolgte, andererseits nahm seit Mitte des 20. Jahrhunderts die Zahl der Stauseen sprunghaft zu. Deren Wasser wurde dem Meer vorenthalten und senkte zusammen den Meeresspiegel weltweit um mindestens 3 Zentimeter. Aber auch immer mehr Grundwasser wird aus der Tiefe gefördert und so neu in Umlauf gebracht. Das führt dem Meer wieder mehr Wasser zu, besonders spürbar in den letzten 20 Jahren.

Diese und weitere Faktoren steuern aber alle nur wenig zu den globalen Schwankungen im Meeresspiegel bei. Viel wichtiger sind die Schmelzvorgänge in den polaren Eisschilden.

**2.3: Globaler Meeresspiegelanstieg, gemessen mit Pegeln (unten) und durch Satelliten (oben) (verändert nach [9, 10, 13]).**

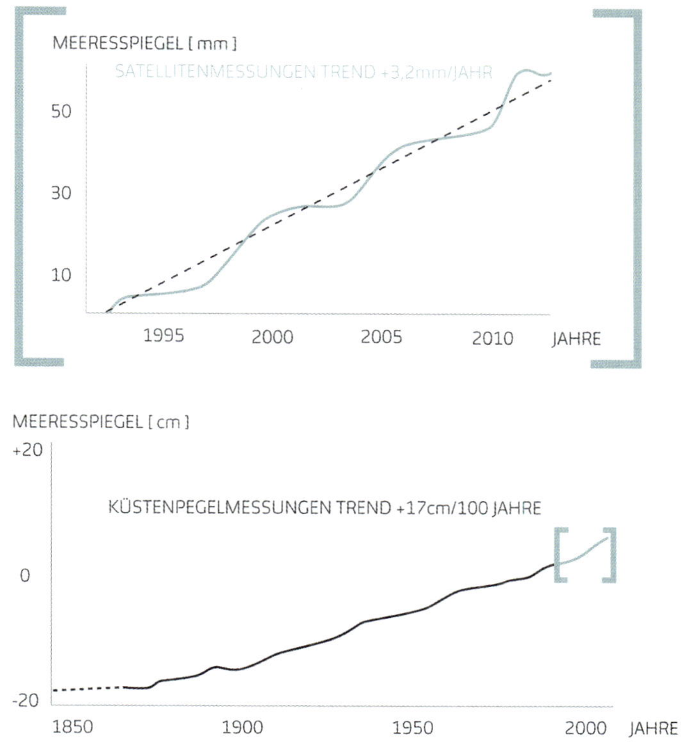


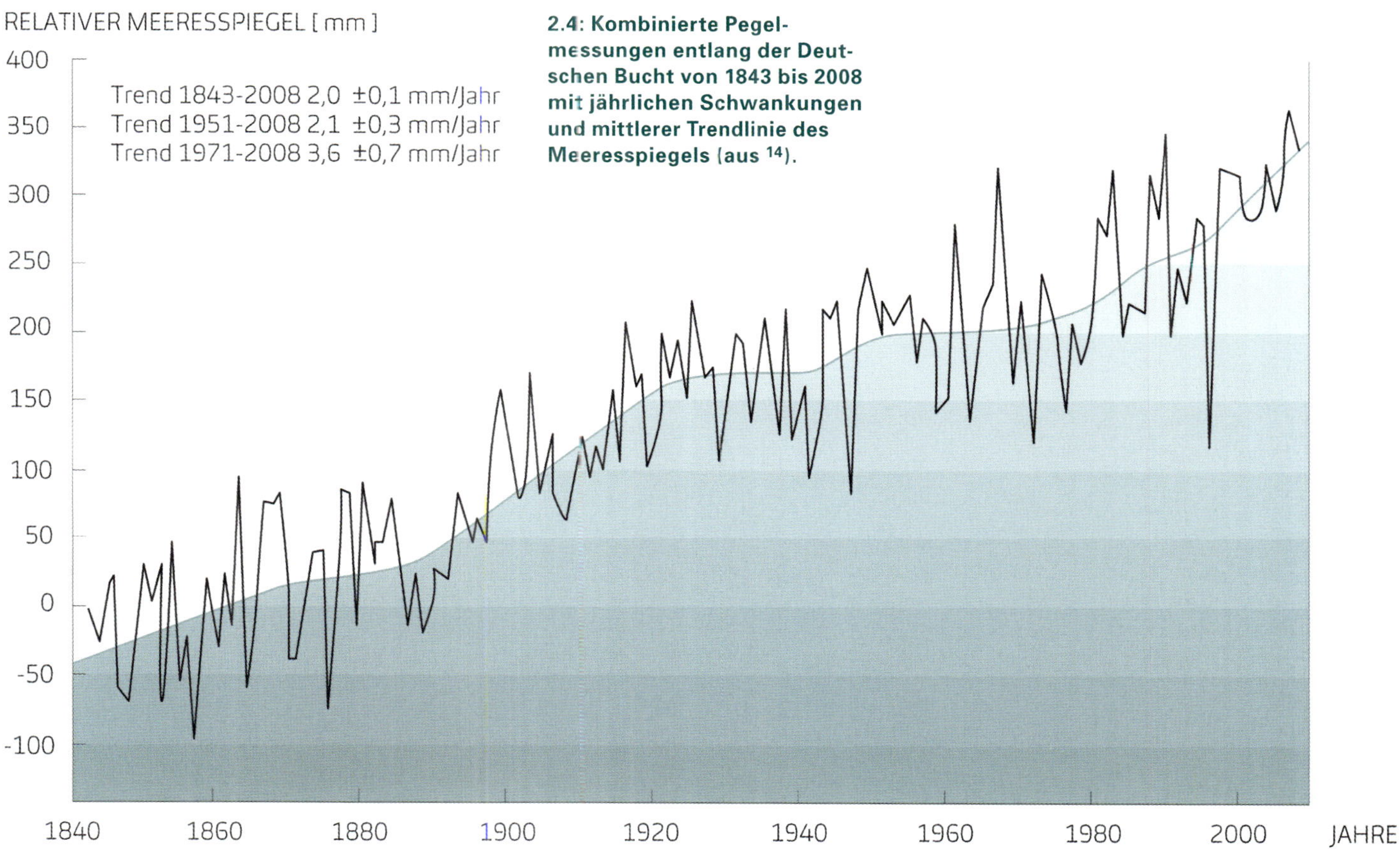


**2.4: Kombinierte Pegelmessungen entlang der Deutschen Bucht von 1843 bis 2008 mit jährlichen Schwankungen und mittlerer Trendlinie des Meeresspiegels (aus [14]).**

2.5: Schmelzvorgänge in der Antarktis und in Grönland (skizziert nach [24, 25]).

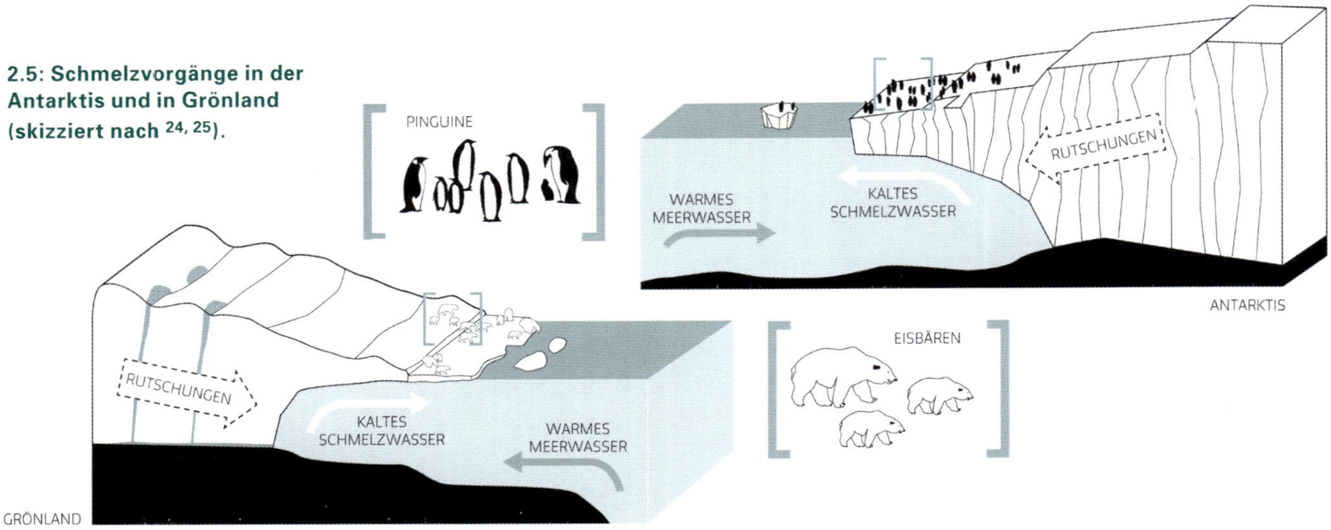


## Sensible Gefriertruhen an Nord- und Südpol

Die polaren Eisschilde haben ein enormes Potenzial für den künftigen Meeresspiegelanstieg.[22-23] Wird die Eismasse der Antarktis nur um 5 Prozent kleiner, würde allein dies den Meeresspiegel weltweit um 3 Meter anheben. Lange ging man davon aus, dass die globale Erwärmung den Schneefall über den Polen verstärken wird und so die Masse an Eis stabil hält oder sogar anwachsen lässt. Satellitenmessungen zeigen aber, dass über die letzten zwanzig Jahre durch Abschmelzen und ins Meer gleitende Eisströme mehr Eis verloren ging, als sich durch Schneefall neu hat bilden können.

Nirgendwo hat die globale Erwärmung in den letzten Jahrzehnten so stark zugenommen wie in den arktischen Breiten. Erhöhte Lufttemperaturen im Sommer bringen die Eisoberfläche Grönlands zum Schmelzen. Das Schmelzwasser rinnt zum Teil auch durch Spalten bis unter das Eis. Dort wirkt es wie Schmiermittel und bringt ganze Eismassen ins Rutschen (Bild 2.5). Ganz schmelzen wird dieses Relikt der Eiszeit so bald nicht, aber die Südspitze Grönlands könnte bald wieder so grün werden wie zur Zeit der mittelalterlichen Wikingersiedlungen dort.

Warmes Meerwasser gelangt bis unter das Schelfeis und beschleunigt dort die Eisschmelze. Dadurch können sich aus dem großen Landeismassiv einzelne Eisströme mit mehr als einem Kilometer pro Jahr in Richtung Meer bewegen. Wenn von Grönland mehr Schmelzwasser ins Meer fließt, steigt nicht nur der globale Meeresspiegel. Das leichtere Schmelzwasser bleibt wie ein Deckel über dem schwereren Meerwasser und bremst möglicherweise sogar die Zirkulation der großen Meeresströme im Atlantik.[26]

In der Antarktis ist es für ein Schmelzen an der Eisoberfläche meist zu kalt. Aber auch dort schwappt wärmeres Meerwasser unter das Schelfeis (Bild 2.5). Im Westen dieses Kontinents befindet sich auf dem Meer schwimmendes Schelfeis (Filchner- und Ross-Schelf) in der Ausdehnung von der Fläche ganz Skandinaviens. Veränderte Windverhältnisse scheinen zu bewirken, dass wärmere Strömungen von unten dieses Eis um bis zu 7 Meter pro Jahr dünner werden lassen. Das schwindende Schelfeis beschleunigt dann die Eisströme auf dem Kontinent. Das wiederum hebt indirekt den globalen Meeresspiegel an. Die Auswirkungen dieser kolossalen Eisdynamik für

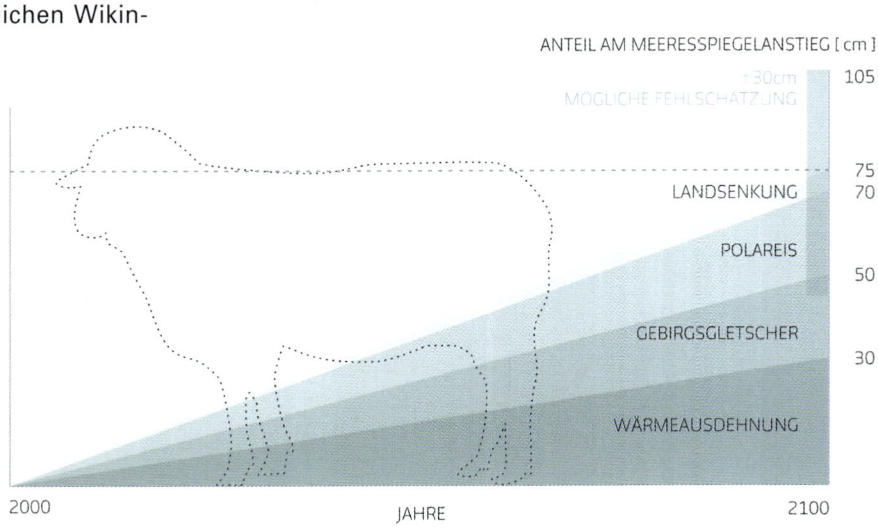


2.6: Projektionen und Anteile zum relativen Meeresanstieg an der Nordseeküste bei Annahme einer Erwärmung von 3 bis 5 Grad Celsius von 2000 bis 2100 (skizziert nach [30, 31]).

den Meeresspiegelanstieg müssen erst noch näher berechnet werden, lassen aber einen erheblichen Effekt befürchten. Das Verhalten der polaren Eismassen zur Erwärmung ist mit großen Schwungrädern vergleichbar: Sie kommen zwar nur langsam in Schwung, sind dann aber schwer wieder zu bremsen.

**Projektionen zum Meeresanstieg**

Noch lassen sich diese polaren Eisverluste nicht hinreichend genau im Modell darstellen. Deshalb sind sie die Hauptursache für die Unsicherheit bei den Projektionen zum weiteren Anstieg des Meeres. Weitere Unsicherheiten resultieren aus der bisher nicht gemessenen, aber sehr wahrscheinlichen Wärmeausdehnung des Wassers in der Tiefsee.[8]

Je nach angewandter Methode und Klimaszenario wurden bis 2100 zwischen 30 und 180 Zentimeter Meeresanstieg vorgeschlagen. Der untere Bereich des Spektrums stammt aus Prozessmodellierungen, in denen der wachsende Anteil der polaren Eisverluste noch kaum berücksichtigt wurde. Der obere Bereich

**Exkurs: Nordseespiegel**

*Gespräch mit Prof. Dr.-Ing. Jürgen Jensen (JJ), Universität Siegen*

Heute wird die Höhe des Meeresspiegels mit Satelliten gemessen. Sind daher die Wasserstandspegel an der Nordseeküste überflüssig geworden?

*JJ: Nein, heute sind sie wichtiger denn je angesichts der aktuellen Entwicklung von Klima und Meeresspiegel. Nur so können wir die langen Datenreihen fortschreiben, die wir für die Analyse der Gezeitenvariationen, der regionalen und lokalen Trends mittlerer Wasserstände sowie der Sturmfluthöhen benötigen, um vorausschauenden Küstenschutz und sichere Navigation zu ermöglichen. Die Satelliten alleine liefern uns diese Auflösung nicht.*

Halten sich die Wasserstände an der Nordseeküste denn nicht an den globalen Trend?

*JJ: Tatsächlich waren wir in der Nordsee dem globalen Trend des mittleren Meeresspiegels über das 20. Jahrhundert ziemlich nahe. Andere Küstenregionen sind da viel deutlicher abgewichen. Das muss aber nicht immer so bleiben. Was in der Nordsee passiert, ist sehr abhängig vom Wettergeschehen im Nordatlantik und den veränderlichen Meeresströmungen entlang der europäischen Atlantikküste. Bessere Kenntnisse über diese Kopplungen sind wichtig für die Frage, wie hoch künftig an den einzelnen Küstenabschnitten die Deiche sein sollten.*

Zeigt sich in der Nordsee schon die durch globale Erwärmung erwartete Beschleunigung beim Meeresspiegelanstieg?

*JJ: In den letzten 2000 Jahren war der mittlere Meeresspiegel nach geologischen Befunden relativ stabil. Seit Mitte des 19. Jahrhunderts verzeichnen die Anstiegsraten eine Beschleunigung. Diese Beschleunigung wird unter anderem mit erhöhten Schmelzraten des grönländischen Eisschildes sowie der arktischen Gletscher in Verbindung gebracht. Die Anstiegsraten waren zu Beginn und gegen Ende des 20. Jahrhunderts hoch und am geringsten in den 1960er Jahren. Filtern wir langfristige atmosphärisch bedingte Schwankungen aus den Daten heraus, die potenzielle klimatisch bedingte Beschleunigungen maskieren, können wir bei einem Anstieg um 1 Meter bis 2100 wohl frühestens ab 2020 eine signifikante Beschleunigung des bisherigen Trends identifizieren.*

Wie verändern sich Tidedynamik und Sturmflutwasserstände?

*JJ: Entlang der deutschen Nordseeküste hat sich der Anstieg des mittleren Tidehochwassers seit den 1950er Jahren beschleunigt und das mittlere Tideniedrigwasser ist leicht gesunken oder hat sich kaum verändert, was zu einem bis zu 10 Prozent erhöhten Tidehub geführt hat. Besonders der Flutstrom fließt dadurch schneller, was von großer Bedeutung für Sedimentumlagerungen an den Stränden und in den Wattrinnen sein kann. Die Frage, was die Veränderungen in der Tidedynamik ausgelöst hat, ist aber weiterhin offen.[32] Gleichzeitig zeigen alle Pegel signifikant höhere Trends in den Extremwasserständen im Vergleich zum mittleren Meeresspiegel.*

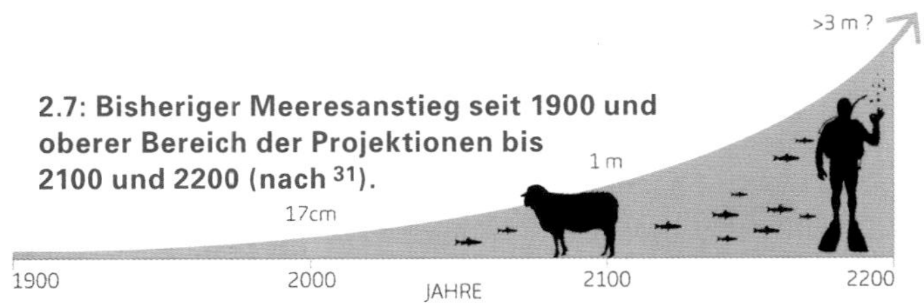


**2.7: Bisheriger Meeresanstieg seit 1900 und oberer Bereich der Projektionen bis 2100 und 2200 (nach [31]).**

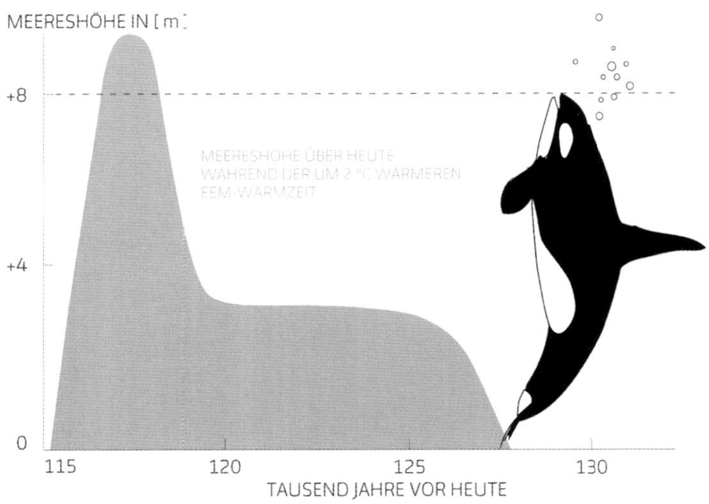


**2.8: In der letzten Warmzeit vor 129-116 000 Jahren stieg der Meeresspiegel zunächst 3 bis 4 Meter höher als heute. Dann stieg er noch einmal um weitere 6 Meter innerhalb eines Jahrtausends (nach [33, 34]).**

entstammt Projektionen aus der Rekonstruktion des bisherigen Anstiegs, kombiniert mit den Klimaszenarien des *Intergovernmental Panel on Climate Change (IPCC)* der Vereinten Nationen.[27-29]

In diesem Buch wird einem mittleren Vorschlag gefolgt mit einer möglichen Fehlerspanne von 30 Zentimetern nach unten und oben (Bild 2.6). In dem weiten Unsicherheitsbereich gehen kleinere Anteile unter, die zum Beispiel von aufgestauten Flüssen, von vermehrter Grundwasserförderung oder von mehr Wasserdampf in einer wärmeren Atmosphäre ausgehen.

An der deutschen Nordseeküste kommt noch ein Absinken des Landes relativ zum Meer um rund 5 Zentimeter in 100 Jahren hinzu. Das resultiert aus der Gegenbewegung zur nacheiszeitlichen Hebung Skandinaviens (s. Kap. 1). Die vorherrschenden Westwinde verursachen besonders an der Westküste Schleswig-Holsteins Abweichungen um 10 bis 20 Zentimeter nach oben. Geht es um vorsorgliche Anpassungen an höhere Wasserstände, dann interessiert weniger ein Mittelwert, sondern mehr, welche Höchstwerte wahrscheinlich sind. Das wäre dann etwa 1 Meter für die deutsche Nordseeküste. Diese Schätzung reicht etwas höher als die vom IPCC [5], aber es ist vernünftig, sich am ungünstigsten Fall zu orientieren, weil mit einer unverhofften Verlangsamung des Meeresanstiegs viel leichter umzugehen ist als mit einer überraschenden Beschleunigung.

Voraussichtlich hört das Meer nach dem Jahr 2100 auch nicht plötzlich auf, zu steigen (Bild 2.7). Um zu entscheiden, welche Art von Anpassungen am besten geeignet wären, mit dem Meeresspiegelanstieg langfristig mithalten zu können, ist es nicht unwichtig, wie es nach dem Jahr 2100 weitergehen könnte. Das mag aus heutiger Sicht verfrüht erscheinen. Doch neu gebaute Küstenschutzwerke haben durchaus eine Funktionszeit von bis zu 100 Jahren. Nach 2050 Geborene haben vielleicht schon eine Lebenserwartung von über 100 Jahren. Auch im nachhaltigen Waldbau wird ja in Zeiträumen von mehr als 100 Jahren geplant.

Die Wärmeausdehnung wird bis zum Jahr 2100 sicherlich bis in die Tiefsee vorgedrungen sein, und die Zirkulation der Ozeanströme dürfte sich durch die Süßwassermengen aus den polaren Eisschilden möglicherweise verlangsamt haben. Beides könnte dämpfend auf den Meeresanstieg wirken. Aber ob Teile der polaren Eisschilde kontinuierlich gleitend oder dramatisch auf einmal ins Meer rutschen, lässt sich kaum vorhersehen. Von diesen Vorgängen würde der größte Teil des weiteren Meeresanstiegs ausgehen. Bis 2200 wird für die niederländische Küste ein Anstieg von 1,5 bis 3,5 Meter für möglich gehalten.[31] Das sollte entsprechend auch für die deutsche Nordseeküste angenommen werden.

## Meeresspiegelhöhen in früheren Warmzeiten

Zwar gibt es im Klimageschehen wiederkehrende Muster, aber keine Garantie, dass sich bei ähnlichen Rahmenbedingungen etwas genauso wiederholt, wie es schon einmal ablief. Dennoch ist die mit circa 13 000 Jahren kurze Eem-Warmzeit vor der letzten Eiszeit von besonderem Interesse. Diese Warmzeit war offenbar etwas wärmer als vorherige und auch im Mittel um 2 Grad Celsius wärmer als unsere jetzige Warmzeit. Die Neandertaler blickten damals auf eine Vorgängerin der Nordsee. Das Eismassiv auf Grönland dürfte zu der Zeit viel kleiner gewesen sein. Vor 128 000 Jahren stieg der Meeresspiegel rasch an und erreichte eine Höhe von 3 bis 4 Metern über dem Niveau von heute (Bild 2.8).

Ziemlich abrupt stieg er dann nochmals auf eine Höhe von insgesamt rund 9 Metern über dem heutigen Niveau. Das geschah vor 118 000 Jahren und könnte an einem Kollaps großer Eismassen in der Antarktis gelegen haben. Dies bestärkt die Vermutung, dass die polaren Eisschilde sehr empfindlich auf geringe Erwärmungen reagieren können. Wiederholt sich die Geschichte, dann liegt nicht nur ein Meeresspiegelanstieg um mehrere Meter im Bereich des Möglichen, sondern der Meeresspiegel würde dann wohl auch in nur wenigen Jahrhunderten eine solche Höhe erreichen können.

Andere zwischeneiszeitliche Warmzeiten waren vermutlich weniger warm als die Eem-Warmzeit und der Meeresspiegel entsprechend niedriger (Bild 2.1). Bevor die zyklischen Eiszeiten einsetzten, herrschte eine lange Warmphase mit deutlich wärmeren Verhältnissen als heute. Das war vor 3 und mehr Millionen von Jahren. Damals begannen in Afrika einige Affen aufrecht zu gehen. Die $CO_2$-Konzentration lag wie heute bei ungefähr 400 ppm, die Durchschnittstemperatur lag um 2 bis 3 Grad Celsius höher und der Meeresspiegel bis zu 30 Meter höher. Die zeitliche Auflösung solcher Rekonstruktionen ist zu gering, um sagen zu können, ob diese Werte gleichzeitig oder versetzt um viele Jahrhunderte bis Jahrtausende anstiegen.

Dennoch deuten diese vorzeitlichen Verhältnisse darauf hin, dass die vom Menschen verursachten $CO_2$-Konzentrationen überaus weitreichende Folgen für die Lebensbedingungen an den Küsten haben könnten.

### Nordseestürme

Die Nordseeküste wird mehr als viele andere Küsten von schweren Stürmen heimgesucht. Sie können den Wasserstand an der Küste um 3 Meter zum Beispiel auf Sylt oder Norderney oder bis zu 4 Meter in Hamburg über das mittlere Tidehochwasser drücken.[11] Wellen von 4 bis 5 Meter Höhe treffen dabei auf Strände und Dünen der Inseln. Im Wattenmeer und in den Tideflüssen verlieren solche Wellen schnell ihre Höhe und Kraft, vorausgesetzt, die Watthöhen behalten den Anschluss an das steigende Meer, und die Fahrrinnen werden nicht immer tiefer.

Steigt langfristig der mittlere Meeresspiegel, dann summieren sich solche extremen Sturmfluthöhen mit ihren Wellenhöhen noch dazu. Im flachen Watt reicht allerdings eine einfache Addition nicht aus, weil bei sehr hohen Sturmwasserständen dort die Energieabgabe geringer ausfällt.[35, 36]

Reicht es, die künftigen Bauwerke des Küstenschutzes danach zu bemessen, oder verändert der Klimawandel auch die Sturmfluten selbst? Ganz einfach betrachtet, sollten die Stürme eigentlich eher abflauen. Die Arktis erwärmt sich im Klimawandel schneller als der Rest des Planeten. Der Temperaturunterschied zwischen den subtropischen und arktischen Breiten nimmt folglich ab. Das entspannt die Ausgleichswinde und die Luftmassenwirbel sollten an Schwung verlieren. Doch Unwetter richten sich nicht nach Jahresmittelwerten der Temperatur und regionale Klimamodelle müssen dazu alle Zutaten der nordatlantischen Wetterküche beachten.

Aufschlussreich ist ein Rückblick (Bild 2.9). Die Sturmaktivität in der Nordsee nahm nur vorübergehend über 3 Jahrzehnte zu. Solche Phasen hängen mit den aus dem Nordatlantik kommenden Tiefdruckgebieten zusammen. Ein langfristiger Trend ist dabei nicht zu erkennen.[38] Simulationen mit Klimamodellen bis zum Ende dieses Jahrhunderts zeigen lediglich Veränderungen in der Größenordnung bisher beobachteter Schwankungen.[35] Möglich wären eine leichte Zunahme starker Westwinde und eine Verlagerung von eher nördlichen auf eher südliche Ablenkungen. Davon wäre die Westküste Schleswig-Holsteins mehr betroffen als die Küste Niedersachsens. Die Wellenhöhen in der Nordsee könnten etwas zunehmen, aber die Zunahme soll insgesamt unter 10 Prozent bleiben.[39]

Solche Projektionen reichen ebenso wie die Projektionen zum Meeresanstieg immer nur so weit, wie sich das Klimageschehen nicht grundsätzlich verändert. Ganz ähnlich verhält es sich mit Trends und Stürmen im wirtschaftlichen, sozialen und kulturellen Leben der Küstenbewohner. Der Wert der Küste könnte sich fundamental verändern. Wird sie zum Wohnen und Erholen weiterhin bevorzugt oder lieber Flüchtlingen aus anderen Ländern überlassen? Fasziniert in 100 Jahren der Mars die Menschen viel mehr als das Meer? So etwas ist nicht vorhersehbar. Was aber mit hinlänglicher Wahrscheinlichkeit absehbar ist, wie es Klimawandel und Meeresanstieg mit Sturmfluten sind, das sollte zur Orientierung herangezogen werden. Nur so kann man zwischen verschiedenen Vorsorgemaßnahmen entscheiden.

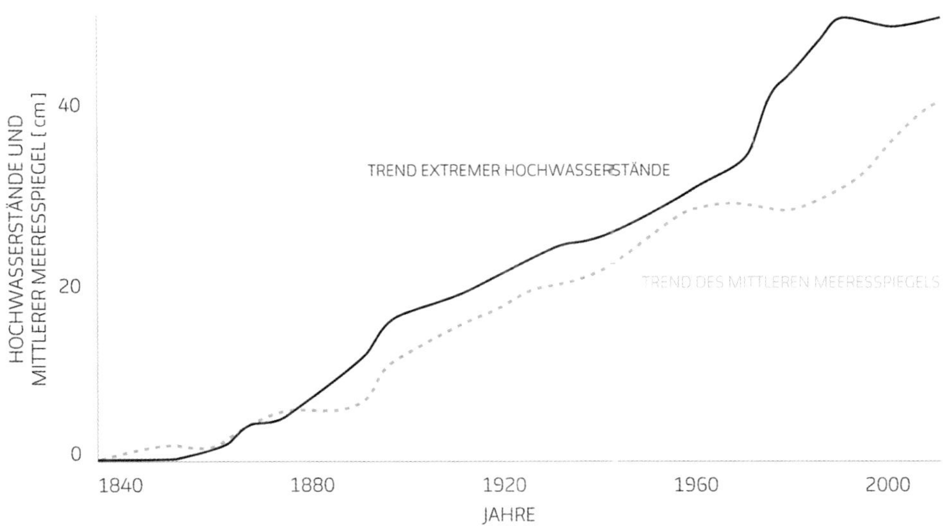


**2.9: Am Pegel Cuxhaven gemessene Trends für die geglätteten Mittel des relativen Meeresspiegels und der extremen Hochwasserstände (nach [37]). Beide wurden zum besseren Vergleich der Zunahme am Anfang auf null gesetzt. Dann zeigt sich, dass beide Trends von 1860 bis 1960 nahezu parallel verlaufen. Danach legten bis 1995 die Stürme deutlich schneller zu, flauten dann aber wieder ab.**

**2.10: Spiegel-Titel am 11. August 1986: Der Meeresspiegelanstieg durch den Treibhauseffekt flutet den Kölner Dom.**

**Was folgt aus alledem?**

Für die Vorsorge besonders relevant sind die Sturmfluthöhen, die sich auf den Trend des mittleren Meeresspiegelanstiegs aufsummieren. Klimawissenschaften, Ozeanografie und Geologie haben in den letzten drei Jahrzehnten beachtliche Fortschritte gemacht. Viel mehr als je zuvor kann gemessen, rekonstruiert und modelliert werden. Was hat dieser Wissenszuwachs verändert?

Der Spiegel zeigte bereits 1986 auf seinem Titelbild den Kölner Dom im Wasser, um seine Leser für die Folgen des Klimawandels erstmals zu sensibilisieren (Bild 2.10). Das Szenario wäre folgendes: Schmilzt alles Eis der Gebirgsgletscher, steigt der Meeresspiegel weltweit um fast 1 Meter. Schmilzt auch das Eis Grönlands, kommen noch 7 Meter hinzu. Schmilzt sogar noch alles Eis der Antarktis, summiert sich der Meeresanstieg auf insgesamt 65 Meter. Hinzu käme noch eine weitere Wärmeausdehnung des Ozeans um einige Meter nach oben, denn für solch eine Superschmelze müsste es noch erheblich wärmer werden als bisher. Da Köln gut 50 Meter über dem heutigem Meeresspiegel liegt, würde dann tatsächlich das Wasser bis in den Dom reichen. Solch eine totale Eisschmelze mit ihren entmutigenden Folgen gilt heute als extrem unwahrscheinlich. Zu erwarten ist schon eher ein Meeresspiegelanstieg, der uns noch nicht zum Verlassen der Nordseeküste zwingt.

Die Größenordnung von rund 1 Meter Meeresanstieg in 100 Jahren könnte mit herkömmlichen Strategien noch zu bewältigen sein. Indessen könnte es bei einer Aussicht eines nach 2100 quasi unbegrenzt weiter steigenden Meeres riskant werden, allein auf Abwehrstrategie zu setzen. Da empfiehlt sich eine Suche nach Lösungen, an die kommende Generationen besser anknüpfen können. Das kann sie davor bewahren, vor einem möglichen Küstenkollaps zu stehen und so schließlich weglaufen oder –schwimmen zu müssen.

Im Jahre 1248 wurde begonnen, den Kölner Dom zu bauen. Zur gleichen Zeit entstand an der Nordseeküste allmählich eine durchgehende Deichlinie. Seit dem Deichbau senkten sich die ältesten Marschgebiete bis unter den Meeresspiegel. Brach das Meer dorthin durch, war die Katastrophe für die Bewohner groß. Sturmfluten stiegen über die Dächer, wo Häuser direkt auf den Marschboden gebaut waren. Auf Düneninseln war die Lage eher überschaubar, aber rechtzeitig umzuziehen, war dennoch eine schwer zu treffende Entscheidung.

Nach heutigem Wissen ist uns ein schneller Meeresspiegelanstieg ziemlich sicher, auch wenn mehr Klarheit über den genauen Verlauf wünschenswert wäre. Doch dass wir solche Klarheit jemals bekommen, ist angesichts der dem Anstieg innewohnenden komplexen Prozesse nicht sehr wahrscheinlich. Statt abzuwarten, ist daher Entscheiden und Handeln trotz bleibender Unklarheiten ratsam. Eine Küste auf ganzer Fläche an höhere Fluten anzupassen, braucht mehr Vorbereitung, als nur eine Abwehrlinie zu verteidigen. Technische Innovationen allein reichen nicht mehr aus. Das Küstenleben müsste sich weg von der Anlehnung an den Lebensstil des Binnenlands wieder mehr zum Meer orientieren. Das bedeutet, einen eigenen Küsten-Lebensstil zu entwickeln.

Bezogen auf die heutige, konservierende Küstenarchitektur erscheint das ansteigende Meer einzig als Bedrohung. Das schneller steigende Meer ist aber noch keine Katastrophe. Die bisher gewonnenen wissenschaftlichen Einblicke in den Meeresanstieg machen es erstmals möglich, langfristige Perspektiven für die Meeresbewältigung an der Nordseeküste zu entwickeln. Diese Chance sollte nicht wasserscheu vertan werden.

[1] Latif M, 2007: Bringen wir das Klima aus dem Takt? Hintergründe und Prognosen. Fischer 255 S.

[2] Rahmstorf S, Richardson K, 2007: Wie bedroht sind die Ozeane? Biologische und physikalische Aspekte. Fischer 280 S.

[3] Maribus (Hrsg.), 2010: World ocean review 2010. Mit den Meeren leben. Kieler Meereswissenschaften / mare 234 S www.maribus.com.

[4] Lozán JL, Graßl H, Karbe L, Reise K, 2011: Warnsignal Klima: Die Meere. Wissenschaftliche Auswertungen, Hamburg 383 S.

[5] Church JA + 12 Mitautoren, 2013: Sea level change.In: Climate Change 2013: The physical science basis. Fifth Assessment Report of the Intergovernmental Panel on Climate Change(IPCC) (Ed. Stocker TF et al.) Cambridge University Press.

[6] Lüthi D + 10 Mitautoren, 2008: High-resolution carbon dioxide concentration record 650,000-800,000 years before present. Nature 453: 379-382.

[7] Grant KM + 10 Mitautoren, 2014: Sea-level variability over five glacial cycles. Nature Communications 5: 5076.

[8] Llovel W, Willis JK, Landerer FW, Fukumori I, 2014: Deep-ocean contribution to sea level and energy budget not detectable over the past decade. Nature climate change 4:1031-1035.

[9] Nicholls RJ, Cazenave A, 2010: Sea-level rise and its impact on coastal zones. Science 328: 1517-1520.

[10] Church JA, White NJ, 2011: Sea-level rise from the late 19th to the early 21st century. Surv. Geophys. 32: 585-602.

[11] Bundesamt für Seeschifffahrt und Hydrographie 2014 Gezeitenkalender 2015. Hoch- und Niedrigwasserzeiten für die Deutsche Bucht und deren Flussgebiete. Hamburg und Rostock www.bsh.de.

[12] Schuchardt B, Scholle J, 2009: Estuaries. Thematic Report 16. In: Marencic H, Vlas J de (Hrsg.) Quality Status Report 2009. Wadden Sea Ecosystem 25. Common Wadden Sea Secretariat, Wilhelmshaven 19 S.

[13] Watson CS + 5 Mitautoren, 2015: Unabated global mean sea-level rise over the satellite altimeter era. Nature climate change 5: 565-568.

[14] Wahl T, Jensen J, Frank T, Haigh ID, 2011: Improved estimates of mean sea level changes in the German Bight over the last 166 years. Ocean Dynamics 61: 701-715.

[15] Dangendorf S, Mudersbach C, Jensen J, Ganske A, Heinrich H, 2013: Seasonal to decadal forcing of high water level percentiles in the German Bight throughout the last century. Ocean Dynamics 63: 533-548.

[16] Dangendorf S + 5 Mitautoren, 2014: Mean sea level variability in the North Sea: Processes and implications. J Geophys Res Oceans 119, doi: 10.1002/2014JC009901.

[17] Wahl T + 8 Mitautoren, 2013: Observed mean sea level changes around the North Sea coastline from 1800 to present. Earth-Science-Reviews 124: 51-67.

[18] Albrecht F, Wahl T, Jensen J, Weisse R, 2011: Determining sea level in the German Bight. Ocean Dynamics 61: 2037-2050.

[19] Albrecht F, Weisse R, 2012: Pressure effects on past regional sea level trends and variability in the German Bight. Ocean Dynamics 62: 1169-1186.

[20] Haigh ID + 6 Mitautoren, 2014: Timescales of detecting a significant acceleration in sea level rise. Nature communications. Doi: 10.1038/ncomms4635 www.nature.com/naturecommunications.

[21] Church JA, Monselesan D, Gregory JM, Marzeion B, 2013: Evaluating the ability of process based models to project sea-level change. Environ. Res. Lett. 8: 014051.

[22] Wouters B + 7 weitere Autoren, 2015: Dynamic thinning of glaciers on the Southern Antarctic Peninsula. Science 348: 899-903.

[23] Joughin I, Smith BE, Medley B, 2013: Marine ice sheet collapse potentially under way for the Thwaites Glacier Basin, West Antarctica. Science 344: 735-738.

[24] Huybrechts P, 2009: West-side story of Antarctic ice. Nature 458: 295-296.

[25] Straneo F, Heimbach P, 2013: North Atlantic warming and the retreat of Greenand's outlet glaciers. Nature 504: 36-43.

[26] Rahmstorf S + 6 Mitautoren, 2015: Exceptional twentieth-ventury slowdown in Atlantic Ocean overturning circulation. Nature climate change 5 doi: 10.1038/NCLIMATE2554.

[27] Vermeer M, Rahmstorf S, 2009: Global sea level linked to global temperature. PNAS 106 (51):21527-21532.

[28] Kemp AC + 5 Mitautoren, 2011: Climate related sea-level variations over the past two millennia. PNAS 108: 11017-11022.

[29] WBGU – Wissenschaftlicher Beirat der Bundesregierung Globale Umweltveränderungen, 2014: Sondergutachten Klimaschutz als Weltbürgerbewegung. Berlin 134 S.

[30] Slangen ABA + 6 Mitautoren, 2014 Projecting twenty-first century regional sea-level changes. Climatic Change 124: 317-332.

[31] Katsman CA + 19 Mitautoren, 2011 Exploring high-end scenarios for local sea level rise to develop flood protection strategies for a low-lying delta – the Netherlands as an example. Climatic Change 109: 617-645.

[32] Jensen J, Dangendorf S, Wahl T, Steffen H, 2014 Meeresspiegeländerungen in der Nordsee: Vergangene Entwicklungen und zukünftige Herausforderungen mit einem Fokus auf die Deutsche Bucht. Hydrologie und Wasserbewirtschaftung 58: 304-323.

[33] Dutton A, Lambeck K, 2012 Ice volume and sea level during the last interglacial. Science 337: 216-219 und Dutton A, Carlson AE, Long AJ + 6 Mitautoren, 2015 Sea-level rise due to polar ice-sheet mass loss during past warm periods. Science 349: 153.

[34] O'Leary MJ + 5 Mitautoren, 2013 Ice sheet collapse following a prolonged period of stable sea level during the last interglacial. Nature Geoscience 6: 796-800.

[35] Weisse R, von Storch H, Niemeyer HD, Knaack H, 2012 Changing North Sea storm surge climate: An increasing hazard? Ocean & Coastal Management 69: 58-68.

[36] Arns A, Wahl T, Dangendorf S, Jensen J, 2014 The impact of sea level rise on storm surge water levels in the northern part of the German Bight. Coastal Engineering 96: 118-131.

[37] Mudersbach C, Wahl T, Haigh ID, Jensen J, 2013 Trends in high sea levels of German North Sea gauges compared to regional mean sea level changes. Continental Shelf Research 65: 111-120.

[38] Dangendorf S + 5 weitere Autoren, 2014 North Sea storminess from a novel storm surge record since AD 1843. J Climate Change 27: 3582-3595.

[39] Gaslikova L, Grabemann I, Groll N, 2013 Changes in North Sea surge conditions for four transient future climate realizations. Natural Hazards 66: 1501-1518.

# 3. Küstenschutz durch Klimaschutz

*Mit dem Abbau ausgedehnter, einst auch an der Nordseeküste verbreiteter Torfmoore haben die verhältnismäßig wenigen Menschen, die in der dünn besiedelten Küstenregion lebten, das Klima bereits früher überproportional beeinflusst. Heute dagegen sind an der Küste die Voraussetzungen für eine emissionsfreie Energiegewinnung nicht nur denkbar günstig, sondern auch ein Schlüssel zu neuer Stärke der Region. Vor einem Export von Windstrom über Stromtrassen bis ins tiefste Binnenland sollte aber dessen konsequente Nutzung an der Küste selbst mit voller Kraft vorangetrieben werden. Verbinden die Küstenanrainer dies außerdem mit innovativer Energieeffizienz, neuen Wohnformen wie Wohnen auf dem Wasser und zum Beispiel der Renaturierung von Mooren, könnte die Nordseeküste Besuchern aus aller Welt ein Beispiel für weitsichtigen Klima- und Küstenschutz geben.*

Das Problem des Klimawandels ist heute von einer Lösung noch weit entfernt. Der weltweite Ausstoß von $CO_2$ durch die Verbrennung fossiler Energieträger wie Kohle, Öl und Erdgas nimmt nach wie vor zu. Kommen die Maßnahmen für einen wirksamen Klimaschutz nicht voran, können regionale Anpassungen an einen schneller steigenden Meeresspiegel zum sprichwörtlichen Wettlauf zwischen Hase und Igel werden, bei dem bekanntlich der Hase am Ende vor Erschöpfung zusammenbrach. Aus diesem Grunde ist es insbesondere für die Küstenbewohner elementar, zum Klimaschutz beizutragen, trotz der möglicherweise angenehm wärmer werdenden Nordsee und vielleicht mehr Sonne im Sommer.[1]

Was könnte an der Nordseeküste getan werden? Der Beitrag dieser Region zum globalen Treibhauseffekt ist vergleichsweise winzig. Die Wahrscheinlichkeit, mit mahnenden Worten über das steigende Meer auf die Klimapolitik in Europa oder gar Amerika und Asien einwirken zu können, ist ebenfalls marginal. Aber ein frühes und leuchtendes Vorbild einer emissionsfreien Küstenregion könnte schnell Nachahmer finden und so eine Kettenreaktion auslösen. Darin besteht für die im Weltmaßstab sehr überschaubare Nordseeküste die Chance, einen wirksamen Beitrag zur Begrenzung des globalen Meeresanstiegs leisten zu können.

### Küstenmoore und Moorkultivierung

Die Nordseeküste war nie besonders waldreich, aber es gab ausgedehnte Flach- und Hochmoore.[2, 3] Diese Moore waren nicht nur effektive Wasserspeicher in der regenreichen Küstenregion, sondern sie lagerten auch viel $CO_2$ ein. Moore sind überaus effektive $CO_2$-Speicher. Von der Moorvegetation gebundener Kohlenstoff wird in den sauerstoffarmen Moorböden kaum zersetzt und gelangt nicht als $CO_2$ zurück in die Atmosphäre.

Seit dem Mittelalter wurden die Moore aber entwässert und für die Landwirtschaft kultiviert. Der untere, tiefschwarze Torf der Hochmoore wurde als Brennmaterial verkauft. Mitunter wurden trockengelegte Moore auch direkt abgebrannt, um auf der Asche Buchweizen anzubauen. Kanäle dienten der Entwässerung, dem Torfexport und der Anlieferung düngender Stoffe, mit deren Hilfe die nährstoffarmen Moorböden für den Ackerbau brauchbar gemacht wurden. Zahlreiche Moorsiedlungen wie zum Beispiel Papenburg, Großefehn, Cadenberge oder Elisabethfehn entstanden entlang solcher Kanäle.

Während der Zeit des Nationalsozialismus wurden aus Konzentrationslagern Gefangene als sogenannte Moorsoldaten zum Torfstechen abkommandiert. Es gab sogar ganze Kraftwerke, die ausschließlich mit Torf befeuert wurden. Zur Herstellung von Blumenerde wird bis heute noch Torf abgebaut (zum Beispiel in der Esterweger Dose bei Papenburg; Foto S. 52).

Im Bereich der Salzwiesen und im Wattenmeer war als Sonderform des Torfabbaus der Abbau von Salztorf über Jahrhunderte eine wichtige Erwerbsquelle (s. Kap. 1).

Die Mächtigkeit der Torfablagerungen der küstennahen Moore betrug mehrere Meter und die Moore umfassten eine Fläche von beinahe 8 000 Quadratkilometern. Durch die planmäßige Moorkultivierung sind im Verlauf von 800 Jahren die Moore nach und nach aus der Küstenlandschaft verschwunden. Die Küstenregion hat auf diesem

Wege viel $CO_2$ freigesetzt und so einen im Vergleich zur dünnen Besiedlung überproportionalen Anteil am anthropogenen Einfluss auf das Klima gehabt.

Auch eine Vernässung ehemaliger oder ausgetrockneter Moore führt unter heutigen Bedingungen selten zur Wiederherstellung der ursprünglichen Moorvegetation, sie kann aber dennoch einen herausragenden Beitrag zur Reduktion von $CO_2$ durch Speicherung leisten.[4]

Durch Abtorfung entstandene, früher einst vermoorte Niederungen sind besonders geeignet, überschüssiges Regenwasser aufzunehmen, wie es auch bei der natürlichen Moorentstehung der Fall war (s. Kap. 7 und 8). Ein groß angelegtes Programm zur Wiederherstellung von Flach- und Hochmooren im Küstenbereich wäre nicht nur ein Beitrag zur Wasserregulierung und Renaturierung, sondern hätte auch Potenzial für einen wichtigen Beitrag zum Klimaschutz.

### Energiewende für die Nordseeküste?

Bei fortgesetzter weltweiter Nutzung fossiler Energieträger bleibt die Region der Nordseeküste unentrinnbar abhängig von den globalen politischen und wirtschaftlichen Entwicklungen. Die flache Küstenregion könnte buchstäblich im aufgeheizten Klima untergehen.

Atomkraftwerke scheinen sich zwar als klimaneutrale Lösung anzubieten, ihr Katastrophenpotenzial übersteigt aber jedes Maß. Das gilt besonders dann, wenn sie heute auf Meeresniveau stehen und in absehbarer Zukunft der Meeresspiegel schneller steigt, wie es zum Beispiel für das Kernkraftwerk Brokdorf an der Unterelbe der Fall wäre (Foto S. 56). Im Jahre 2021 soll dieses Kraftwerk zwar abgeschaltet werden, es wird aber noch lange als Zwischenlager dienen müssen. Für die extrem flache Nordseeküste wird ein Abschied von der Nutzung nicht nur fossiler Energiequellen, sondern ebenso der Kernenergie zur Existenzfrage.

Kontroversen sind dabei unausweichlich.[5,6] Vordergründig geht es in den Debatten um einen Wettstreit über Fakten, die immer wieder in neuem Gewand präsentiert werden. Im Grunde aber geht es um gegensätzliche Wertvorstellungen, ob tradiert oder neu.

Wie ist mit den Risiken umzugehen? Wie verhält es sich mit der Gerechtigkeit zwischen den Generationen?

Da gleichen sich ein Kurswechsel an der Küste und die Energiewende. In beiden Fällen würde ein frühes Umsteuern sanfter verlaufen und weniger kosten als ein späteres Einlenken. Entscheidend aber ist die Antwort auf eine ethische Frage, nämlich die, ob schon die gegenwärtige Generation aktiv werden muss oder ob das Handeln und die Kosten vollständig unseren Nachkommen überlassen werden sollen.

### Fossile Energieträger: Öl, Kohle und Gas

Wie sieht es bisher mit der Vermeidung von $CO_2$-Emissionen aus fossilen Brennstoffen an der Nordseeküste aus? Kurz gesagt: nicht gut.

Im Wattenmeer vor Dithmarschens Küste wird Erdöl gefördert und eine nahe gelegene Raffinerie produziert daraus Benzin und Diesel für die Region (Foto S. 56). Dieser leicht zu fördernde Vorrat reicht voraussichtlich noch bis 2030. Auch in Hamburg-Harburg befinden sich Raffinerien. Wilhelmshaven empfängt über seinen Ölhafen 20 Prozent aller Ölimporte Deutschlands. 200-300 Tankschiffe machen dort jährlich fest. Über Pipelines fließt das Rohöl weiter zu den Raffinerien im Binnenland. Besonders im Hinblick auf Verkehr und Heizung hängt die Küstenregion noch weitgehend am Öltropf. Bisher ist der Küste der an Schiffsverkehr so reichen Nordsee wie durch ein Wunder die Havarie eines großen Öltankers erspart geblieben. Wie lange können wir noch auf so ein günstiges Schicksal setzen?

Günstige Möglichkeiten für Kohleanlieferungen per Schiff und die einfache Ableitung des Kühlwassers in die Flüsse ließen große Kohlekraftwerke in Wilhelmshaven, Bremen und Hamburg entstehen (Foto S. 54-55). Mehr als 8 Millionen Tonnen Steinkohle werden dort jährlich importiert und verbrannt. Der 275 Meter hohe Schornstein des Kohlekraftwerks Wilhelmshaven ist das höchste Bauwerk an der Küste und überragt damit selbst die Offshore-Windkraftanlagen noch um rund 100 Meter. Das symbolisiert weithin sichtbar den anachronistisch hohen Verbrauch von Kohle an der Nordseeküste und damit die überproportional hohen $CO_2$-Emissionen.[7]

Bei Emden und Dornum in Ostfriesland gelangt durch Pipelines Erdgas aus dem norwegischen Ekofisk-Feld in der nördlichen Nordsee an die deutsche Küste. In den Niederlanden befindet sich zwischen Groningen und dem Dollart das größte Erdgasfeld Westeuropas in knapp 3 Kilometern Tiefe. In einem Gebiet von 900 Quadratkilometern hat sich dort durch die bisherige Förderung das Landniveau um rund 10 Zentimeter gesenkt, im Zentrum des Fördergebietes um bis zu 30 Zentimeter. Dies und auch die immer häufigeren Erdstöße infolge der Gasförderung beunruhigen dort die Bevölkerung.[8] Bei der Verbrennung von Erdgas entweicht zwar viel weniger $CO_2$ in die Atmosphäre als bei Kohle, damit ist Erdgas aber nur das geringere Übel.

Die Abscheidung des $CO_2$ in Kraftwerken fossiler Energieträger und dessen Verpressen in geologische Tiefen *(CCS – Carbon Capture and Storage)* ist sehr energieaufwändig und daher bisher nicht wirtschaftlich durchführbar. In den möglichen Eignungsgebieten für diese Art der Entsorgung hat sich die Küstenbevölkerung zudem deutlich dagegen ausgesprochen. Dabei stand das schwer kalkulierbare Risiko eines späteren Entweichens des $CO_2$ aus dem Untergrund im Vordergrund. Aber auch die Absage an die kohlenstoffbasierte Energieerzeugung in einem Vorzugsgebiet für Windenergie spielte bei dem Protest eine wichtige Rolle.

**Mehr erneuerbare Energien**

An der Nordsee ist die Energiewende nicht nur möglich, sondern eine Chance, die es zu nutzen gilt.[9] Die Region der Nordseeküste ist reich an Wind und könnte mehr Strom, als sie benötigt, aus Windkraft gewinnen. Es könnten also stromintensive Betriebe angesiedelt oder der überschüssige Strom könnte exportiert werden.[10] Innerhalb von dreißig Jahren fand in der Küstenregion eine rasante Entwicklung statt. In Schleswig-Holstein und Niedersachsen stehen heute fast 9000 Windkraftanlagen oder Windmühlen, wie man dort sagt, und liefern zusammen über 12000 Megawatt Strom. Zum Vergleich: Die beiden Steinkohlekraftwerke in Wilhelmshaven haben eine elektrische Leistung von 756 bzw. 800 Megawatt. Im deutschen Offshore-Anteil der Nordsee wurden bisher rund 700 Anlagen mit einer Leistung von etwa 3 000 Megawatt aufgestellt (Foto S. 62). In Planung ist dort die Produktion von weiteren 30 000 Megawatt. Das wäre weit mehr Leistung, als im Küstenraum gebraucht würde.

Es zeichnet sich ab, dass die Nordseeküste weiterhin im Aufwind bleibt und Windenergie ihr eine erhebliche wirtschaftliche Stärke sichern wird, sofern die für den Transport des elektrischen Stroms in das Binnenland erforderlichen Leitungen gelegt sind.

Angesichts dieser Entwicklung wäre in der Küstenregion ein Abschalten der dortigen Kohlekraftwerke durchaus möglich. Und das vor dem Hintergrund, dass Kohlekraftwerke mehr als ein Viertel des Treibhauseffektes in Deutschland[10] verursachen.

Ein zweiter Bereich der Umstellung wäre die weitgehende Elektrifizierung vieler Verkehrsmittel im Küstenbereich, um auch hier von der Windenergie profitieren zu können. Ein Beispiel aus Norwegen sei genannt: Über den Sognefjord verkehrt seit 2015 eine elektrische Katamaranfähre, angetrieben durch Strom aus den Wasserkraftwerken der Umgebung. Sie fährt 16 Stundenkilometer und bietet 120 Autos und 360 Passagieren Platz. Aufgeladen wird sie nachts sowie während der Be- und Entladung an den Anlegestellen. Auch im Wattenmeer und über die Tideflüsse könnte solch ein leiser, emissionsfreier Fährverkehr mit Strom aus Windkraftanlagen erfolgen.

Für die Nutzung der Gezeiten- und Wellenenergie unter den Bedingungen an der Nordseeküste hingegen bedarf es noch technischer Innovationen, aber auch dieses Potenzial ist groß.

Viel Sonnenenergie kann direkt genutzt werden. Muschelfischer und Krabbenkutter könnten mit Strom angetrieben werden, produziert durch Solarzellen an Bord, sofern zusätzlich vor jeder Fahrt der Bordakkumulator aufgeladen würde. Das Prinzip ließe sich auch zum Beispiel für die Baggerschiffe anwenden, die in jedem Jahr Sand aus der Nordsee auf die Sylter Strände spülen. Für solche Neuentwicklungen gilt es Wettbewerbe auszuschreiben. Energie für die gesamte Küstenschifffahrt aus den Offshore-Windparks ist gegenwärtig noch nicht in Sicht, aber ein Fernziel, das angepeilt werden sollte.

**Weniger Energieverbrauch**

Wettbewerbe für die Konzeption von Häusern, die ihren Bedarf an Wärme vollständig aus Sonneneinstrahlung und Abwärme decken, würden gut zur Nordseeküste passen. Sind diese sogenannten Passivhäuser absolut winddicht, können sie sogar im Winter ohne Heizung auskommen.[11,12] Dreifachverglasung ist notwendig und eine dicke Isolierung aus fest gepressten Strohballen oder Reet. Kollektoren auf dem Dach sammeln tagsüber Sonnenwärme in Tanks, um Dusche und Fußbodenheizung zu versorgen. Eine Photovoltaik-Anlage sorgt für Strom.

Derartige Passivhäuser können auch in Niederungen auf Pfählen stehen oder auf Schwimmkörpern ein neues Wohnen auf Kanälen, Seen sowie in Hafenbecken ermöglichen. Mit Anlagen für Wasseraufbereitung und Abwasserreinigung bräuchten solche Schwimmhäuser noch nicht einmal einen Landanschluss.

Das mag vielleicht utopisch oder nach Technikverspieltheit klingen. Doch vieles davon wird bereits erprobt, besonders in den Niederlanden, wo schon jetzt ganze Stadtteile auf dem Wasser entstehen wie z. B. IJburg bei Amsterdam. Häufig wird eine Entwicklung in dieser Richtung durch fehlende Fördermittel sowie hemmende behördliche Regelungen gebremst. Ähnlich wie beim gesamten Kurswechsel Küste geht es um einen langen Weg der kleinen Schritte. Vieles muss erst noch erprobt und gegebenenfalls auch wieder aufgegeben oder revidiert werden. Bei der Energiewende hat sich beispielsweise die staatliche Förderung der Biomasseproduktion für Strom und Wärme als ökologischer Fehlschlag herausgestellt. Sie geht sehr zu Lasten der Biodiversität in der Landschaft.

Solche Irrwege bleiben sicherlich auch in Zukunft nicht aus, sind aber kein Grund, Neues nicht zu versuchen.

Für die empfindlichen Sandinseln, die Halligen oder die bereits heute unter Meeresniveau liegenden Marschen ist ein Abschied von Klimagasemissionen eine Frage der Glaubwürdigkeit. Wer weiterhin Solidarität vom Binnenland bei der Finanzierung des Küstenschutzes erwartet, sollte beim Klimaschutz zu vorbildlichem Verhalten bereit sein.

1 Von Storch, H, Claussen, M (Hrsg.), 2011: Klimabericht für die Metropolregion Hamburg, Berlin/ Springer 321 S.

2 Behre, K, 2008: Landschaftsgeschichte Norddeutschlands, Neumünster/ Wachholtz Verlag 2008 308 S.

3 Fansa, M (Hrsg.), 2004: Weder See noch Land. Moor – eine verlorene Landschaft, Schriftenreihe des Staatlichen Museums für Naturkunde und Vorgeschichte Heft 10, Band 2. Oldenburg/ Florian Isensee GmbH, 3. Auflage 184 S.

4 Succow, M, 2007: Klimafaktor Moor, in: Michael Otto Stiftung für Umweltschutz (Hrsg.): Hamburger Gespräche für Naturschutz 2006: Die Natur im Klima-Deal, Hamburg/ Michael Otto Stiftung für Umweltschutz: 24-27.

5 Pötter, B, 2008: Tatort Klimawandel – Täter, Opfer und Profiteure einer globalen Revolution, München/ oekom verlag 261 S.

6 Von Storch, H, Werner Krauß, W, 2013: Die Klimafalle: Die gefährliche Nähe von Politik und Klimaforschung, München/ Carl Hanser Verlag GmbH & Co. KG 248 S.

7 Heinrich-Böll-Stiftung, Institute for Advanced Sustainability Studies, Bund für Umwelt und Naturschutz Deutschland und Le Monde diplomatique (Hrsg.), 2015: Kohleatlas 2015 – Daten und Fakten über Acker, Land und Erde, Berlin 50 S.

8 Voort van der, N, Frank Vanclay, 2015: Social impacts of earthquakes caused by gas extraction in the Province of Groningen, The Netherlands. Environmental Impact Assessment Review 50: 1-15.

9 Hentschel K, 2010: Es bleibe Licht. 100 % Ökostrom für Europa ohne Klimaabkommen: Ein Reiseführer, Baden-Baden/ Deutscher Wissenschafts-Verlag 345 S.

10 Preuß, O, 2014: Kraftwerk Küste. Neumünster Hamburg/ Wachholtz Verlag 179 S.

11 Jungblut C , Swart S, 2009: „Klimawandel: Plan B – Wie sich die Niederlande radikal auf die Erderwärmung vorbereiten und was sie andernorts bedeutet“, in: GEO Magazin, Nr. 12/2009: 84-99.

12 Strassmann B, 2013: „Die Sintflut kann kommen“, in: DIE ZEIT N° 10/01/2013.

Esterweger Dose im Emsland: Der Rest eines der größten Hochmoorgebiete Mitteleuropas wurde 2005 unter Naturschutz gestellt, aber bis 2036 ist dort weiterhin Torfabbau genehmigt. Abgetorfte Bereiche werden wiedervernässt (links im Bild).

*A remnant of one of the largest raised bogs in central Europe has been under environmental conservation since 2005 (Esterweger Dose, Emsland). However, peat mining is still licensed until 2036. Mined areas have been set under water for regeneration (left side).*

Auf der ostfriesischen Geest existierte bis ins 20. Jahrhundert ein bis zu 8 Meter mächtiges Moor, das für das Torfkraftwerk Wiesmoor von 1909 bis1964 abgebaut wurde. Die Abwärme des Kraftwerkes wurde für Gewächshäuser genutzt und machte Wiesmoor zur „Blumenstadt".

*In the East Frisian moraine region, a raised bog grew up to 8 meter in height, and was mined to fuel a power plant generating electricity from 1909 to 1964. Waste heat was used in greenhouses, resulting in Wiesmoor being known as ‚flower city'.*

Durch die Lage am Jadefahrwasser können Schiffe mit einer Ladung von bis zu 100 000 Tonnen Steinkohle anlegen. Dieses Kohlekraftwerk bei Wilhelmshaven verfeuert täglich rund 6000 Tonnen. Der Schornstein überragt mit 277 Meter Höhe alle anderen Bauwerke an der Küste.

*The location on the Jade Deep makes it possible for ships loaded with up to 100,000 tons of coal to dock. This power plant near Wilhelmshaven burns about 6 000 tons daily. Its smoke stack of 277 meters is taller than any other building on the coast and dwarfs nearby wind turbines.*

Das Kohlekraftwerk Hamburg-Moorburg arbeitet seit 2015. Vier Millionen Tonnen Steinkohle können jedes Jahr mit Seeschiffen angeliefert werden. Das Kühlwasser stammt aus der Süderelbe, was im Sommer der begrenzende Faktor für die Stromproduktion ist.

*The power plant at Hamburg-Moorburg has been in operation since 2015. More than 4 million tons of coal is supplied by shipping from overseas each year. In summer, the supply of cooling water from the southern branch of River Elbe is a limiting factor in its production of electricity.*

Seit 1987 wird im Wattenmeer von der Mittelplate aus Erdöl gefördert. Seit 1985 ist das schleswig-holsteinische Wattenmeer Nationalpark und seit 2009 UNESCO-Welterbe. Die Ölförderung ist genehmigt bis 2041. Seit 2000 wird zudem vom nahe gelegenen Dieksand im südlichen Dithmarschen gefördert.

*Oil drilling has been taking place at Mittelplate since 1987. The Wadden Sea in Schleswig-Holstein has been a national park since 1985 and a World Heritage Site since 2009. Permission to drill oil has been granted until 2041. In addition to this, oil drilling has also been taking place on the nearby mainland since 2000.*

Die Erdölraffinerie in Heide, Dithmarschen, beliefert den norddeutschen Raum mit Diesel und Heizöl. Die Anlieferung des Rohöls erfolgt über eine Pipeline aus Brunsbüttel. 20 Prozent des Rohöls stammen von der Förderplattform Mittelplate und aus Dieksand.

*A petroleum refinery in Dithmarschen supplies the North German region with diesel and domestic fuel oil. It receives crude oil by pipe from Brunsbüttel on the River Elbe, of which 20% originate from the oil rig in the Wadden Sea and the drilling site on the mainland nearby.*

Das Kernkraftwerk Brokdorf in der Wilstermarsch liegt direkt am 8,4 Meter hohen Elbdeich. 1986 ging es vier Monate nach dem Reaktorunfall von Tschernobyl in Betrieb. Es soll bis 2021 abgeschaltet werden, aber 100 Castor-Behälter dürfen noch bis 2047 hier lagern.

*This nuclear power plant (Brokdorf) is located behind an 8.4-meter high dike on the Elbe estuary and went on line in 1986 – four months after the nuclear accident in Chernobyl. Decommissioning by 2021 is planned, however permission has been granted for the storage of 100 CASTOR containers until 2047.*

Riesige Tragmasten von 227 Meter Höhe führen die Stromkabel so hoch über die Elbe bei Lühesand, dass Schiffe darunter durchfahren können. Links daneben die Bautrasse einer Erdgaspipeline, die bis 16 Meter unter der Elbsohle verlegt wird. Eine alte Pipeline von 1970 lag nicht mehr tief genug. Bald wird hier ein Tunnel für Stromkabel folgen.

*Electrical towers, 227 meters tall, keep cables high enough to allow ships to pass underneath on the River Elbe. The trench to the left is for a new gas pipeline running up to 16 meters below the river bed. The position of an old one from 1970 became too shallow. A tunnel for power cables is about to follow.*

Über eine Million Autos werden über den Hafen von Emden exportiert, vorwiegend in die Vereinigten Staaten von Amerika. Elektroautos, angetrieben mit Strom aus Windkraft, würden helfen, den Meeresspiegelanstieg zu begrenzen.

*Well over a million cars are exported annually from the port of Emden, mainly to United States of America. Driving cars with electricity from wind turbines would help mitigate sea level rise.*

Viel Wind zwingt paradoxerweise oft zum Abschalten der Windkraftanlagen, weil die Kapazität der Stromtrassen begrenzt ist. Wenn die Küstenregionen ganz auf erneuerbare Energie umgestellt würden, müsste auch weniger Windstrom durch die Leitungen abfließen.

*Paradoxically, too much wind often forces wind turbines to be switched off due to the finite capacity of the power lines. If the coastal region used renewable energy as its sole source of power, less electricity would have to be transferred over long distances.*

Auslieferungslager für Rotorblätter von Windkraftanlagen bei Aurich in Ostfriesland. Die Blätter werden meist aus Kunststoff mit Glas- oder Kohlenstofffasern hergestellt. So wie die Werften, passt diese Industrie zur Küste.

*Rotor blades for wind turbines are made out of glass or carbon fiber (Aurich, East Frisia). This industry's technology is enhanced by the region's traditional ship building knowledge base.*

Drei Rotorblätter unterwegs zu einer Windkraftanlage in Ostfriesland. An ihren Spitzen befinden sich Metallrezeptoren zum Ableiten von Blitzen. Im Durchschnitt wird eine Windkraftanlage alle 10 Jahre vom Blitz getroffen.

*Rotor blades travelling through East Frisia. Their tips have metal receptors to deflect thunderbolts. On average, a wind turbine is hit by a lightning strike every ten years.*

Für eine Offshore-Windkraftanlage werden gut 1 000 Tonnen Stahlmasse gebraucht. Am schwersten sind die Gründungsstrukturen, insbesondere die Dreifüße, Tripoden, die 10 bis 20 Meter tief in den Nordseegrund getrieben werden.

*About 1,000 tons of steel are needed for one offshore wind turbine. Tripod bases are the heaviest part of the turbine and stabilized with pilings driven 10 to 20 meters into the bed of the North Sea.*

Im Bau befindlicher Offshore-Windpark Butendiek mit 80 Windkraftanlagen in Sichtweite (32 Kilometer) der Insel Sylt bei rund 20 Meter Wassertiefe.

*The Butendiek offshore wind farm is located within sight (32 kilometers) of the island of Sylt, in water around 20 meters deep.*

## 4. Kurswechsel an der Nordseeküste: Warum und wieso schon jetzt?

*Die weitgehend deichbewehrte Nordseeküste mit ihren strukturell festgelegten Ufern gerät bei schneller steigendem Meeresspiegel allmählich in einen unerwünschten, kaum mehr haltbaren Zustand. In dieser Situation allein auf Abwehr der Fluten durch immer höhere Deichbauwerke zu setzen, könnte im Zusammenbruch der Küstenstruktur enden. Der Kollaps ließe sich jedoch durch eine mitwachsende Küstenlandschaft, durch auf Überflutung vorbereitete Siedlungsstrukturen sowie durch einen an mehr Wasser angepassten Lebensstil abwenden. So könnte die Nordseeküste trotz Meeresspiegelanstieg auch langfristig sicher bewohnbar bleiben. Ein Kurswechsel für die Küste lohnt sich schon jetzt, wenn Anpassungen gefunden werden, die nicht nur bei steigendem Meeresspiegel mehr Sicherheit bieten, sondern den Bewohnern der Küstenregion weitere gesellschaftliche, wirtschaftliche und ökologische Vorteile brächten.*

Was tun, wenn die Nordseefluten immer höher steigen? Neue Ufer in der Ferne suchen oder ins Binnenland ziehen? Reicht es, Deiche zu verstärken und noch mehr Ufer zu befestigen? Was sind die Alternativen?

Die Antwort darauf beginnt mit einem Blick auf die Schwächen der heutigen Küstensituation. Was kann, was muss geschehen, wenn man die künftige Entwicklung des Meeres berücksichtigt? Ein Vorschlag ist, sich mit dem steigenden Meer neu zu arrangieren, anstatt es mit Bollwerken auszusperren. Wir wollen in groben Zügen umreißen, wie eine dauerhafte Anpassung an den höher steigenden Meeresspiegel für die Nordseeküste gelingen könnte und warum das mit der heutigen Küstenarchitektur nicht geht. Wir sollten schon jetzt einen Kurswechsel vornehmen, lange bevor uns an der Küste das Wasser bis zum Hals steht.

In diesem Zusammenhang sind viele Fragen wichtig. Macht Mitwachsen des Landes, Aufschwimmen von Siedlungen oder mobiles Wohnen dauerhaftes Leben an der Küste möglich, auch wenn das Meer auf unbestimmte Zeit immer weiter steigt? Könnten die Kosten geringer und das Risiko niedriger gehalten werden, wenn natürliche Kräfte wieder stärker in die Küstengestaltung einbezogen würden? Wäre das eine Alternative zum standhaften Dagegenstemmen bis an die Grenzen technischer Möglichkeiten?

Dabei geht es nicht nur um technische Lösungswege, sondern darüber hinaus um einen Lebensstil, der schon im Alltag eng mit dem Wasser verbunden ist. Vielleicht wird es sogar möglich, im steigenden Meeresspiegel nicht nur eine Bedrohung zu sehen, sondern die Chance für einen ganz eigenen maritimen Lebensstil an der Nordseeküste zu entdecken. Oder anders ausgedrückt: Statt nur die Symptome zu betrachten, sollten wir lieber die Küste als Ganzes behandeln, damit sie dadurch robust genug wird, um mit dem kommenden Meeresspiegelanstieg fertigzuwerden.

### Patientin Nordseeküste

Ein schneller ansteigender Meeresspiegel ist für sich genommen noch kein Problem. Das Problem entsteht erst in Verbindung mit der vom Menschen gestalteten und intensiv genutzten Nordseeküste. Durch Nutzung und Schutzmaßnahmen entstehen Düneninseln, die nicht mehr frei wandern dürfen, oder eingedeichte Marschen, wo die Böden hinter dem Deich immer tiefer bis unter den Meeresspiegel sinken, anstatt durch Überflutungen und Sedimentation mitzuwachsen. Die Kombination von starrer Küste, sinkendem Land und steigender Nordsee verursacht ein Dilemma, das im Laufe der Zeit immer gravierender werden wird. Die Küstensituation wird am Ende instabil. Lösungen können zwar noch eine Zeit und dann noch etwas länger aufgeschoben werden. Das Dilemma aber vergrößert sich dabei von Jahr zu Jahr immer mehr.

Am stärksten bekommen die dem Watt vorgelagerten Sandinseln den Meeresspiegelanstieg zu spüren (z. B. Norderney und Sylt; s. Kap. 5). Das ist an sich durchaus kein neues Phänomen. Bereits seit der Entstehung dieser Inseln ist die Nordsee um mehrere Meter angestiegen. Dabei sind die Inseln jedoch nicht untergegangen, sondern Wellen und Strömungen haben sie wandern lassen. Die anbrandende Meeresenergie nahm dadurch insgesamt kaum zu und der Wind hat die Dünen wieder wachsen lassen. Das steigende Meer holt sich an einer Seite der Inseln zwar beständig viel Sand, landet aber an anderer Stelle auch viel wieder an. So verhalten sich Sandinseln dynamisch. Bei lokalem Sandmangel sind dabei natürlich auch einige Inseln vollkommen verschwunden und an anderen Stellen Inseln neu entstanden. Doch dieses Wechselspiel zwischen steigendem Meer und Sandinseln, das bis heute anhält, gehört zur natürlichen Dynamik des Wattenmeeres.

Die für das Wattenmeer typische vorgelagerte Kette von Inseln und Sandbänken hat sich über Jahrtausende ohne Küstenschutz erhalten und würde dies wohl auch weiterhin tun. Siedlungen jedoch mussten im Laufe der Zeit entsprechend dieser Dynamik verlegt werden (Bild 4.1). Auch heute noch wäre diese Strategie die mit Abstand günstigste Anpassung an das steigende Meer: mobiles Wohnen auf den Nordseeinseln. Inzwischen aber sind schon so viele feste Strukturen errichtet worden, dass eine Abkehr von den heute gewohnten Siedlungsformen eine sehr große Herausforderung wäre.

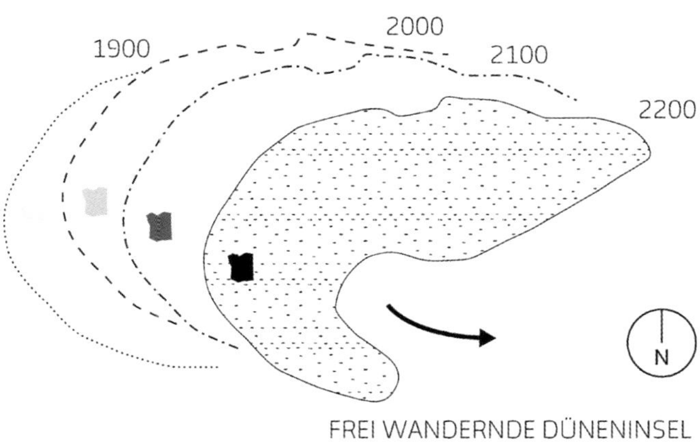


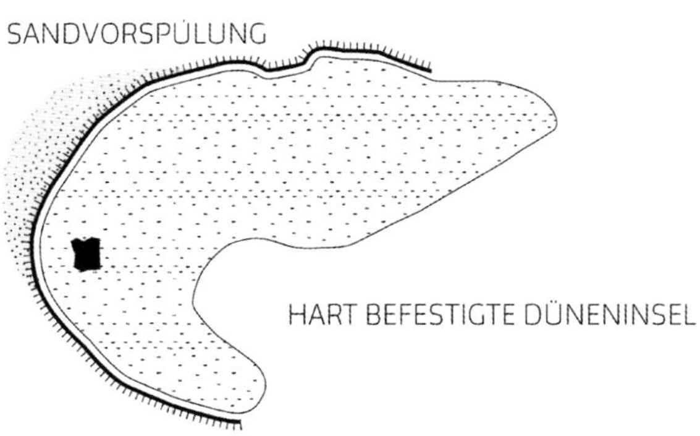


**4.1: Schema einer fiktiven frei wandernden ostfriesischen Insel von 1900 bis 2200 (oben) und zum Vergleich das Schema einer typischen nach 1900 befestigten Insel mit Ortschaft und wiederholter Sandvorspülung gegen eine steigende Nordsee. Die beständigen Schutzmaßnahmen bedeuten einen hohen Unterhaltungsaufwand, der bei einer frei wandernden Insel mit mobiler Siedlung nicht anfallen würde.**

Mit dem aufkommenden Tourismus und dem damit verbundenen Drang, möglichst strandnah zu bauen, setzten verstärkt Uferbefestigungen und systematische Dünenbepflanzungen ein (Bild 4.1). Nur an ihren unbesiedelten Enden können solche Inseln sich noch dynamisch bewegen. Je älter die Fixierung einer Insel, desto größer ist auch die Abweichung von ihrer eigentlichen, von der Strömungsdynamik bedingten natürlichen Position. Deswegen wird eine so festgelegte Insel immer heftiger von den Wellen attackiert und entsprechend wächst der Aufwand, die Insel auf ihrer Position zu halten. Dies gilt umso mehr, je schneller der Meeresspiegel steigt.

So wie die Sandinseln sind auch die Ufer einer naturbelassenen Marschenküste fortlaufend in Bewegung bei einem fließenden Übergang zwischen Meer und Land (Bild 4.2). Das Land wird bei Sturmfluten weit überspült und wächst dabei durch die Ablagerung von Sinkstoffen. Solche Sedimentation findet bereits im normalen Rhythmus der Gezeiten statt. Den an Überflutungen angepassten Pionierpflanzen der Salzwiesen gelingt es oft, die Bilanz zwischen Sedimentation und Erosion zugunsten einer Verlandung zu beeinflussen.

Die Eindeichung hat nicht nur die Marschen hinter dem Deich verändert, sondern auch das Wattenmeer vor den Deichen (s. Kap. 5). Wo die Sturmfluten unvermittelt gegen Deiche prallen, wirbelt ein Teil der verbliebenen Bewegungsenergie vermehrt Sinkstoffe vom Wattboden auf. Die werden zwar an anderer Stelle wieder abgelagert, im ungünstigen Fall jedoch erst weit weg von der Küste. Um dies zu verhindern, werden Buhnen und Buschlahnungen gebaut (Foto S. 96). Diese Maßnahmen können zwar ein Aufschlicken vor den Deichen fördern, dieser Schlick fehlt dann aber wiederum in anderen Wattbereichen. In der Gesamtbilanz wird der Mangel nur umverteilt. Langfristig verliert das Watt durch Eindeichung beständig leichtere Sinkstoffe und zurück bleibt nur der schwerere Sand. Ein Teil der Sinkstoffe ist nach der Eindeichung für immer hinter den Deichen geblieben und ganz aus der Dynamik verschwunden. Der andere Teil kommt dagegen immer weniger zur Ruhe (s. Kap. 5). Wo viel Wattboden zu eingedeichtem Land wurde, nahm auch die Fläche der verbliebenen Watten ab.

Gerade die leichten Sinkstoffe aber enthalten viel organische Substanz und sind Grundlage für die reichhaltige Bodenfauna des Wattenmeers. Die Bodenfauna wiederum ermöglicht erst die Funktion des Wattenmeers als Kinderstube für Nordseefische und Raststätte für hungrige Zugvögel. Das Wattenmeer zum Welterbe erklärt zu haben, wird allein noch nicht sichern können, dass dessen herausragende Eigenheiten erhalten bleiben, wenn das Meer vor dem befestigten Land immer höher steigt.

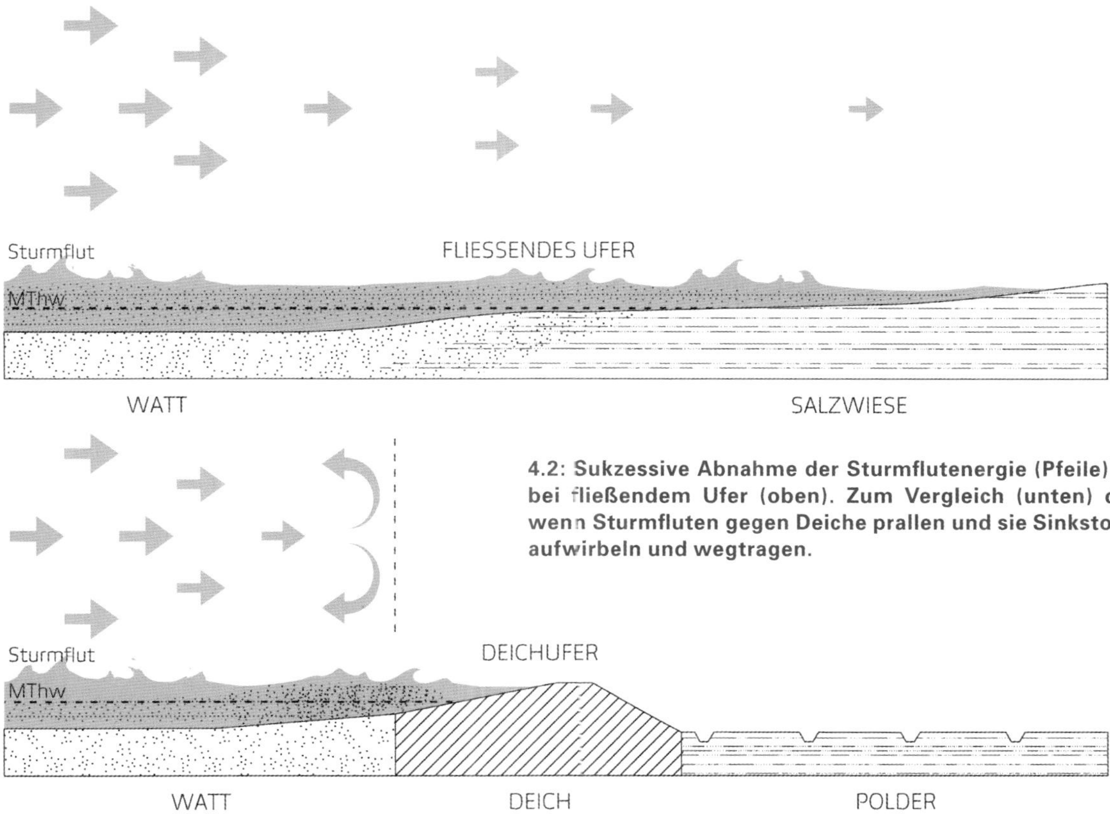


**4.2: Sukzessive Abnahme der Sturmflutenergie (Pfeile) mit Sedimentation bei fließendem Ufer (oben). Zum Vergleich (unten) die Energieumkehr, wenn Sturmfluten gegen Deiche prallen und sie Sinkstoffe vom Wattboden aufwirbeln und wegtragen.**

Nach dem Eindeichen wurden die Marschen zunehmend entwässert, um den Ackerbau intensivieren zu können (s. Kap. 7). Die Böden schrumpften dadurch und das Bodenniveau sank. Neue Sinkstoffe werden von den Deichen draußen gehalten und können den Höhenverlust der verdichteten Marschböden nicht mehr ausgleichen. Hinzu kommt noch die geologische Landsenkung (s. Kap. 1). Verdichtung und geologische Landsenkung zusammen können dazu führen, dass das Land einen ganzen Meter tiefer liegt als zuvor. Wo aber Moore entwässert und Torf abgebaut wurde, sank die Oberfläche sogar um einige Meter unter das vorherige Niveau (Bild 4.3). So ist seit dem Mittelalter ein verdrehtes Küstenprofil entstanden. Während der Meeresspiegel langsam stieg und vor den Deichen Watten und Salzwiesen mit dem Meer in die Höhe wuchsen, sank das Land hinter den Deichen immer tiefer unter das Niveau des mittleren Tidehochwassers.

Je schneller nun die Nordsee steigt, desto größer wird der Höhenunterschied zwischen Land und Meer. Trotz hoher und immer höherer Deiche nimmt das Risiko durch Sturmfluten zu. Bricht dann ein Deich ist wegen des größeren Höhenunterschieds

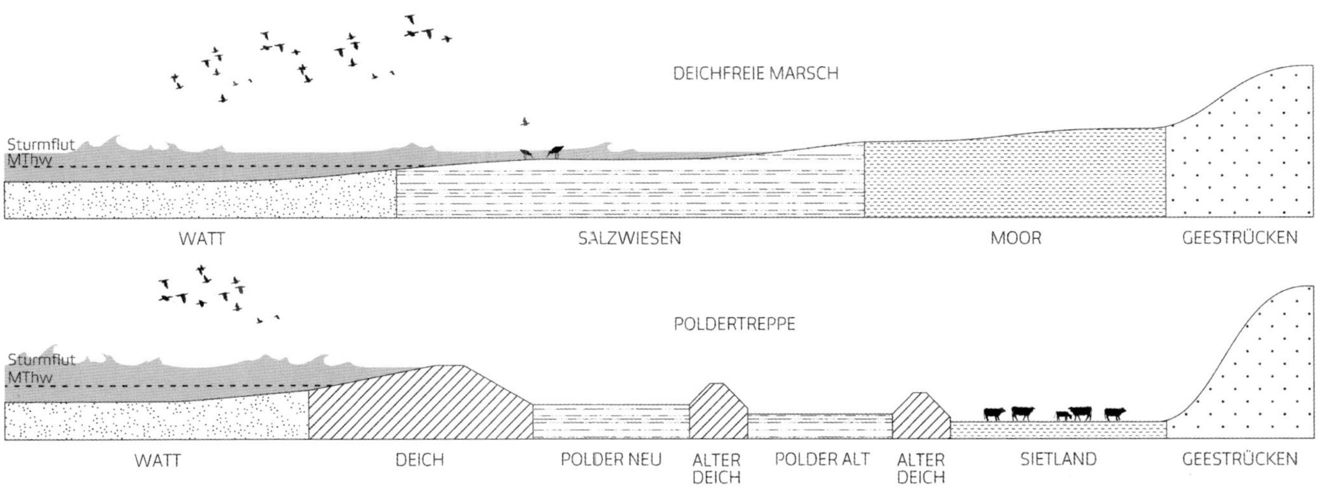


**4.3: Schematisches Küstenprofil vor dem Bau von Deichen (Deichfreie Marsch; oben) und danach mit Kügteninversion (Poldertreppe; unten), verursacht durch fehlende Sedimentation sowie durch Entwässerung und Torfabbau.**

**4.4: Steigendes Meer vor und sinkender Marschboden hinterm Deich (oben) führen zu wachsendem Unterschied zwischen Meeres- und Landniveau (unten) bei möglicherweise schwindendem Watt vor und weiterhin steigenden Sachwerten hinter dem Deich.**

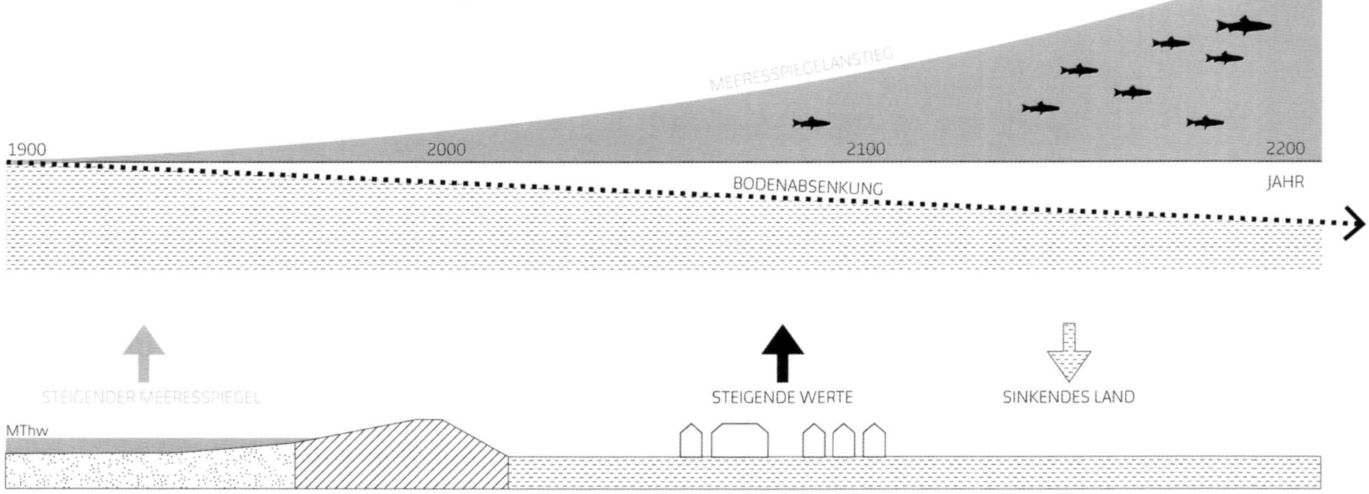


der Schaden beträchtlich. Das gilt umso mehr, wenn dort wirtschaftliche Werte im Vertrauen auf sichere Deiche geschaffen wurden (Bild 4.4), denn im Fall eines Deichbruchs würden die Häuser und Höfe vollständig im Wasser versinken.

Der Aufwand, einen solchen Deichbruch zu verhindern, nimmt nicht nur wegen des schneller steigenden Meeresspiegels zu, sondern möglicherweise auch, weil das Watt vor den Deichen immer weniger Sturmflutenergie abfängt, wo es nicht schnell genug mit dem Meeresspiegel wächst.

Dieses Dilemma zwingt dazu, die Deiche immer standfester und immer höher zu bauen (s. Kap. 6). Auch die klimabedingt höher auflaufenden Sturmfluten werden dabei berücksichtigt (Bild 4.5). Das geschieht durch extrabreite Deiche mit einer Krone, auf die noch eine Kappe aufgesetzt werden kann, ohne dabei den ganzen Deich von Grund auf erneuern zu müssen.[1] Auch bei weichem Untergrund kann mit tief reichenden Sandsäulen dem Deich noch genug Grundfestigkeit gegeben werden, damit er lange hält.

So wächst aber der Aufwand für den Küstenschutz, während gleichzeitig die natürliche Anpassungsfähigkeit der Küste an den steigenden Meeresspiegel abnimmt. Mit dem Höhenunterschied zwischen Meer und Land nimmt auch der Druck des salzigen Grundwassers zu und erschwert dann hinter den Deichen die Wasserversorgung für das Vieh und die Bewässerung der Ackerpflanzen (Bild 4.6). Da in Norddeutschland durch den Klimawandel im Sommer wahrscheinlich häufiger trockene Phasen auftreten werden, kann auch das zu ernsthaften Problemen führen. Auf der anderen Seite nimmt auch der Aufwand für die Entwässerung zu. Zwar wird im Zuge der Klimaerwärmung keine Zunahme der Gesamtregenmenge an der Nordseeküste erwartet, aber plötzliche Starkregen im Sommer und häufigere Dauerregen im Winter gelten als wahrscheinlich. So werden immer größere Pumpleistungen notwendig, je höher das Meer steigt und je tiefer das Land sinkt (s. Kap. 7).

Zusammen lässt das die Kosten für den Küstenschutz und für die Wasserwirtschaft der eingedeichten Marschen immer weiter steigen, während durch die verbreitete Landflucht dieser Aufwand für immer weniger Menschen betrieben werden muss. Vor Ort könnten sogar nicht einmal mehr genug Menschen für den Katastrophenschutz zu finden sein. Damit

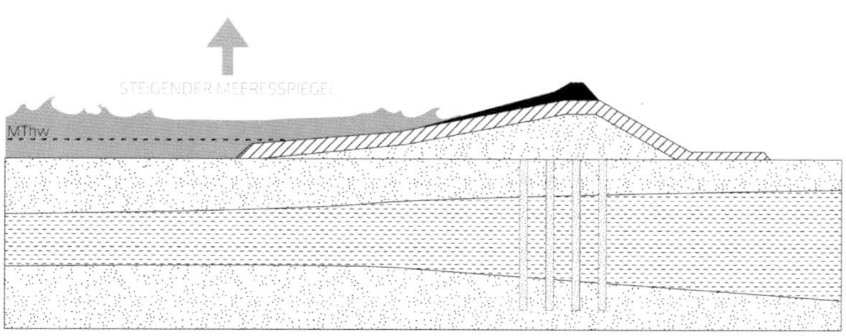


**4.5: Moderner Seedeich mit langer Böschung und breiter Krone, auf die noch eine „Klimakappe" bei gestiegenem Meeresspiegel gesetzt werden kann, ohne den gesamten Deich erneuern zu müssen.[1] Tief reichende Sandsäulen sollen einem Absacken bei weichem Grund entgegenwirken.**

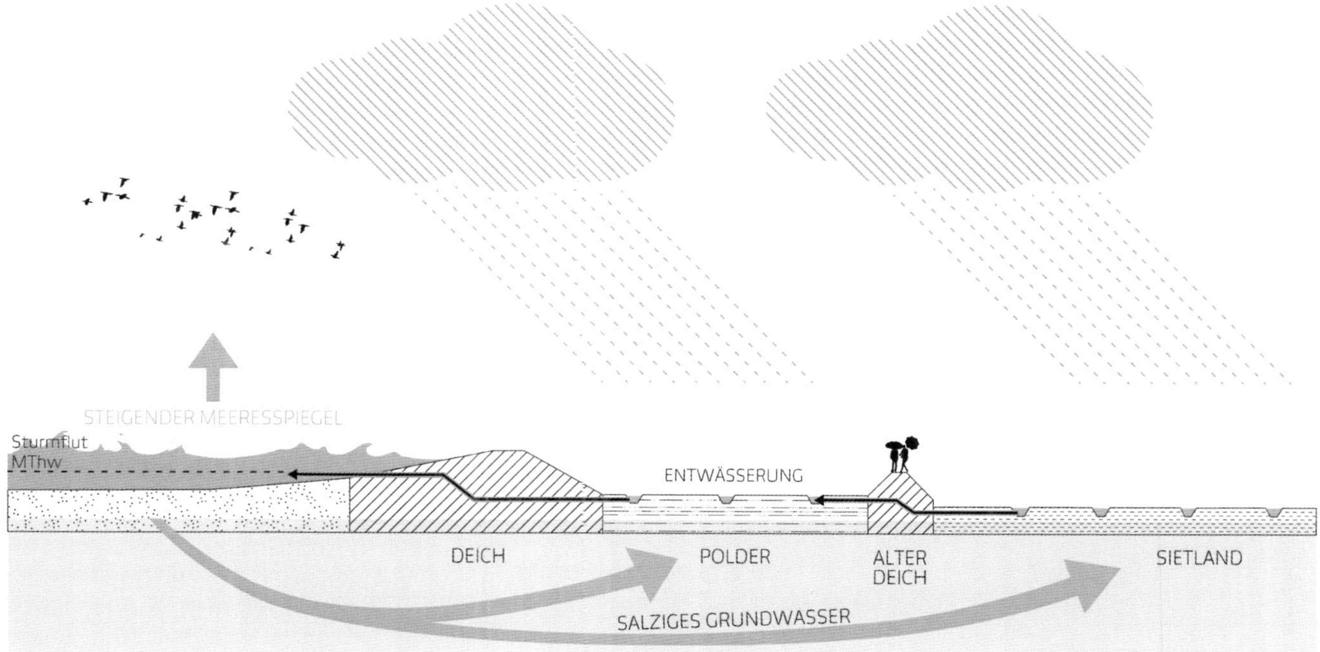


**4.6: Sturmflut und starker Regen treten oft gleichzeitig auf, anfallendes Regenwasser muss dann aus tiefer Marsch hoch zum Meer gepumpt werden. Je höher das Meer steigt und je tiefer in der eingedeichten Marsch entwässert wird, desto mehr salziges Grundwasser kann aufsteigen.**

nimmt eine generelle Krisenanfälligkeit zu, die nicht unbedingt direkt durch Sturmfluten, sondern durch weltweite Finanz- oder Wirtschaftskrisen oder politisch-gesellschaftliche Verwerfungen hervorgerufen wird. Die notwendigen Mittel zur Erhaltung der immer aufwendiger gewordenen Küstenarchitektur könnten dann eines Tages ausbleiben.

Eine Verdichtung dieser Problematik zeigt sich im Bereich der Tideflüsse wie Elbe und Weser (Kap. 8; Bild 4.7). Zum einen liefen durch Eindeichen des Flutraumes die Hochwasser immer höher auf, zum anderen hat das Ausbaggern der Fahrrinnen für immer größere und tiefergehende Schiffe den Tidenhub erhöht. Auch das Eindringen von Sturmfluten hat sich beschleunigt, weil natürliche Sandschwellen im Fluss zugunsten der Schiffbarkeit entfernt wurden. Steigt nun auch noch der Meeresspiegel schneller als bisher, wächst der Druck auf die Ufersicherung nochmals weiter an. Hafenstädte aber müssen für den Seehandel offen bleiben und können sich nicht vollständig mit Schutzmauern einschließen. Es bleibt ein fortwährendes Dilemma.

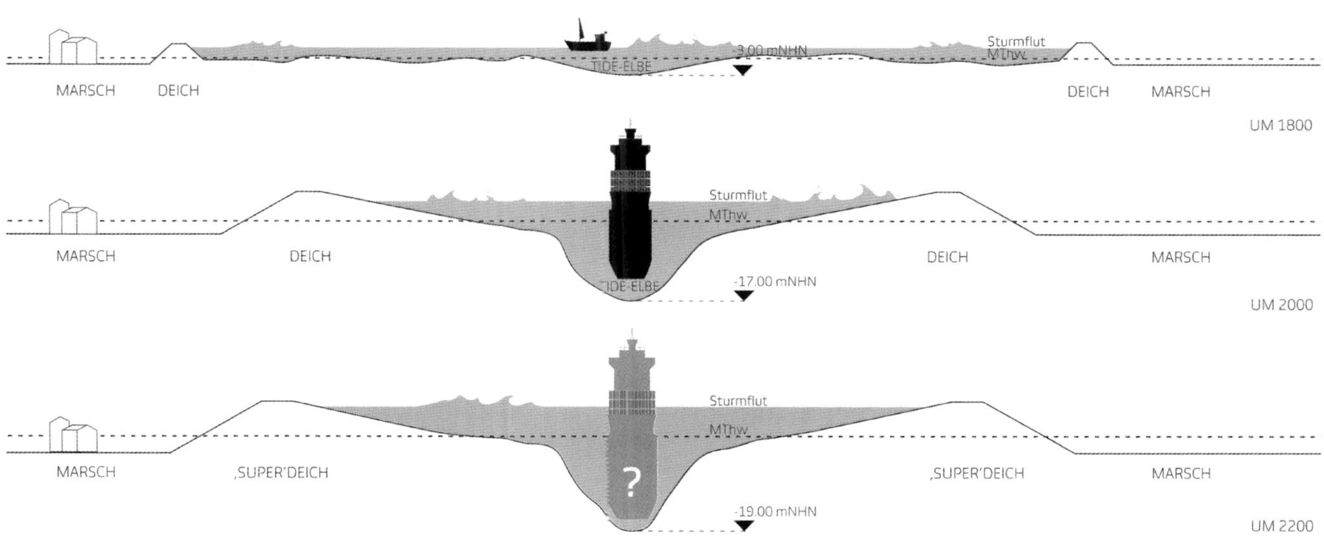


**4.7: Schema zur Verengung und Vertiefung der Tide-Elbe um 1800 und 2000 und fiktive Fortsetzung bis 2200.**

Und nicht zuletzt wird durch die zunehmende Kanalisierung der Tideflüsse auch noch deren ökologischer Zustand immer problematischer, was sich nicht nur negativ auf die Pflanzen und Tiere, sondern auch auf die Lebensqualität der Menschen auswirkt, die an den Flüssen leben.

Man kann es drehen und wenden, wie man will: Unter der unausweichlichen Perspektive eines langfristig immer höher steigenden Meeresspiegels verschlimmern sich die durch Starrheit der Nordseeküste entstandenen Symptome so, dass ohne eine geeignete Behandlung eine dauerhafte Gesundung nicht mehr möglich ist. Auf lange Sicht kann den vom Klimawandel ausgelösten Naturgewalten nicht mehr nur mit Abwehrmaßnahmen begegnet werden. Die Patientin Nordseeküste braucht eine Behandlung der Ursachen und nicht nur der Symptome.

**Die Küste dem steigenden Meer anpassen**

Die Strukturschwäche der Nordseeküste schreitet fort, und das ist schon lange so gewesen, bevor die Nordsee begonnen hat, schneller zu steigen. Ein beschleunigter Meeresspiegelanstieg verschärft aber ihre Lage. Angesichts der langfristigen Dimension des Klimawandels wird das bisherige Abwehrrezept immer heikler. Die in ein starres Korsett gezwängte Küste leidet an Bewegungsmangel und das hat zu Verspannungen geführt.

Diese Einsicht ist nicht neu, aber Konsequenzen wurden daraus bisher kaum gezogen. Eine generelle Umkehr von der Abwehr des Meeres hin zum Mitwachsen wurde schon 1996 für die Nordseeküste propagiert,[2] in den darauf folgenden Jahren wiederholt aufgegriffen und weiterentwickelt,[3-6] bis heute in Forschungsprojekten theoretisch vertieft [7-12] und besonders in den Niederlanden und Belgien zunehmend in konkrete Planungen eingebaut.[13-18]

In Deutschland bringt die Naturschutzorganisation WWF im Wattenmeer erste Pilotprojekte zum Thema „Wachsen mit dem Meer" auf den Weg.[19] Ganz offensichtlich ist die Zeit nicht nur für einen breiten Diskurs über einen Kurswechsel zur Anpassung der Nordseeküste an den steigenden Meeresspiegel gekommen, sondern auch für erste Pilotvorhaben.[20]

Im Folgenden werden viele Vorschläge zum Kurswechsel an der Küste zusammengefügt und ergänzt, um zunächst einen Überblick zu geben, bevor in den Kapiteln 5 bis 8 die Details besprochen werden.

Eine große Operation ist wie immer sehr riskant und wäre vielleicht auch verfrüht. Was ist stattdessen zu empfehlen?

Nur eine mit dem Meer wachsende Küstenlandschaft kann von Dauer sein. Dazu bedarf es einer Öffnung zum Meer und eines Mentalitätswechsels im Verhältnis zum Meer. An einer dicht besiedelten und intensiv genutzten Küste bedarf es außerdem langer Beratungen mit den Betroffenen.[10, 12, 20] Auf die Linderung der Symptome kann nicht verzichtet werden, solange die Heilung chronischer Krankheiten der Küste nicht erfolgreich vorangekommen ist. Ohne Uferschutz und Deiche wird es nicht gehen. Statt radikalem Umbau ist ein langer Weg der kleinen Schritte ratsam.

Dieser Weg des Vortastens und Ausprobierens hat viele Vorteile. Erfahrungen können gesammelt, Fehler erkannt und die Kosten über lange Zeiträume verteilt werden. Die Langsamkeit durch kleine Schritte erzeugt ein mögliches Nebeneinander vielfältiger Anpassungsformen. Das ermöglicht nicht nur Vergleiche verschiedener Vorgehensweisen, sondern streut auch das Risiko im Krisenfall. Das Nebeneinander unterschiedlicher Anpassungen an die sich ändernden Gegebenheiten ermöglicht auch die Flexibilität, die angesichts eines nie ganz sicher berechenbaren Meeresanstiegs ratsam oder sogar überlebenswichtig sein kann.

Wie das gehen kann, lässt sich gut an weichen Küsten aufzeigen, die mit Sand gegen das ansteigende Meer gepolstert werden können (Bild 4.8). Schon lange wurde erkannt, dass sich eine dynamische Sandküste nur sehr vorübergehend mit harten Bandagen fixieren lässt.[21-24] Wo Strömungsverlagerungen oder der Anstieg des Meeresspiegels großen Sandbedarf erzeugen, ist es besser, den Sand von weit draußen aus dem Offshore-Bereich zu holen, als den Mangel an Sand mit harten Bauwerken nur auf benachbarte Küstenabschnitte umzulenken.

Dieses kontinuierliche Füttern der Küste mit Sand ist möglicherweise ein Kompromiss zwischen Umsiedlung und Widersetzen mit hartem Küstenschutz bei sich ändernden Gegebenheiten (Bild 4.1). Lokal wird der neue Sand zwar von den Wellen wieder weggespült, aber er bleibt im Küstenraum, der dadurch mit dem Meer wachsen kann. So kann eine Sandinsel vorerst am Ort bleiben und die Lage entspannt sich. Das gelingt langfristig aber nur, wenn sich auch die Umgebung anpassen kann.[25, 26] Dazu kann Sand in den Wattrinnen (Seegatts) zur natürlichen Weiterverteilung verklappt oder es können damit Sandbänke aufgefüllt werden. Das Aufsaugen von Sand weit vor der Außenküste und das Ablagern von Sand im Küstenbereich werden zur Daueraufgabe.

Inseln, Sandbänke und Watten schützen das Festland vor hohen Wellen der offenen See. Direkt vor dem Deich sorgen Salzwiesen für eine dynamisch mitwachsende Böschung. Mit Sandnehrungen und Sandbänken auf der Seeseite der Salzwiesen kann ihre Entwicklung noch gefördert werden (Bild 4.8). Sand könnte die aufwendigen Buschlahnungen nach und nach ersetzen, die bisher das Landschaftsbild

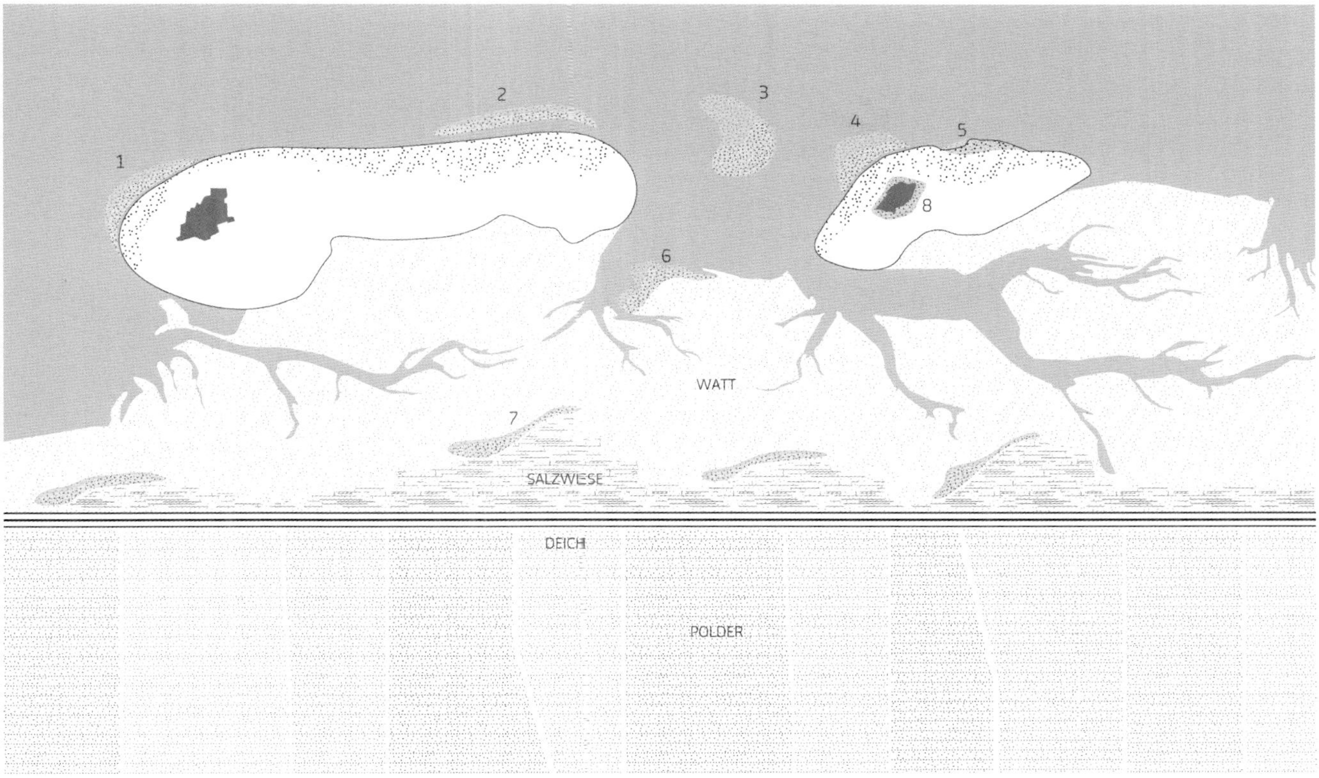


**4.8: Künstliche Sandimporte aus der Nordsee für Inseln und Watten, um ein Mitwachsen mit dem Meeresspiegelanstieg zu unterstützen: (1) Ausgleich von Strand- und Dünenerosion, (2) Verstärkung eines Vorstrandriffs als Wellenbrecher, (3) Verklappung im Seegatt oder auf dem Riffbogen für natürliche Weiterverteilung durch Gezeitenströmung, (4) Sandnase zur anschließenden Weiterverteilung durch strandparallele Strömung, (5) Dünenverstärkung, (6) Erhöhung vorhandener Sandbänke, (7) Sandhaken oder Sandbänke statt Buhnen und Buschlahnungen, in deren Schutz sich Salzwiesen bis zum Deich entwickeln können, (8) Ringdüne zum Schutz einer Siedlung vor Überflutung.**

stark prägen. Je nach den örtlichen Verhältnissen können mit Sandimporten unterschiedliche Effekte von unterschiedlicher Dauer erzielt werden. Im Gegensatz zu harten Küstenschutzmaßnahmen, wie zum Beispiel versteinerte Ufer, Spundwände aus Stahl oder mächtige Tetrapoden aus Beton, lassen sich Sandimporte behutsam in die Landschaft einfügen und hinterlassen keine Ruinen. Oft schaffen sie sogar vorübergehend für Seehunde neue Ruhebänke und für Küstenvögel neue Brutmöglichkeiten.

Ungleich schwieriger wird es, den Deichschutz für die Marschen an das steigende Meer anzupassen. Grundsätzlich wären statt der klassischen Deiche auch weitläufige Strände mit Dünen aus aufgespültem Nordseesand möglich, vergleichbar den natürlich entstandenen Dünen vor Sankt Peter-Ording auf Eiderstedt oder vor Duhnen bei Cuxhaven (s. Kap. 6). Die Umsetzung würde jedoch wertvolle Watten und Salzwiesen auf breitem Raum überdecken. Andererseits würden durch diese Art von Küstenschutz touristisch attraktive Strände entstehen. Besonders für exponierte Marschküsten, wie im Land Wursten, Butjadingen oder dem Wangerland an der Jade, wären künstliche Dünenwälle zwar eine Option, veränderten aber das Landschaftsbild zumindest ebenso wie die mächtigen Deiche. Auf den Inseln dagegen wären künstliche Dünenwälle als Ersatz für herkömmliche Deiche passend für die Landschaft (Bild 4.8).

Grüne Deiche mit Sandkern und Kleiboden darauf können bei Meeresanstieg immer noch weiter verstärkt werden, wenn dafür genügend Platz vorhanden ist und der weiche Untergrund es zulässt (s. Kap. 6). Der hohe Platzbedarf kann eher gerechtfertigt werden, wenn solch ein Deich außer der Sicherheit vor Überflutung noch mehr bietet (Bild 4.9). Das ist besonders dann gut möglich, wenn der Deich, gemessen an der aktuellen Notwendigkeit, bereits von vornherein größer dimensioniert gebaut wird. Eine weitere Möglichkeit ist ein Doppeldeichsystem, wo der vordere Deich durch Siele durchlässig für den Gezeitenwechsel ist und wegen geringer Höhe bei Sturmflut überspült werden kann.[17, 20] Das ermöglicht einen durch Sedimentation mit dem Meeresspiegel mitwachsenden Zwischenraum bis zum zweiten Deich. So kann eine kilometerbreite, erhöhte Schutzzone durch das Meer

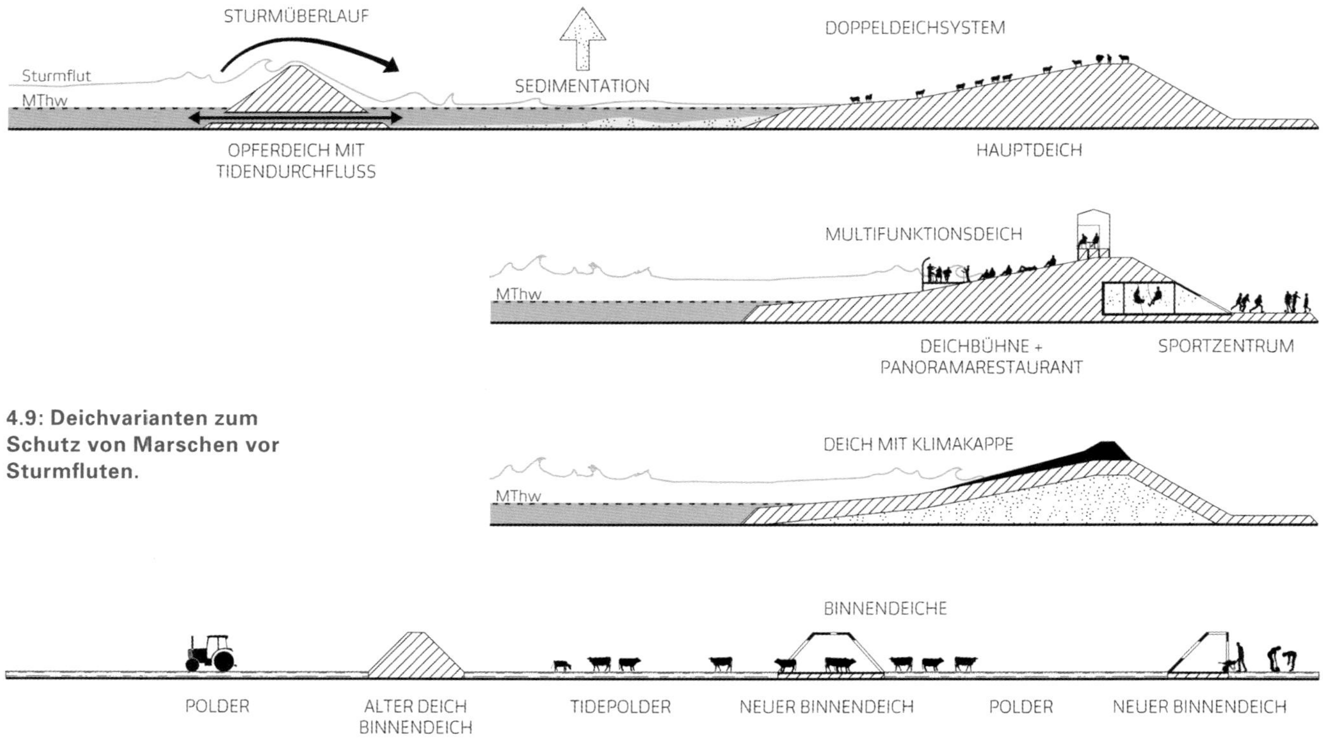


**4.9: Deichvarianten zum Schutz von Marschen vor Sturmfluten.**

entstehen. Während der Aufschlickungsphase wäre sie vorwiegend Natur- oder Erholungsgebiet, danach kann auch wieder landwirtschaftliche Nutzung stattfinden.

Tief liegende Marschgebiete sind meist aus vielen Poldern hervorgegangen (Bild 1.10), deren alte Deiche oft noch vorhanden, aber zu niedrig für ein gestaffeltes Sicherheitssystem sind. Die alten Polderbegrenzungen sind jedoch ideal, um nebeneinander Nutzungen bei unterschiedlichem Wasserregime im und über dem Boden ausprobieren zu können und die Auswirkungen auf das Absinken der Marschböden zu erforschen (s. Kap. 7). In solchen Fällen könnten die alten Binnendeiche (Schlafdeiche) durch neue Dämme ersetzt werden, die zugleich überflutungssichere Verkehrswege wären (Bild 4.9). Neue Binnendeiche könnten sogar aus Hohlformen zusammengesetzt und dadurch vielseitig nutzbar werden (s. Kap. 6). Ein Netz solcher Binnendeiche trägt auch zur Schadensbegrenzung bei unverhoffter Überflutung bei.

Ähnliches gilt insbesondere auch für die Bauweise in den Siedlungen. Wo das Geländeniveau schon heute unter mittlerem Tidehochwasser liegt, sollten keine Neubauten mehr auf flachem Grund entstehen. Häuser sollten wieder auf Warften (Wurten), erhöht auf Pfähle oder auf schwimmfähige Plattformen gestellt werden (Bild 4.10). Das trägt insgesamt zur Streuung der Risiken bei Hochwasser bei und

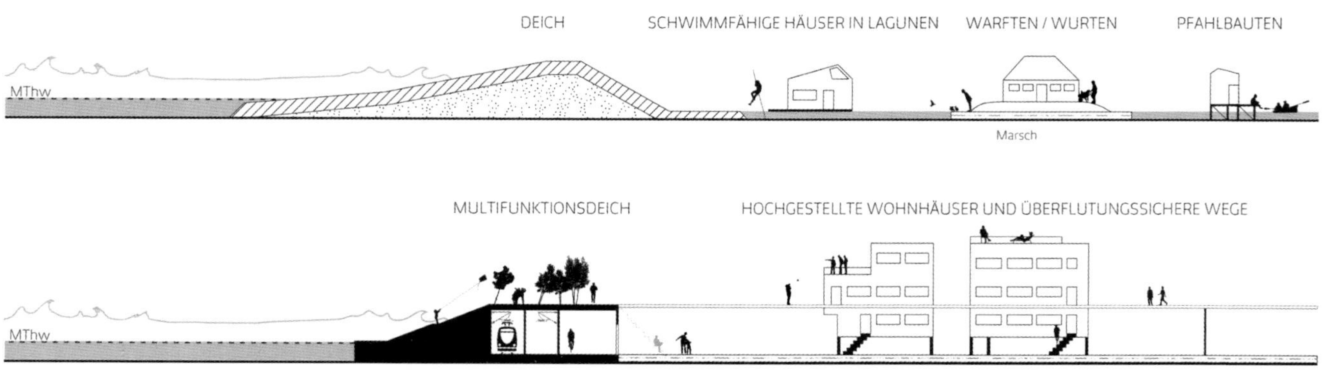


**4.10: Risikostreuung hinter dem Deich durch schwimmfähige Häuser, Warften/Wurten und Pfahlbauten in der Marsch**[27-29] **(oben) und mit hoch gestellten Wohnhäusern, verbunden durch überflutungssichere Wege (unten).**[9, 30]

macht die Besiedlung tief liegender Marschen krisensicherer.

Schrittweise könnten so die Voraussetzungen durch angepasste Infrastrukturen geschaffen werden, um in Küstenlandschaften wieder mit mehr Wasser leben zu können. Schon durch solch einen Lebensstil würde die Anfälligkeit gegenüber Hochwasserschäden abnehmen. Dann ist es sogar möglich, die Küste dem Meer wieder schrittweise zu öffnen. Erfolgt dies gezielt zum Zweck des Mitwachsens mit dem Anstieg des Meeresspiegels, kann sogar eine einmalige Wasserlandschaft gestaltet werden, die Besucher anzieht und sich so auch wirtschaftlich weiterentwickeln könnte.[31]

Was sonst nur als Bedrohung wahrgenommen wird, kann zu einem authentischen maritimen Lebensstil führen, zu einem selbstbewussten, eigenen Weg als Gegengewicht zu den universeller werdenden Märkten und Moden. An der Nordseeküste kann dabei sogar an alte Traditionen angeknüpft werden.

Das gilt selbst für die verfahrene Situation im Bereich der Tideflüsse mit ihren vertieften Fahrrinnen. Würden Hafenaktivitäten, die an immer größere Seeschiffe gekoppelt sind, aus dem Flussbereich hinaus aufs Meer verlegt, könnten sogar die Tideflüsse wieder flacher werden (s. Kap. 8). Das ist auch zwingend nötig, wenn der Meeresspiegel immer weiter steigt. Die zu Fahrrinnen ausgebauten Tideflüsse sind zur Achillesferse der Küste geworden. Dort ist ein Kurswechsel in der Küstenarchitektur am dringendsten.[12]

**Warum nicht gleich?**

Die Vergangenheit lehrt zwar, dass meist erst ein Kollaps einen wirklichen Kurswechsel auslösen konnte, aber gerade das gilt es, durch bestmögliche Kenntnisse über wahrscheinliche Entwicklungen und darauf basierende Vorsorge, zu vermeiden.[32] Das ist auch deswegen umso wichtiger, weil bei steigendem Meeresspiegel und sinkendem Landniveau die Kluft zwischen beiden und damit die möglichen Schäden bei Überflutungen immer gravierender würden.

Anders als Meteoriteneinschläge, Vulkanausbrüche oder Tsunamis ist der Meeresspiegelanstieg aber eine sich lange vorher abzeichnende Veränderung. Es wäre töricht, darauf nicht rechtzeitig zu reagieren. Durch unterlassene Vorsorge ein Desaster verschuldet zu haben, wiegt ungleich schwerer, als eventuell voreilig Schutzmaßnahmen ergriffen zu haben, die sich später als überzogen herausstellen.

Gegenwärtiges Wissen lässt keinen Zweifel an einem bevorstehenden Meeresspiegelanstieg von mehreren Metern, aber der Zeitverlauf ist noch unklar und wird es wohl auch vorerst bleiben (s. Kap. 2). Die Richtung der Entwicklung ist zwar bekannt, aber nicht die Zeit, wann die bisherige Vorsorge mit immer höheren Deichen und mehr Uferbefestigungen ausgedient haben wird. Wahrscheinlich sind es die bisherige Langsamkeit und die Unsicherheit, die leicht zum Verdrängen der Problematik insgesamt verführen. Das aber ist gefährlich.

Alles auf eine reine Abwehrlinie zu setzen, riskiert den Zusammenbruch der Küste. Räumlich verteilte und unterschiedliche Anpassungen dagegen streuen das Risiko über die ganze Küste und von der Seeseite bis ins Binnenland. Ein kompletter Zusammenbruch der Küste ist dann kaum noch möglich. Wird diese Risikostreuung mit weitgehend natürlichem Mitwachsen der Küste bei steigendem Meer verbunden, zeichnet sich ein Weg ab, der trotz Meeresspiegelanstiegs ein Leben an der Küste dauerhaft ermöglicht.

Ein Dialog darüber kann nicht früh genug beginnen. Selbst ein sprunghaft steigender Meeresspiegel lässt sich nicht gänzlich ausschließen: Große Massen des Land bedeckenden Polareises könnten zum Beispiel gleichzeitig ins Meer rutschen (s. Kap. 2). Der Dialog lohnt aber auch dann, wenn ein beschleunigter Meeresanstieg wider Erwarten ausbleibt, denn die Nordseeküste ist ohnehin reif für einen Kurswechsel. Eine Küste, die sich dem Meer nicht dauerhaft anpassen kann, geht früher oder später unter.

Bei Entscheidungen steht immer die Kostenfrage weit vorne, aber sie liefert selten klare Antworten. Die Bilanz hängt von der gewählten Zeitspanne ab. Bleibt die betrachtete Zeitspanne kurz, reichen Deicherhöhungen mit überschaubaren Kosten. Erst bei längerer Zeitspanne beginnen sich Maßnahmen zu rechnen, die zu einer mitwachsenden Küstenlandschaft führen. Erst dann entfaltet sich Nachhaltigkeit.

Sandaufspülungen helfen den Inseln und dem Wattenmeer, mit dem Meeresspiegel zu wachsen, während harte Bauwerke immer nur Zwischenlösungen sind. Aufgespülter Sand zahlt sich auch für den Tourismus aus, während steinige Buhnen und asphaltierte Böschungen eher ein Problem sind. Eine besonders wasserreiche Stadt wie Venedig verändert den Lebensrhythmus, lockt weitere Besonderheiten an, wie zum Beispiel weltweit beachtete Kunstausstellungen und Museen. Eine unter Wasser gesetzte Weide ist zwar für Rinder verloren, aber wenn stattdessen dort Ferienappartements schwimmen oder Warften einen Urlaub auf eigener Insel versprechen, dann könnte mehr als mit Milchwirtschaft verdient werden. Je origineller das Küstenleben gestaltet wird, desto mehr stärkt es auch die Zusammengehörigkeit und die Selbstverantwor-

**Exkurs: Küstenschutzzonen**[10]

*Gespräch mit Dr. Frank Ahlhorn (FA),*
*Raumplanungen im Küstenbereich, Varel*

Was verbirgt sich hinter dem Konzept eines räumlichen Küstenschutzes?

*FA: Kein Deich kann absolut sicher sein. Statt sich beim Schutz der flachen Nordseemarschen allein auf eine starke Deichlinie zu verlassen, ist es langfristig besser, bei der Raumplanung ganze Küstenzonen auszuweisen, um dort die Anforderungen von Sicherheit vor Sturmfluten mit nachhaltiger Küstenentwicklung verbinden zu können. Vorsorge für den Küstenschutz hat dort zwar eine gewisse Priorität, aber diese Form der Nutzung wird mit gesellschaftlichen, ökonomischen und ökologischen Interessen kombiniert.*

Das klingt nach einer Beteiligung vieler Interessengruppen bei der Gestaltung der Küstenschutzzonen. Besteht da nicht die Gefahr, dass gut durchgerechnete Pläne verwässert werden und der Ausgang des Verfahrens völlig ungewiss ist?

*FA: Diese Befürchtung scheint unbegründet. Im Rahmen eines europäischen Projektes mit ausgewählten Küstenabschnitten haben wir dafür eine Pilotstudie bei Neßmersiel durchgeführt (Foto S. 124). Dort legt die Fähre zur ostfriesischen Insel Baltrum ab. Das Areal reicht von Lahnungsfeldern im Nationalpark Wattenmeer über einen drei Meter hohen Sommerdeich zum eigentlichen Hauptdeich von rund acht Metern Höhe. Dahinter liegt ein schmaler Polder mit Äckern, begrenzt durch einen mittelalterlichen, fünf Meter hohen Deich. Mit allen Beteiligten vom Naturschutz, Küstenschutz, den Landwirten und Gemeindevertretern haben wir Arbeitskreise über Zukunftsoptionen bis zum Jahr 2050 gebildet und offene Gespräche geführt. Alle waren zunächst skeptisch, fanden aber schließlich zu einem gut begründeten und ausgewogenen Entwicklungsplan, der von allen mitgetragen würde.*

Dennoch klingt das nach einem sehr komplizierten und langwierigen Prozess. Worin sollen die Vorteile liegen?

*FA: Die frühe Bürgerbeteiligung garantiert die Transparenz des Verfahrens. Alle Interessen werden vorgebracht und anschließend im Licht wahrscheinlicher Entwicklungen dieser Region bewertet. Expertenwissen wurde dazu eingebracht: über Küstenschutz, Risikomanagement, Raumplanung und weitere Disziplinen. Die Wissensbasis aller Beteiligten wurde dadurch erweitert und die Standpunkte der jeweils anderen fanden mehr Verständnis. Konflikte wurden frühzeitig erkannt und vermieden. Die Planung für eine nachhaltige Entwicklung in dieser Küstenzone fand so eine breite Zustimmung. So werden wir die Herausforderungen durch den schneller steigenden Meeresspiegel am besten meistern können. In anderen Küstenregionen Europas wurden ähnliche Erfahrungen gemacht.*

Was sind zehn Jahre nach den Beratungen im Projekt ComCoast *(Combined Functions in Coastal Defence Zones)* für Sie die wichtigsten Erkenntnisse?

*FA: Wir haben in der Pilotstudie gesehen, dass zwei Aspekte sehr wichtig sind: 1) Innerhalb der ersten Projektphase sollte die vorhandene Kreativität und der Ideenreichtum der Teilnehmer aktiviert und dokumentiert werden und 2) ein direkter Austausch über die jeweiligen Interessen und Ideen stattfinden, bevor ein Projekt oder eine Maßnahme durchgeführt wird. Die Pilotstudie hat gezeigt, dass die Beteiligten „multifunktional" denken und kooperativ handeln können, d. h., dass sie die verschiedenen Interessen und Ansprüche an die Region von verschiedenen Seiten betrachten und in ihre eigenen Überlegungen und Planungen mit einbinden können. Wird ihnen der „Denk-Freiraum" gelassen, diese Fähigkeit „auszuleben", dann können neue Nutzungskonzepte entstehen, die den unterschiedlichen Interessen gerecht werden. Zum Beispiel erschienen durch den direkten Austausch der Beteiligten seit Jahren gehegte und gepflegte Konfliktthemen diskutier- und lösbar. Würde rechtzeitig mit dem (transparenten) Denken und Diskutieren neuer Anpassungsstrategien begonnen, hätten die Küsten-Menschen genügend Zeit, sich darauf einzustellen und ihre Bedenken einzubringen. Vielleicht wäre dann auch die Aussage „Denn sie tun nicht, was sie wissen" (Titel eines Symposiums zu „Verhalten und Klimawandel"* [33]*) hinfällig.*

tung der Bewohner für das Eigenständige. Denn es sind der Mut und der Weitblick der Bewohner, die den Kurswechsel in Gang halten (s. Exkurs).

Küstenbewohner sind traditionell offen für Anregungen aus allen Windrichtungen und Strömungen. An der deutschen Nordseeküste kamen viele Impulse aus den Niederlanden und führten neue Techniken im Wasserbau oder der Landwirtschaft ein. Wie ein Leben mit viel Wasser aussehen könnte, darüber wird in den Niederlanden nicht nur lebhaft debattiert, sondern inzwischen auch experimentiert.[15, 27, 28] Da sich Innovationen oft auch wirtschaftlich lohnen, könnten durch langes Zögern sogar gute Chancen verpasst werden.

Ein Kurswechsel für die Küste braucht viel Zeit. Eine Korsettküste lässt sich nicht auf einmal öffnen. Allein für Debatten und Planungen würden grob geschätzt über 20 Jahre vergehen. Anschließende Umsetzungsphasen würden noch einmal mehr als 30 Jahre brauchen. Nur so könnten neue Erfahrungen einfließen und langfristig Arbeit und Leben sicher sein. Werden natürliche Prozesse in den Wandel der Küsten einbezogen und soll sich ein neuer Lebensstil entwickeln können, dann sind Zeiträume von weit über 50 Jahren vonnöten. Zusammen also mindestens 100 Jahre. Darum ist es Zeit, jetzt und nicht erst später mit der Debatte zu beginnen. Wer sich heute nicht auf das steigende Meer einlässt und mit ihm geht, dessen Enkelkinder werden schwimmen müssen.


[1] Landesbetrieb für Küstenschutz, Nationalpark und Meeresschutz Schleswig-Holstein (LKN-SH), 2013: Küstenschutzmaßnahme Deichverstärkung Büsum, 05/2013. www.lkn.schleswig-holstein.de.

[2] Helmer W, Vellinga P, Litjens G, Goosen H, Ruijgrok E, Overmars W, 1996: Growing with the Sea – Creating a resilient coastline, World Wide Fund for Nature, Maarn, NL/ Van den Berg's Drukkerij 36 S.

[3] Common Wadden Sea Secretariat, Trilateral Working Group on Coastal Protection and Sea Level Rise, 2001/ 2005/ 2010: Coastal Protection and Sea Level Rise – Final Report, Wadden Sea Ecosystem No.13/2001; Solutions for sustainable coastal protection in the Wadden Sea region, Wadden Sea Ecosystem No. 21/2005, and Third Report – The role of spatial planning and sediment in coastal risk management, Wadden Sea Ecosystem No. 28/2010, Wilhelmshaven, Germany/ Common Wadden Sea Secretariat 61+47+51 S.

[4] Kunz H, 2004: Sicherheitsphilosophie für den Küstenschutz, Jahrbuch der Hafenbautechnischen Gesellschaft, Hamburg 54: 253-287.

[5] Deltacommissie, 2008: Samen werken met water, Heerhugowaard, NL/ Hollandia Printing 140 S.

[6] Michael Otto Stiftung (Hrsg.), 2010: Ein Zukunftsbild für eine klimasichere Wattenmeerregion, Hamburg/Michael Otto Stiftung 59 S.

[7] Daschkeit A, Schottes P (Hrsg.), 2002: Klimafolgen für Mensch und Küste – am Beispiel der Nordseeinsel Sylt, Umweltnatur- & Umweltsozialwissenschaften, Berlin/ Springer 335 S.

[8] Schuchardt B, Schirmer M (Hrsg.), 2005: Klimawandel und Küste – Die Zukunft der Unterweserregion, Umweltnatur- & Umweltsozialwissenschaften, Berlin/ Springer 341 S.

[9] studio urbane landschaften, 2008: Wasseratlas – Wasser-Land-Topologien für die Hamburger Elbinsel, Berlin/ Jovis Verlag 158 S.

[10] Ahlhorn F, 2009: Long-term perspective in coastal zone development – Multifunctional coastal protection zones, Berlin/ Springer 220 S www.comcoast.org.

[11] Temmerman S, Meire P, Bouma TJ + 3 Mitautoren, 2013: Ecosystem-based coastal defence in the face of global change, Nature 504: 79-83.

[12] KLIMZUG-NORD Verbund (Hrsg.), 2014: Kursbuch Klimaanpassung – Handlungsoptionen für die Metropolregion Hamburg, Hamburg/ TuTech Verlag 133 S.

[13] Adriaanse L, Hoekstra J, 2009: Designing a safe and sustainable Rijn-Maas-Schelde delta, in: The International Review of Landscape Architecture and Urban Design: Water – Resource and Threat, Topos 68: 68-75.

[14] De Meulder B, Shannon K, 2009: A de-poldering project in Beveren North, Belgium, in: The International Review of Landscape Architecture and Urban Design: Water – Resource and Threat, Topos 68: 76-81.

[15] Metz T, van den Heuvel M, 2012: Sweet & Salt – Water and the Dutch, Rotterdam, NL/ NAi Publishers 296 S.

[16] Braaksma J, 2012: Rijzend Land. Antwerpen, NL/ LAMA landscape architects VOF 127 S.

[17] Al M, Braaksma J, 2014: Weg met de Afsluitdijk? Antwerpen, NL/ LAMA landscape architects VOF 48 S.

[18] Programma naar een Rijke Waddenzee, Deltaprogramma Waddengebied 2015 Haalbaarheidsonderzoek Holwerd aan Zee. www.rijkewaddenzee.nl/nieuws/holwerd-aan-Zee .

[19] World Wide Fund For Nature (WWF), Projekte: Klimaschutz und -anpassung im Wattenmeer – Bedrohung durch den Klimawandel, www.wwf.de/watt/klima und Pilotmaßnahmen zur Klimaanpassung mit Kommunen in der schleswig-holsteinischen Wattenmeer-Region (PiKKoWatt), www.wwf.de/watt/pikkowatt.

[20] Neubauer A, von Bargen U (Hrsg.), 2014: Klimaanpassung an der Unterweser durch einen Tidepolder im Bereich der Drepteniederung, Gesamtbericht zur Vorstudie, Bremerhaven/ bremenports GmbH & Co. KG. 92 S www.studie-tidepolder-drepte.de.

[21] French PW, 2001: Coastal defences: processes, problems and solutions, London, New York/ Routledge 366 S.

[22] Reise K, 2003: More sand to the shorelines of the Wadden Sea. Harmonizing coastal defense with habitat dynamics. In: Gerold Wefer, Frank Lamy, Fauzi Mantoura (Hrsg.): Marine Science Frontiers for Europe. Berlin/ Springer, 203-216.

[23] Niedersächsischer Landesbetrieb für Wasserwirtschaft, Küsten- und Naturschutz (NLWKN; Hrsg.), 2007 und 2010: Generalplan Küstenschutz Niedersachsen/ Bremen, Band 1: Festland und Band 2: Ostfriesische Inseln, Norden/ NLWKN. 41 + 42 S www.nlwkn.de.

[24] Ministerium für Energiewende, Landwirtschaft, Umwelt und ländliche Räume des Landes Schleswig-Holstein (Hrsg.), 2013: Generalplan Küstenschutz des Landes Schleswig-Holstein – Fortschreibung 2012. Kiel/ Hansadruck und Verlag GmbH + Co. KG. www.schleswig-holstein.de/UmweltLandwirtschaft/de.

[25] Louters T, Gerritsen F, 1994: The Riddle of the Sands. A Tidal System's Answer to a Rising Sea Level, Report 94.040, National Institute for Coastal and Marine Management/ RIKZ, The Hague, NL/ Ministry of Transport, Public Works and Water Management, National Institute for Coastal and Marine Management/ RIKZ. 69 S.

[26] Dissanayake DMPK,Ranasinghe R, Roelvink JA, 2012: The morphological response of large tidal inlet/basin systems to relative sea level rise, Climatic change 113 (2): 253-276

[27] Jungblut C, Swart S, 2009: „Klimawandel: Plan B – Wie sich die Niederlande radikal auf die Erderwärmung vorbereiten und was sie andernorts bedeutet", in: GEO Magazin Nr. 12/2009: 84-99.

[28] Strassmann B, 2013: „Die Sintflut kann kommen", in: DIE ZEIT N° 03/2013, 18.01.

[29] Rabe S, Stokman A, 2014: Growing with the sea, Topos 87: 34-39.

[30] Stokman A, von Seggern H, Rabe S, 2009: Designing tidal landscapes, Topos 68: 88-93.

[31] Reise, K, 2014: Wann bewegt sich die Nordseeküste? Natur und Landschaft 89: 534-539.

[32] Fischer L, Reise K (Hrsg.), 2011: Küstenmentalität und Klimawandel, München/ Oekom 226 S.

[33] Ernst, A, 2008: Denn sie tun nicht was sie wissen: Verhalten und Klimaschutz, Symposium zur Eröffnung des Graduiertenzentrums für Umweltforschung und -lehre der Universität Kassel. Kassel, Germany.

# 5. Inseln und Wattenmeer

*Bei steigendem Meeresspiegel ist das reiche Sandvorkommen in der Nordsee ein Trumpf. Mit einer Kombination von Sandimporten vom Grund der Nordsee und mehr wandernden Dünen können die meisten Inseln und Watten gut an höhere Wasserstände angepasst werden. In den eingedeichten Inselmarschen und auf den Halligen sollten Überflutungen und höher gestellte Bebauung gefördert werden. Durch natürliche Aufschlickung könnte dann ein Anschluss an das steigende Meer gelingen.*

Insbesondere an flachen Meeresküsten sollte bei der Begrenzung der globalen Erwärmung mit gutem Beispiel vorangegangen werden (s. Kap. 3). Doch selbst bei bester Klimapolitik wird das Meer noch lange schneller steigen als bisher (s. Kap. 2). Die bereits erfolgte Verbrennung von fossilem Kohlenstoff hat einen Meeresspiegelanstieg angeschoben, mit dem die Bewohner der Nordseeküste auf mehrere Jahrhunderte werden zurechtkommen müssen. Was wäre die bessere Lösung: Sich mit immer höheren Bauwerken abzuschirmen oder zu versuchen, sich in eine verstärkte Dynamik der Küsten einzufügen? Die Antwort dürfte irgendwo dazwischen liegen.

Die Situation ist schwierig. Ein Nebeneinander von Widerstand und Einverständnis führt bei einer bewegten Küste unvermeidlich zu Verspannungen. Da sind auf der einen Seite die touristischen Zentren auf den Inseln. Sie erscheinen unverrückbar und ihr hoher Wert rechtfertigt hohe Ausgaben für einen weiteren Schutz gegen das ansteigende Meer. Auf der anderen Seite sind die Erholungsorte umgeben von einer amphibischen Naturlandschaft. Die Natur reagiert mit Veränderungen auf das steigende Meer.[1] Ein Kompromiss hieße, den dicht besiedelten Düneninseln etwas Bewegung zu empfehlen und die Veränderlichkeit des Wattenmeeres etwas zu dämpfen.

Beides stößt auf Widerstände. Immobilien auf den Inseln sind begehrte Geldanlagen mit hohen Renditeversprechen. Was wäre, wenn die Anlagen nicht mehr sicher sind, weil Dünen und Inseln in Bewegung geraten? Wäre das eine Katastrophe oder eine Chance für die Inseln? Sollen Halligufer wieder abbrechen und die Halligwarften versetzt werden? Das Wattenmeer erhielt das Prädikat eines UNESCO-Welterbes wegen seiner einzigartigen Natur. Würden der Naturdynamik Bandagen angelegt, verlöre dann das Wattenmeer seine Weltbedeutung oder ginge es vielmehr unter, wenn nichts getan würde? In diesem Kapitel wird erkundet, welche Chancen jenseits bloßer Abwehr des steigenden Meeres liegen könnten.

**Hartes Bollwerk Küste?**

Die deutsche Nordseeküste mit einem riesigen Bollwerk aus Stein, Stahl und Beton über die Düneninseln und quer über alle Flussmündungen zu sichern, wäre nur dann zu erwägen, wenn ein sprunghafter Meeresspiegelanstieg unmittelbar bevorstünde. Das ist nicht der Fall. Dennoch ist der Blick auf solch eine Option notwendig, weil sie die letzte Konsequenz einer reinen Abwehrstrategie wäre.

Verwirklicht wurde so ein Bollwerk im Rheindelta nach der verheerenden Sturmflut von 1953. Diese Region der Niederlande war vorher dem Wattenmeer ähnlich. Jetzt schützen Dämme und Sperrwerke entlang der Außenküste die gesamte Deltaregion vor Sturmfluten. Tideflüsse wurden zu Kanälen, zu Seen oder zu „gebremsten“ Tidebecken, die unter Sedimentmangel leiden. Die ökologische Qualität dieser künstlichen Gewässer bereitet Sorgen. Nach neuen Lösungen wird bereits gesucht.[2-4] Ein Vorschlag, seewärts vom Mündungsdelta neue Sandinseln aufzuspülen, ist unter dem Vorwurf der Gigantomanie wieder fallen gelassen worden.

Um das sinkende Venedig vor Sturmhochwassern aus der Adria zu schützen, werden Sperrwerke in die Passagen zur Lagune gebaut.[5,6] Noch sind sie nicht fertig, aber die Frage stellt sich bereits jetzt, was zu tun sei, wenn durch das steigende Meer die Lagune häufiger geschlossen als offen bliebe? Große Schiffe müssten draußen auf Reede liegen bleiben, drinnen röche es nach zunehmend fauligem Lagunenwasser und die Aquakulturen kämen zum Erliegen. Solche Sperrwerke sind immer mit Folgeproblemen verbunden und schwer an den steigenden Meeresspiegel anzupassen.

Für das Wattenmeer wurde einmal erwogen, Düneninseln durch Dämme und Sperrwerke miteinander zu verbinden, um das Watt dahinter landwirtschaftlich nutzen zu können.[7] Doch dann produzierte die Landwirtschaft in der EU ohnehin schon mehr, als sich noch mit Gewinn verkaufen ließ, und derartige Pläne wurden 1974 endgültig ad acta gelegt. Auch gegen den Meeresspiegelanstieg wäre so ein Bollwerk von Insel zu Insel keine sinnvolle Option, die Kluft zwischen höher steigendem Meeresspiegel und sinkendem Land würde nur noch weiter vergrößert. Auch läuft das gigantische Schutzwerk Gefahr, das zu Schützende erst recht zu ruinieren. Das Welterbe Wattenmeer wäre durch solch ein Bollwerk dahin und damit wohl auch die Attraktivität der Inseln für den Tourismus.

### Sand für die Nordseeküste

Gegenüber solch hartem Küstenschutz setzt sich an sandigen Küsten mehr und mehr ein Vorspülen von Sand als weicher Küstenschutz durch.[8-11] Hauptgrund dafür ist der „Sandhunger", den ein ansteigendes Meer im Uferbereich auslöst.[12] Um die Bewegungsenergie des Wassers möglichst gleichmäßig zu verteilen, entstehen unter natürlichen Verhältnissen flach ansteigende Ufer, vorausgesetzt, hinreichend Sand kann dafür von den Wellen mobilisiert werden. Wo das nicht der Fall ist, kann Sand vom Meeresgrund weit vor der Küste mit Baggerschiff oder Pipeline zu Uferbereichen mit Sandhunger befördert werden (s. Kap. 4, Bild 4.8).

Im Nebeneffekt bleiben die für den Tourismus wichtigen, breiten Sandstrände erhalten (Bild 5.1). Steile, erodierende Strände können mit aufgespültem Sand vorübergehend flacher gestaltet werden.

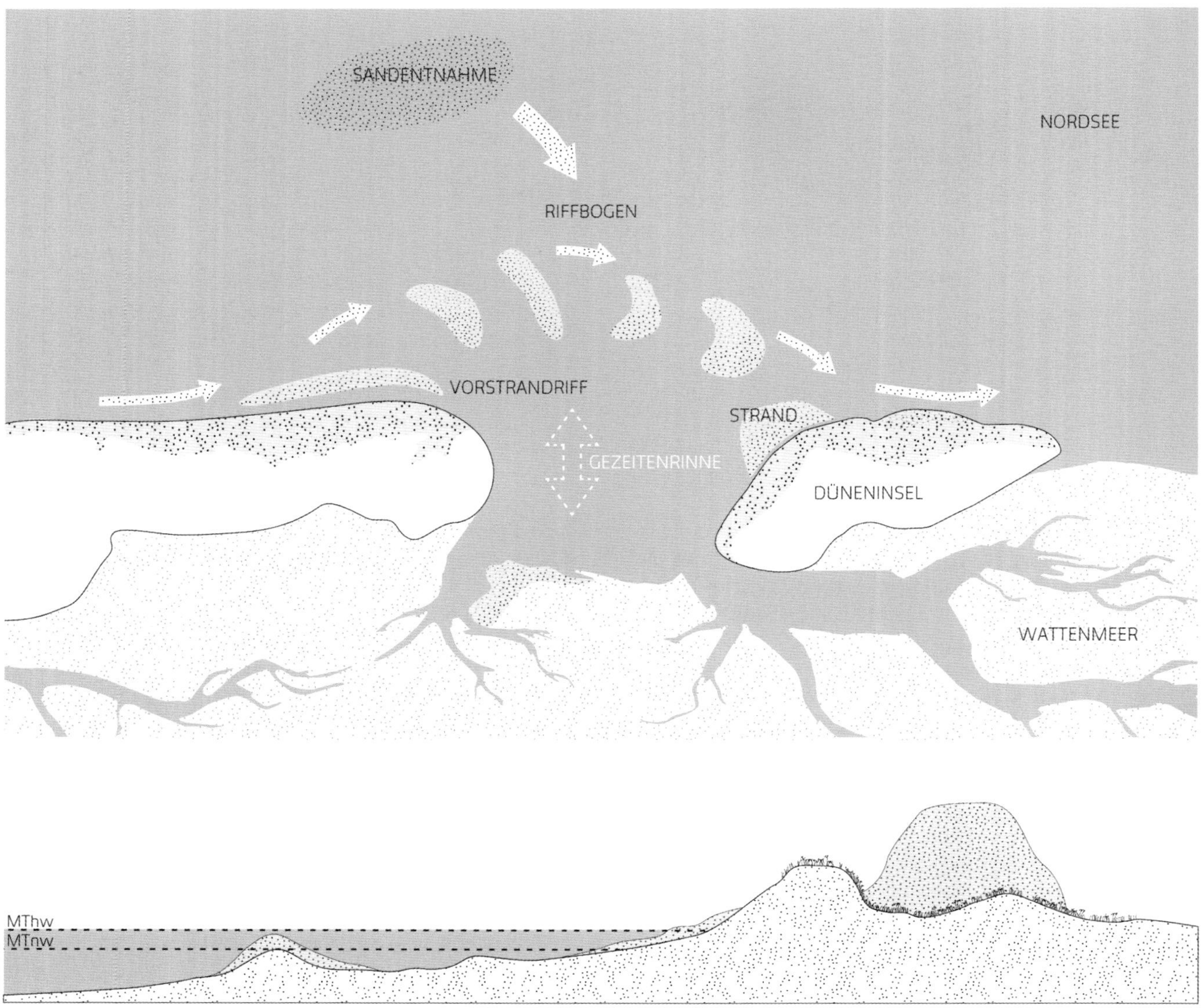


**5.1: Gezeitenrinne (Seegatt) mit Riffbogen aus wandernden Sandbänken (Ebbdelta) zwischen zwei Düneninseln. Schmale Pfeile zeigen natürliche Driftrichtungen an. Bei unzureichender Sanddrift aus der Nordsee relativ zum Anstieg des Meeresspiegels können der Riffbogen verstärkt sowie Vorstrandriff, Strand oder Dünen künstlich mit Sand aufgespült werden (unten).**

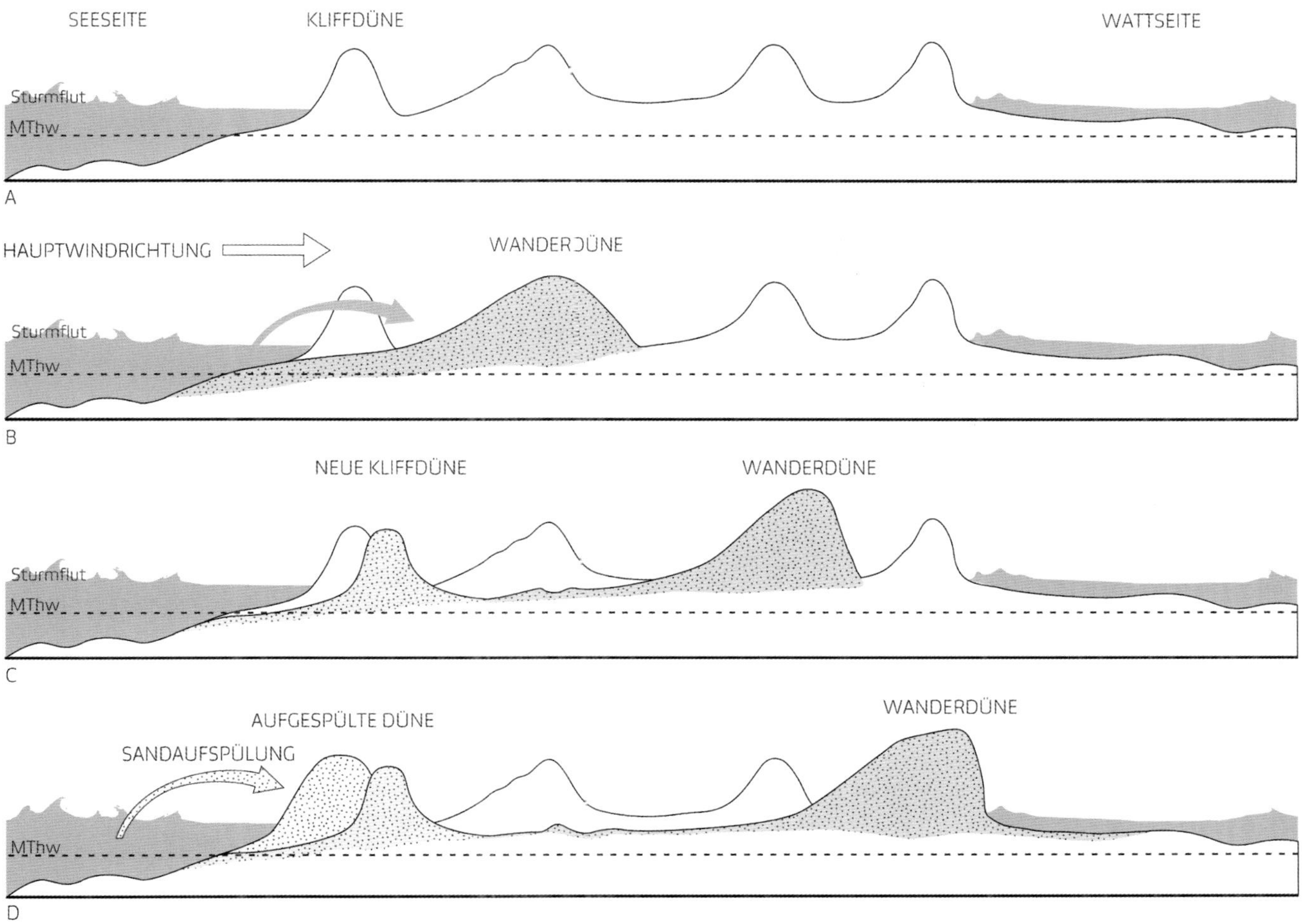


**5.2: Profilschema einer Düneninsel mit erodierender Seeseite (A) und nach Durchbruch einer Sturmflut mit entstehender Wanderdüne (B) und neuer Kliffdüne (C). Durch Sandaufspülung kann eine Dünenwanderung neu entfacht werden (D).**

Vor dem Strand können natürliche Sandriffe verstärkt werden und hinter dem Strand die Dünen. In jedem Fall wird ein Zurückweichen der Küste gebremst oder gestoppt. Möglich sind häufig wiederholte Sandaufspülungen wie für die erodierende Insel Sylt[10] oder eine große Sandmenge zur Weiterverteilung durch die Strömung wie nahe Den Haag in den Niederlanden [13]

Das Sandvorkommen am Grund der Nordsee ist riesig im Verhältnis zum möglichen Bedarf für die Küste (s. Kap. 1). Das könnte dazu verleiten, mit diesem Sand einer Küstenphantasie freien Lauf zu lassen wie bei den künstlichen Inselwelten vor Dubai im Persischen Golf. Doch sowohl im Gebiet der Sandentnahme als auch im Zielgebiet entstehen Veränderungen mit Folgen, die sorgfältig zu planen, zu erproben und zu beobachten sind, um ungewollte Effekte kleinzuhalten.

In der Praxis wird der Sand einige Kilometer vor den Inseln vom Grund der Nordsee in den Laderaum von Spülschiffen gesaugt (Foto S. 91). Dies geschieht möglichst erst ab einer Tiefe von etwa 15 Metern, um den Sandsockel der Inseln nicht anzugreifen. Der angesaugte Sand wird entweder im flachen Ebbstromdelta, im tiefen Seegatt oder vor Stränden abgeladen oder aber über Rohrleitungen auf dem Strand verteilt (Fotos S. 26 und 90).

Üblich sind auch Umverteilungen des Sandes von Strandbereichen mit natürlichem Sandzuwachs zu solchen Stränden mit Sandverlusten.[14] Das ist zwar naheliegend, stillt aber insgesamt nicht den Sandhunger, den eine Küste bei steigendem Meeresspiegel entwickelt, um mit dem Meer wachsen zu können. Das Umverteilen von Sand auf einer Insel wirkt langfristig wahrscheinlich beschleunigend auf die Sanddynamik und stellt daher keine Vorsorge dar (Foto S. 29).

## Dünen, Strand und wandernde Inseln

Die Düneninseln der Nordseeküste sind aus Sandbänken hervorgegangen. Wo der Sand trocken liegt, verweht er und kann im Windschatten von Strandgräsern liegen bleiben. Anders als in Wüsten bleibt an der regenreichen Nordseeküste der Sand nie lange trocken. Deshalb können Pflanzen in ihm gut wurzeln. In deren Windschatten bleibt weiterer

5.3 Durch Bewuchs stabilisierte Dünen gelten zwar als Schutz für die Inseln, werden aber vorwiegend zur Bebauung genutzt (links). Wo eine Wanderdüne an die Straße kommt, sollte sie nicht mehr durch Bepflanzen gestoppt, sondern für den Verkehr ein Tunnel errichtet werden (rechts). Die Düne trägt dann ihren Sand weiter zum Watt und steuert so zum Erhalt der Insel bei.

Sand liegen, durch den Dünengras hindurchwächst. Die Düne wird immer höher. So entstehen auf Sandbänken Gruppen von Dünen, die später zu ganzen Inseln zusammenwachsen. Die ersten Sandinseln der Nordseeküste entstanden, als der schnelle nacheiszeitliche Meeresspiegelanstieg merklich langsamer wurde (s. Kap. 1). Sturmfluten verformten die Inseln, durchbrachen Dünenwälle, aber die Meereswellen brachten auch immer wieder neuen Sand. Dieser Vorgang hält bis heute an. Die meisten dieser Düneninseln überlebten die Jahrtausende ganz ohne Küstenschutz. Allerdings blieben sie nicht ortsfest, sondern wanderten (s. Kap. 4, Bild 4.1).

Die Höhe der Dünen nimmt mit dem verfügbaren Sand und der Stärke des Windes zu.[15-17] Bei geringer Höhe gelingt es den Dünenpflanzen, durch dichten Bewuchs den Sand ganz festzuhalten. Dringt aber bei einer Sturmflut Meerwasser in eine Düne, dann stirbt dort die Vegetation ab, und die Düne wird mobil und wandert mit dem Wind (Bild 5.2). Dabei kann sie bereits bewachsene Dünen auf ihrem Weg übersanden und mitnehmen. Durch solche Fusionen wird eine wandernde Düne immer höher, die Kraft des Windes am Gipfel nimmt zu und den Dünengräsern gelingt es immer weniger, den Sand festzuhalten. So entstehen große Wanderdünen, die von den vorherrschend westlichen Winden an der Nordseeküste nach Osten getrieben werden, meist um ein paar Schritte pro Jahr.

Durch ihren Sandtransport vom exponierten Brandungsstrand zur ruhigen Wattseite einer Insel trugen wandernde Dünen zum Erhalt der Inseln bei (Bild 5.2). Die Inselbewohner aber fürchteten die Wanderdünen, denn ihre Siedlungen und fruchtbaren Marschwiesen gerieten unter Sand. Deswegen wurden die Dünen in der Regel mit Dünengras bepflanzt und kamen zum Stehen. Es ist nicht bekannt, wie verbreitet solche Wanderdünen auf den Nordseeinseln einmal waren.

Auf Sylt gab es Wanderdünen von der Nord- bis zur Südspitze (Foto S. 92). Im 19. Jahrhundert begann ein regelrechter Feldzug gegen die wandernden Dünen. Pflanzkolonnen mussten Buschzäune als Windschutz errichten und dazwischen Ableger vom Dünengras in den Sand stecken. So wurden die meisten Wanderdünen besiegt. Nur drei von ihnen dürfen sich heute noch frei auf der Insel bewegen.

Neue Wanderdünen entstehen heute nicht mehr, weil kahle Sandstellen umgehend bepflanzt werden. Ökologisch sind deswegen viele Dünengebiete überaltert. Es fehlt an offenen Sandstellen und Bewegung in den Dünen für den Erhalt ihrer offenen Vegetation. Dadurch verbuschen sie oft bis hin zur Bewaldung.

Vielleicht ginge das aber auch anders. Dazu ein Beispiel (Bild 5.3): Eine der drei Sylter Wanderdünen hat sich bereits einer Straße genähert. Dort könnte für den Verkehr ein Tunnel errichtet werden, über den die Düne hinweg wandern kann. Noch nie wurde ein Tunnel gebaut, bevor der Berg kam. Bei einem durchsichtigen Tunnel könnte die Fahrt durch eine wandernde Düne zudem zur Inselattraktion

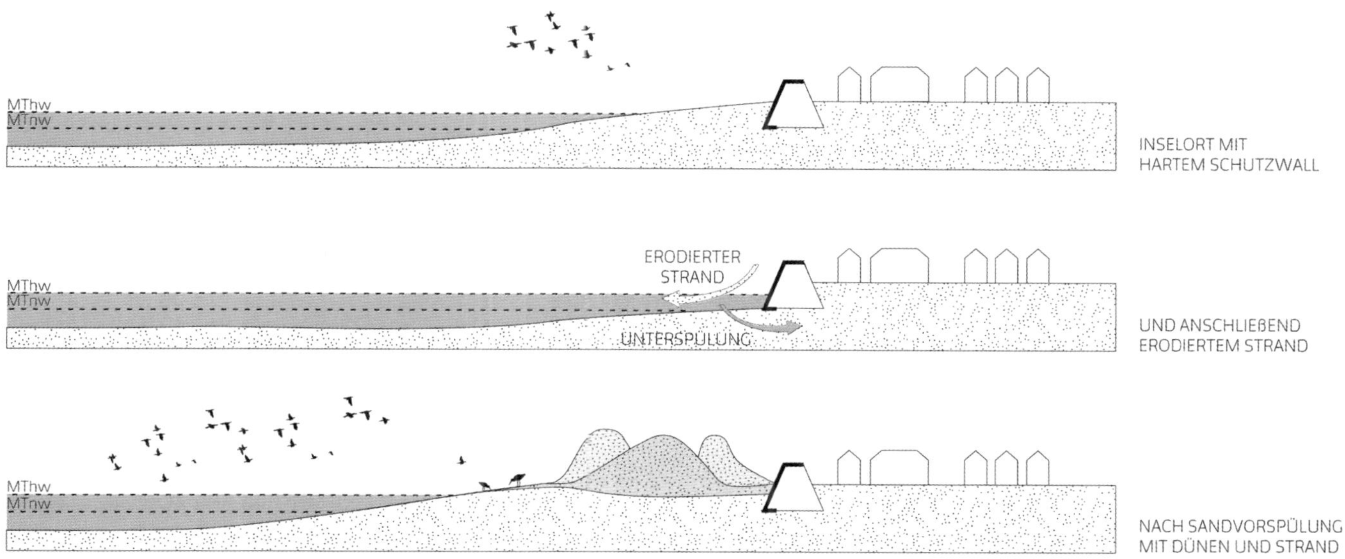


**5.4: Harter Inselschutz (oben) beschleunigt Strandabtrag (Mitte). Darauf wird mit verstärktem Bollwerk und Buhnen reagiert. Stattdessen könnten Strand und Dünen vorgespült werden (unten), um den Sandhunger des Meeresspiegelanstiegs zu füttern und der Insel ihr natürliches Gesicht zurückzugeben.**

werden. Der Tunnel ist außerdem sinnvoll, weil in Wanderrichtung der Wattstrand unter Sandmangel leidet, den die Düne beheben könnte. Dieses Beispiel wirft die Frage auf, ob nicht an vielen Stellen auf den Inseln ehemalige Wanderdünen eine zweite Chance bekommen sollten.

Inselwanderungen zu akzeptieren und die Bebauung daran zu orientieren, wäre die einfachste und wohl auch effektivste Lösung, sich dem steigenden Meeresspiegel auf den Düneninseln anzupassen. Das klingt zunächst völlig abwegig, aber meist geht es nur um Ufer- und Dünenbewegungen von wenigen Metern im Jahr. Sich daran planerisch und im Baustil anzupassen, sollte prinzipiell möglich sein und gäbe den Inseln eine fundamentale Eigenheit zurück.

Die Errichtung von Uferbefestigungen begann auf den Inseln meist erst mit der Bebauung strandnaher Dünen für den Tourismus. Einfache Mauern wurden zu immer gewaltigeren Bollwerken aus Stein und Beton. Diese uferparallelen Konstruktionen wurden immer länger und durch senkrecht dazu verlaufende Buhnen ergänzt. Sie erfüllen zwar ihren schützenden Zweck, aber um den Preis ihrer fortlaufenden Verstärkung. Zusätzlich gehen die davorliegenden Badestrände verloren. Die von Stürmen aufgepeitschten Wellen prallen gegen diese Bollwerke und nehmen bei ihrem Rücklauf mehr Sand weg, als sie vorher gebracht haben. So musste der Ausbau zu mondänen Promenaden über den Strandverlust hinwegtrösten.

Solch ein Strandverlust wird mittlerweile oft mit aufgespültem Sand kompensiert (Foto S. 26). Wo das Ufer nicht zu steil abfällt, könnten auch neue Dünen aufgespült werden, breit genug, um als Sandpolster lange vorzuhalten (Bild 5.4). Dünen hinter erodierendem Strand haben den Vorteil, mit der Zeit durch Wind höher zu wachsen. Damit wären sie auch eine gute Vorsorge gegen den beschleunigten Meeresspiegelanstieg. Bei Bedarf können sie mit frischem Sand erneuert werden und zugleich Sand für umgebende Strände und Watten liefern. Möglich wäre dies zum Beispiel für Wangerooge.

### Sandbedarf im Wattenmeer

Auf den Riffbögen und an den Stränden tanzen Sandkörner wild im Wellenschlag (Bild 5.1). Auf den im Schutz der Inseln und hohen Sände liegenden Watten bewegen sie sich eher gemächlich und setzen sich schließlich ganz zur Ruhe. Steigt der Meeresspiegel, beschleunigt sich der Sandtransport durch das Seegatt. Modellrechnungen lassen vermuten, dass der Flutstrom stärker wird und Sand vom Riffbogen bis zu den Watten mitnimmt.[18,19] Wird im Riffbogen am Ende die Sandmenge knapp, dann erhalten die Watten nicht ausreichend Sand, um synchron mit dem Meeresspiegelanstieg hochzuwachsen. Schließlich würden die Watten bei Ebbe immer kürzer auftauchen und das Wattenmeer würde letztendlich zu einer flachen Lagune mit steilen Ufern und ohne Watt.

Je schneller der Meeresspiegel steigt, umso früher könnte sich ein solcher Wattflächenverlust zeigen.[20] Dieser Prozess hängt aber auch von davon ab, wie viel Sand der Riffbogen vom Grund der Nordsee oder von den Inselstränden erhält. Obwohl zum Beispiel auf den Sylter Strand seit 1984 jährlich rund 1 Million Kubikmeter Sand zum Ausgleich von Erosionsverlusten gespült wird, nimmt insbesondere im nördlichen Tidebecken die Wattfläche weiterhin ab. Der Südstrand der Nachbarinsel Rømø hingegen

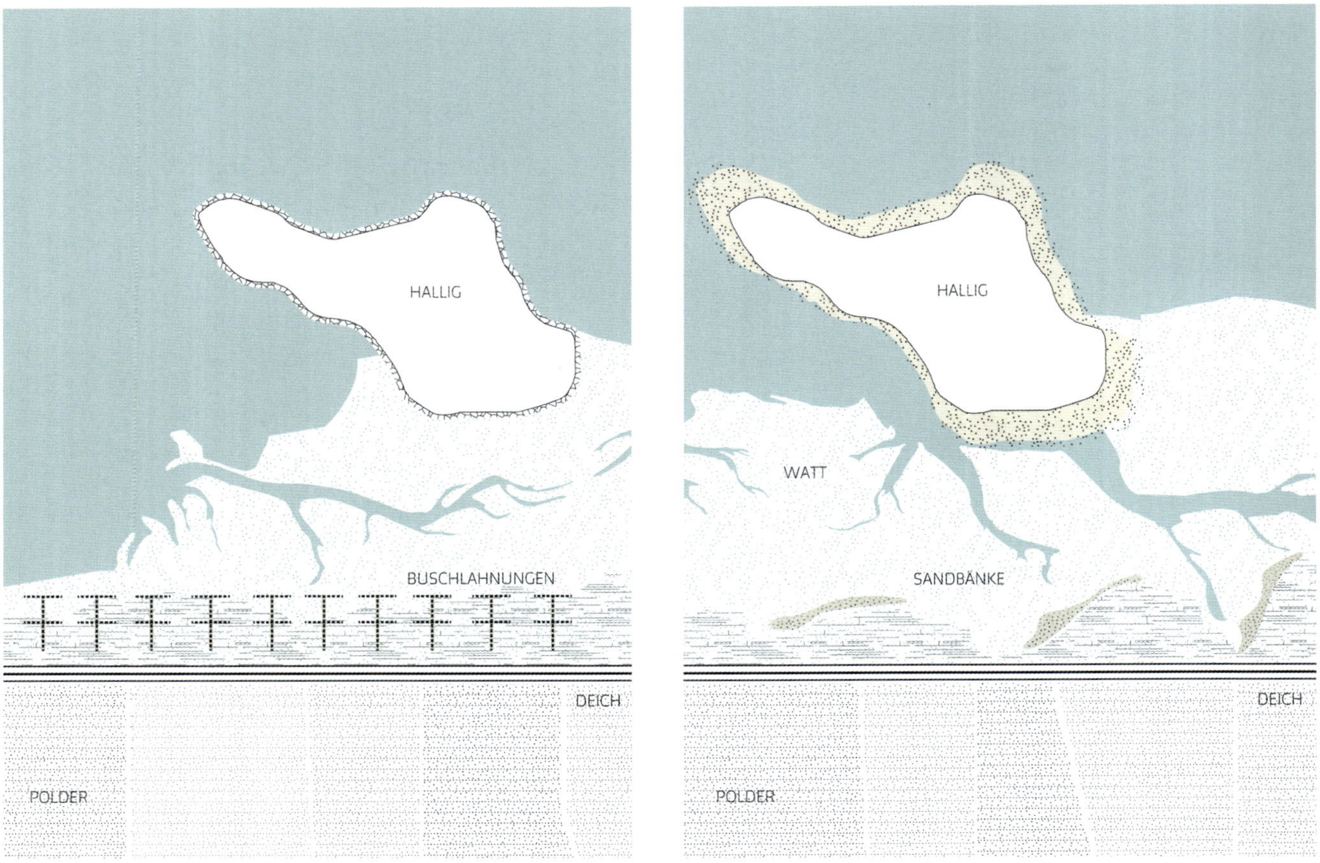


**5.5: Links eine Hallig mit Steindeckwerk als Ufer und Deichvorland mit Buschlahnungen. Rechts eine Hallig mit Sandaufspülung zur Kantensicherung und Deichvorland mit künstlichen Sandnehrungen oder Sandbänken zur Förderung einer Salzwiesenentwicklung.**

wächst auf.[21, 22] Wo die im Strom der Gezeiten und im Wirbel der Wellen tanzenden Sandkörner letztlich zur Ruhe kommen, ist noch unzureichend erforscht. Generell wird vermutet, dass ein steigender Meeresspiegel zu stärkeren Sandbewegungen führt und sich in großen Tidebecken ein Sandmangel früher zeigen könnte als in kleinen.

Diese Entwicklung führt zu einer Kooperation zwischen Küstenschutz und Naturschutz im Wattenmeer.[11] Mit den Wattflächen ginge ein wichtiger Wellendämpfer bei Sturmfluten verloren, und Wellen würden mit erheblich mehr Wucht gegen die Deiche des Festlandes schlagen. Mit rückläufiger Wattfläche ginge zudem auch den Vogelschwärmen die Nahrung aus. Dem Welterbe Wattenmeer würde das Watt fehlen. Da liegt es im gemeinsamen Interesse von Küsten- und Naturschutz, rechtzeitig mit künstlicher Sandzufuhr aus der Nordsee einem großflächigen Wattverlust entgegenzuwirken.

Verklappung von Sand auf dem Riffbogen oder im Seegatt und Strandaufspülungen würden durch die natürliche Weiterverbreitung des Sandes auch das Mitwachsen der Watten bei steigendem Meeresspiegel fördern (s. Kap. 4, Bild 4.8 und Bild 5.1). Wegen örtlicher Besonderheiten gibt es für diese Versorgung mit Sand vermutlich keine universelle Lösung. Denkbar ist auch eine Verklappung von Sand auf den flachen Sandbänken des Flutstromdeltas (s. Kap. 4, Bild 4.8). Dort bekommen die Seehunde ihre Jungen und für Vögel sind sie wichtige Rastplätze, aber empfindliche Bodenfauna ist dort rar. Die Watten auf der Rückseite dieser Sandbänke würden in deren Schutz besser in die Höhe wachsen können.

Die meisten Watten bestehen aus einem Gemisch aus Sand und Schlick, wobei der schwerere Sand die Matrix bildet, in die sich die leichteren Schlickpartikel einfügen. Dieses Gefüge wird durch Wattorganismen weiter verändert.[23] Mikroalgen wachsen auf Sandkörnern oder sie kriechen zur Bodenoberfläche. Dabei legen sie Schleimspuren und geben so dem Sand-Schlick-Gemisch mehr Halt. Sie können sogar einen dichten Film bilden, der den Wattboden noch weiter stabilisiert. Auch Seegräser und Muscheln erhöhen den Schlickanteil im Wattboden. Würmer stabilisieren den Schlicksand zusätzlich mit Wohnröhren, andere lockern den Wattboden wie-

5.6: Landgewinnung vor einem Deich durch Buschlahnungen im Watt und parallele Gräben im Deichvorland (Grüppen). Schafe weiden am Deich und im Vorland (links). Im Norden der Insel Föhr sind natürliche Sandbänke vom Watt zum Ufer gewandert. Dadurch haben sich Salzwiesen mit Prielen entwickeln können (rechts).

der auf. Es wäre eine erhebliche Störung, auf einen solch lebenden Wattboden dick Sand aufzuschichten, wie es bei Inselstränden ohne größeren Schaden möglich ist. Schonender wäre stattdessen eine indirekte Sandversorgung durch Verklappen in den Rinnen und auf Sandbänken.

Aus der Nordsee importierter Sand könnte die Situation auch dort verbessern, wo von Wellen angegriffene Ufer mit Buschlahnungen, Buhnen oder Deckwerken aus Stein geschützt werden (Bild 5.5). Diese künstlichen Strukturen erfüllen zwar in der Regel ihren Zweck, verändern aber erheblich das natürliche Landschaftsbild. Künstliche Sandaufspülungen würden den natürlichen Verhältnissen eher entsprechen und gleichzeitig bei steigendem Meeresspiegel ein Mitwachsen fördern. Buschlahnungen und Buhnen können zwar auch eine Watterhöhung herbeiführen, aber dabei handelt es sich in der Regel nur um eine kleinräumige Umverteilung von Sedimenten. Was an Sediment dort zur Ruhe kommt, entstammt der Nachbarschaft, die sich dadurch entsprechend vertieft. Wird dagegen Sand vom Grund der Nordsee per Schiff und Spülrohr bis zur Uferzone transportiert, brächte dies einen Substanzgewinn für das gesamte Tidebecken.

Ein wesentlicher Vorteil künstlich aufgespülter Strandufer, Sandnehrungen oder Sandbänke ist, dass bei falscher Einschätzung von örtlicher Strömung und Seegang der Sand wieder verschwindet, ohne Bauruinen zu hinterlassen. Der Sand würde dennoch dem Tidebecken erhalten bleiben und an anderer Stelle zur Ruhe kommen. Während durch Steinschüttungen, Buschlahnungen und Grüppen ein sehr unnatürliches Ufer entsteht (Bild 5.6 links), könnten mit vorgespülten Sandnehrungen und Sandbänken natürliche Verlandungsprozesse (Bild 5.6 rechts) besser nachgebildet werden.

### Schlickwatt und Salzwiesen

Wattböden bestehen aus Quarzkörnchen, dem Sand, und aus meist flockigen, vormaligen Schwebeteilchen mit vielen organischen Anteilen. Sackt der Fuß über den Knöchel in klebrigen Schlamm, dann handelt es sich um Schlickwatt. Dort überwiegen organische Flocken und feine Tonteilchen. Beides kommt aus den Flüssen und vom Grund der Nordsee. Viel organisches Material entstammt auch der Planktonproduktion oder ist Eigenproduktion der Wattböden.

Kommen Schwebstoffe bei geringer Wasserbewegung mit dem Wattboden in Berührung, bleiben sie hängen und werden von dort lebenden Organismen eingeschleimt. Damit die Teilchen erneut fortschweben können, braucht der Ebbstrom eine höhere Fließgeschwindigkeit als der vorhergehende Flutstrom bei der Sedimentation. Erst nachdem der Ebbstrom eine gewisse Mindestgeschwindigkeit erreicht hat, reißt er die Schwebstoffe wieder mit sich. Darum beginnt das Verdriften von Material mit dem Ebbstrom verzögert und entsprechend fällt der Driftweg im Ebbstrom kürzer aus als der vorherige

**Exkurs: Amphibische Fähren**

Das flache Wattenmeer mit seinen veränderlichen Prielen ist der Schifffahrt ein Gräuel. Enge Vertrautheit und gute Kennzeichnung der Fahrwasser sind unverzichtbare Voraussetzung, um größere Schiffe wie die Fähren zu den Inseln zu navigieren. Um Fahrpläne auch bei Niedrigwasser einhalten zu können, wurden oft die Fahrrinnen vertieft. Das gilt insbesondere für Hafeneinfahrten, denn dort sind die Priele nur selten von Natur aus tief genug für große Schiffe.

Um Hafenzufahrten zu stabilisieren, wurden häufig lange Leitdämme aus Stein und Spundwänden angelegt wie zum Beispiel vor Bensersiel (Foto S. 26). Von Kaimauern umgebene Hafenbecken haben die Tendenz zu verschlicken und müssen immer wieder neu ausgebaggert werden. So ziehen die Fähren zu den Inseln und die Ausflugsfahrten durch das Wattenmeer umfangreiche Störungen im Naturraum nach sich. Mit steigendem Meeresspiegel wird die Situation nicht einfacher, denn die Sedimentdynamik im Wattenmeer nimmt dann weiter zu.

Die in der Elbmündung liegende Insel Neuwerk kann von der Elbe aus bei hohem Wasserstand mit einer Fähre besucht oder bei niedrigem Wasserstand zu Fuß oder mit Pferdekutschen durch das Watt erreicht werden. Andere Inseln sind wegen quer verlaufender tiefer Rinnen nicht ohne Schiff erreichbar.

Eine Alternative zu den Fähren könnten seetüchtige Amphibienfahrzeuge sein. Sie bräuchten keine vertieften Fahrrinnen und statt eines Hafens, würden sie nur eine feste Rampe benötigen. Wenn solche amphibischen Fahrzeuge mit regenerativer Energie betrieben würden (s. Kap. 3), könnten sie zu einem speziell an eine Gezeitenküste angepassten Standardmodell für den Fähr- und Ausflugsbetrieb im Wattenmeer werden. Auf den Sandwatten in der Bucht vom Mont-Saint-Michel sind Amphibienbusse unterwegs und in Rotterdam durchquert ein solcher Bus sogar den Schifffahrtsweg.

im Flutstrom (Bild 5.7). Die längeren Flutstrecken bewirken so mit jeder Tide einen Nettotransport hin zum landnahen Flachwasser.[24] Hinzu kommt noch, dass oft die Flut etwas schneller einströmt, als der Ebbstrom ausströmt.

Sind Watten in geschützter Lage bis nahe ans Tidehochwasser aufgewachsen, entstehen darauf Salzwiesen.[25-27] Ihre dichte Vegetation mit aufrecht wachsenden Landpflanzen bindet bei Überflutung dort abgelagerte Sedimente. Salzwiesen können deshalb gut mit einem ansteigenden Meeresspiegel wachsen, besser als die meisten Watten. Bei schneller steigendem Meer ist ihre Schwachstelle daher weniger das Höhenwachstum, sondern mehr der Übergang zum Watt (Fotos S. 112 und 120). Bleibt wegen zu starker Wasserbewegung ein Mitwachsen im Watt aus oder ist nur sehr langsam möglich, entsteht am Übergang zwischen Salzwiese und Watt eine Abbruchkante (Bild 5.7). Dort wird dann die Salzwiesenzone zwar schmaler, wächst aber weiter bei jeder Überflutung in die Höhe.

Die Flächenanteile von Schlickwatt und Salzwiesen sind durch die frühere Landgewinnung im Wattenmeer unterrepräsentiert (s. Kap. 1, Bild 1.11). Wahrscheinlich werden sie durch schnelleren Meeresspiegelanstieg in ihrer Flächenausdehnung noch weiter abnehmen. Das Schlickwatt verliert bei höherem Wasserstand durch die stärkere Wasserbewegung, und die Salzwiese verliert durch Kantenerosion. Um dem entgegen zu wirken, wäre es sinnvoll, durch aufgespülte Sandbänke und Sandnehrungen einigen Watten mehr Profil zu geben, damit sich im geschützten Leebereich Schlick ansammeln und neue Salzwiesen entstehen können (Bild 5.5).

Das läuft der Absicht zuwider, im Nationalpark Wattenmeer die Naturvorgänge frei laufen zu lassen. Da aber heute der globale Meeresspiegelanstieg kein rein natürlicher Vorgang mehr ist, und ebenso wenig die feste Deichlinie, kann abgewogen werden, wann und wo doch lenkend eingegriffen werden sollte. Da zumindest Spuren menschlicher Aktivitäten inzwischen auf unserem Planeten allgegenwärtig sind, kann man auch nicht mehr scharf zwischen natürlichen und vom Menschen geprägten Vorgängen trennen.

### Inselmarschen und Halligen

In den vergangenen Jahrzehnten hat sich die Wirtschaftsstruktur auf den Inseln grundlegend gewandelt. Es gibt mehr Tourismus und weniger Landwirtschaft. Entsprechend wurde viel Land für touristischen Bedarf bebaut und damit der Landschaft entzogen. Die verbliebene Landwirtschaft

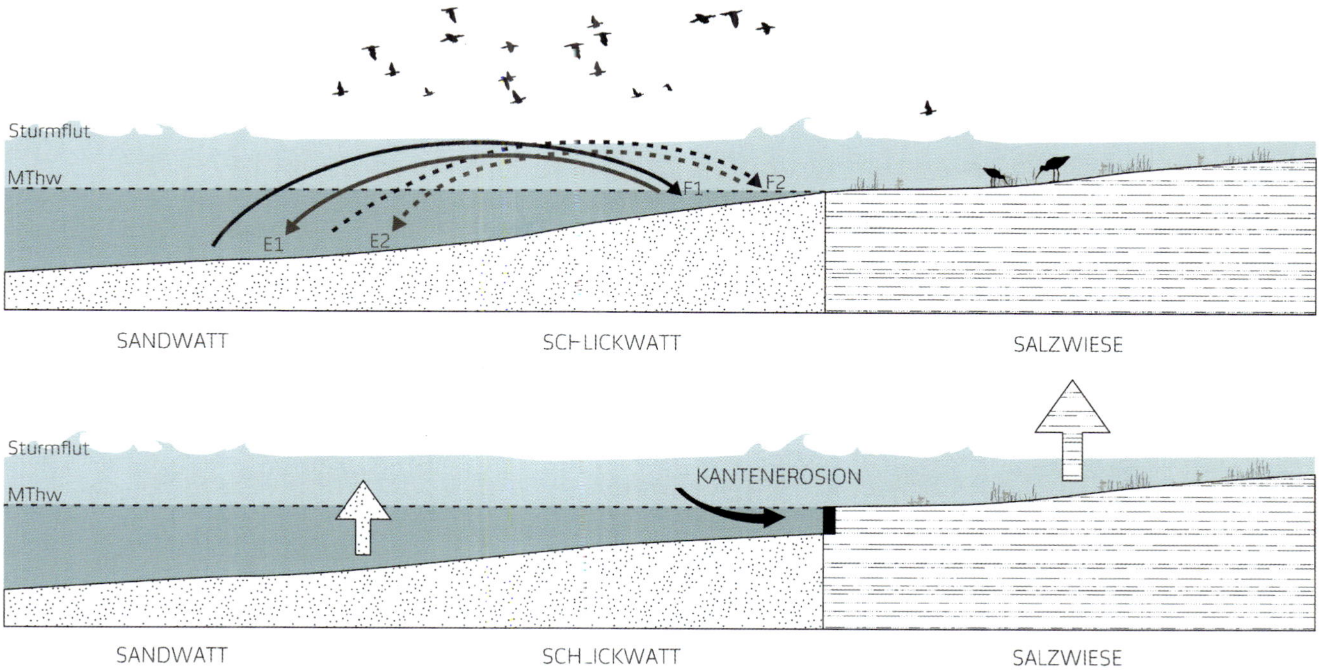


**5.7: Zum Flachwasser gerichteter Schwebstofftransport bewirkt durch längere Flutstrecken (F1, F2) als Ebbstrecken (E1, E2) schlickiges Watt in Ufernähe (oben). In der Salzwiese abgesetzte Schwebstoffe bleiben dort meist für immer liegen. Ist die Aufschlickung im Watt geringer als in der Salzwiese, verursachen Wellen eine Abbruchkante und die Salzwiese wird schmäler (unten).**

konzentrierte sich vorwiegend auf extensiv bewirtschaftetes Grünland. Jetzt bietet es sich an, den Verlust an Naturlandschaft wieder auszugleichen, indem die nur im Sommer genutzten, aber eingedeichten Grasländer im Winter tideabhängig durch weite Deichsiele vom Wattenmeer her geflutet werden (Bild 5.8).

Durch diese Winterflutungen können sich in der Marsch Sinkstoffe absetzen und so den Boden erhöhen. Das wäre eine Anpassung an den steigenden Meeresspiegel und könnte gleichzeitig eine zusätzliche Attraktion für die Inseln im Wettbewerb mit anderen Urlaubszielen werden. Damit kein Hochwasser in die Siedlungen dringt, können diese mit einem breiten Dünenwall gesichert werden (Bild 4.8). Wo im Polder einzelne Häuser zu ebener Erde stehen, könnten sie auf neu angelegte Wurten/Warften versetzt, zu Pfahlbauten oder zu Schwimmhäusern umgebaut werden. Im Sommer würde sich im Tidepolder eine blütenreiche Salzwiese entfalten können und im Winter würden Ebbe und Flut das Landschaftsbild prägen.

Eine Besonderheit an der Nordseeküste ist die nordfriesische Marschinsel Pellworm (Bild 5.9). Sie hat keine Dünen, denn sie ist ein eingedeichter Rest eines im Mittelalter noch ausgedehnten Marsch- und Moorlandes. Diese Insel ist weitgehend landwirtschaftlich geprägt (Foto S. 99). Viele Häuser stehen auf alten Deichen, andere auf eigenen Warften. Bei steigendem Meeresspiegel gerät Pellworm in eine prekäre Situation. Die Marschböden liegen heute schon deutlich unter mittlerem Tidehochwasser. Bricht bei

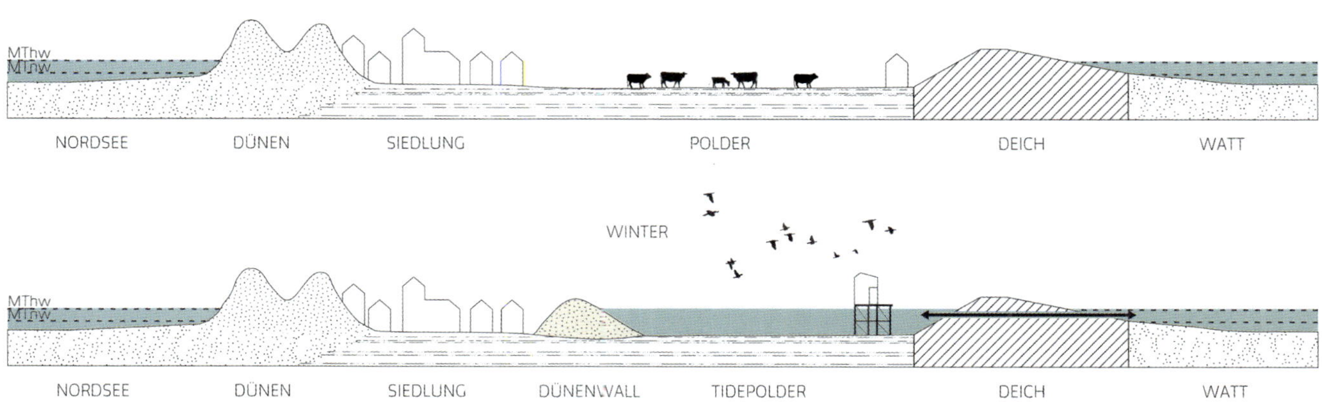


**5.8: Düneninsel mit Marschpolder: Oben die heutige Situation, unten ein Vorschlag zur tideabhängigen Flutung im Winter. Die Siedlung müsste dann durch einen Dünenwall vor Hochwasser im Polder geschützt werden. Der Doppelpfeil zeigt den Wasseraustausch mit den Gezeiten durch breite Siele im Deich.**

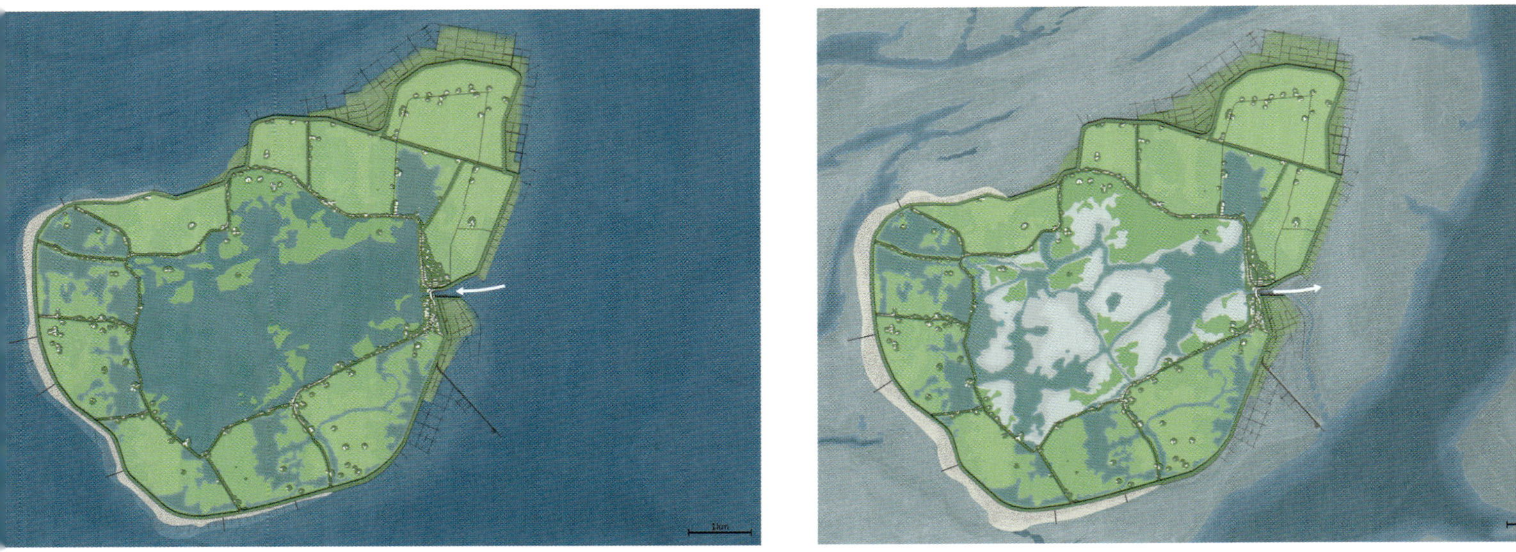

**5.9: Pellworm bei Hoch- und Niedrigwasser, wenn die tiefe Inselmitte (2 Meter unter Tidehochwasser) über das Hafensiel (Pfeil) den Gezeiten geöffnet würde und sich zusätzlich in einigen Randpoldern Regenwasser ansammelt. Mit Pfahl- und Schwimmhäusern sowie aufgespülten Badestränden könnte Pellworm zum touristischen Wasserparadies werden. Gleichzeitig würde die Insel mit dem Meeresspiegel wachsen können (nach [28], ergänzt).**

Sturmflut der Außendeich, füllt sich die Insel wie ein Trog und die Häuser sind schnell überflutet.

Um auf Pellworm nicht allein vom Außendeich abhängig zu sein, sollten nach und nach die Warften und alten Deiche erhöht und die Häuser ebenfalls höher gesetzt werden. Ein gut erreichbarer Fluchtpunkt, wie die Insel Neuwerk ihn besitzt (Foto S. 27), sollte ebenfalls errichtet werden. Der mittlere Teil der Insel könnte über ein Hafensiel mit den Gezeiten im Wattenmeer verbunden werden[28] (Bild 5.9). So würde ein Binnenwatt entstehen, das mit dem Meeresspiegel mitwachsen kann. Aus dem tiefsten Bereich der Insel könnte so im Verlauf von Jahrzehnten der höchste werden. Ein Verlust an landwirtschaftlicher Fläche könnte durch schwimmende Ferienappartements kompensiert werden. Wo Pellworm ein Deichvorland fehlt, könnten Sandaufspülungen das Schutzniveau erhöhen. Dabei entstehen zugleich Badestrände. Dieses Konzept könnte Pellworm einen physischen und zugleich wirtschaftlichen Auftrieb ermöglichen.

Die Halligen sind Marschinseln ohne hohe Deiche (Foto S. 100). Im Wattenmeer Nordfrieslands sind sechs davon dauerhaft bewohnt (zusammen 20 Quadratkilometer mit etwa 300 Einwohnern verteilt auf 32 Warften[29]). Die Marschflächen liegen weniger als einen halben Meter über mittlerem Tidehochwasser und geraten bei Sturmfluten mehrmals im Jahr unter Wasser. Die erodierenden Halligkanten wurden auf staatliche Initiative Ende des 19. Jahrhunderts weitgehend befestigt, und die größeren Halligen erhielten kurz nach 1900 einen 1 bis 1,5 Meter hohen Sommerdeich. Alle Häuser stehen auf Warften, die nach der Sturmflut von 1962 zum Teil noch einen aufgesetzten Ringdeich erhielten, so dass die Häuser heute mehr oder weniger in einer Wanne stehen (Foto S. 120). Die Sturmflut „Xaver" vom Dezember 2013 erreichte beinahe die Höhe der Ringdeiche von 4 bis 4,5 Meter über NHN.

Die Halligen sind zum Teil Reste eines besiedelten Marschgebietes, das zu einem Großteil durch die Sturmflut von 1362 versank und in der Sturmflut von 1634 noch einmal schwere Verluste erlitt. Bei Niedrigwasser tauchen im Watt noch oft Siedlungsreste auf.

Strukturell sind die Halligen mit ihren Warften Relikt einer früher weit verbreiteten Siedlungsweise an der Nordseeküste, bevor hohe Deiche zum Schutz der Marschsiedlungen gebaut wurden. Heute aber könnten sie auch als Vorreiter für künftiges Siedeln in den Nordseemarschen betrachtet werden, weil bei jedem Landunter auf dem Halligland Sediment zurückbleibt, das ein Mitwachsen mit dem Meeresspiegelanstieg ermöglichen sollte. Daher wird hier genauer auf die Halligen eingegangen.

Analysierte Sedimentkerne von den Halligen Hooge und Langeness zeigten allerdings, dass seit dem Bau der Sommerdeiche die Sedimentationsrate im Mittel nur bei einem Millimeter pro Jahr lag, während das mittlere Tidehochwasser im gleichen Zeitraum um fünf Millimeter pro Jahr stieg.[30] Auch ohne Sommerdeich, wie im Fall der Hallig Nordstrandischmoor, betrug die Sedimentationsrate nur etwa die Hälfte der Anstiegsrate des mittleren Tidehochwassers. Die Sedimentationsrate allein reicht also nicht aus, den Meeresspiegelanstieg zu kompensieren, und die Kluft zwischen Marschwachstum und Meeresspiegelanstieg wird bei dessen Beschleunigung noch zunehmen.

Um Halligen und Warftbewohner nachhaltig zu schützen, müssten das Marschwachstum verbessert und die Häuser höher gesetzt werden. Ein Schritt, das Höhenwachstum der Halligmarschen zu verbessern, wäre ein Rückbau von Sommerdeichen (Bild 5.10) und Sielen vor den Halligprielen. Mit dem Material könnten die Verbindungswege zwischen den Warften bei Bedarf höher gelegt werden. Das kann auch den Viehtrieb auf die Warften bei den künftig häufiger auftretenden Überflutungen erleichtern.

Außerdem wäre es sinnvoll, Sand aus der Nordsee vor die Halligkanten zu spülen (Bild 5.5). Das erhöht den Wattsockel um die Hallig herum und fügt die Halligen besser in die Wattlandschaft ein, als dies Deckwerke aus Stein, Buhnen und Buschlahnungen tun. Ein Teil des Sandes würde voraussichtlich auch das Aufwachsen der Halligwiesen unterstützen. Je nach Lage müsste der aufgespülte Sandsaum wahrscheinlich nach einigen Jahrzehnten erneuert werden, der Sand aber bliebe dennoch im Wattbereich.

Ein verbessertes Mitwachsen der Halligmarschen mit dem Anstieg des Meeresspiegels würde den Wellenauflauf an den Warften dämpfen. Dennoch müssten sie wegen der ansteigenden Sturmfluthöhen[30] erhöht werden (Bild 5.11). Bei einem Wettbewerb wurde vorgeschlagen, Warften zuerst sichelförmig zur Hauptwindrichtung (Westen) hin zu erweitern und zu erhöhen.[31] Darauf werden Gebäude mit höhenverstellbaren Pfeilern gesetzt. In weiteren Ausbauschritten könnten danach auch die übrigen Bereiche der Warften erhöht und die Häuser aufgeständert werden. So können schrittweise die Warften dem zukünftigen Sturmfluthöhen angepasst werden.

**5.10: Der Halligwall aus Stein, Beton und Asphalt sollte abgeflacht und durch eine breite Sandaufspülung ersetzt werden, damit die Halligmarschen besser mit dem steigenden Meeresspiegel durch Aufschlicken mitwachsen können (Foto: Reise).**

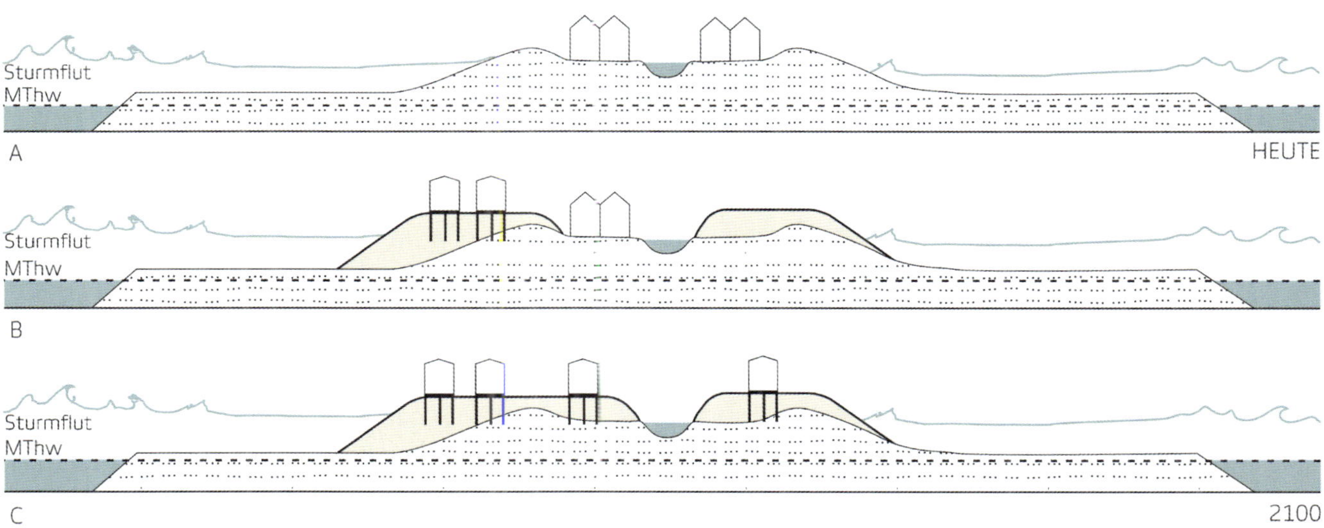


**5.11: Vorschlag zur schrittweisen (A-C) Erhöhung einer Halligwarft und ihrer Häuser bei ansteigendem Meeresspiegel und mitwachsender Halligwiese (verändert nach [31]). Die neuen Häuser auf der erhöhten Warft werden auf höhenverstellbare Pfähle gesetzt.**

**Exkurs: Ein Blick zu den Nachbarn**[32]
*Gespräch mit Dr. Hans-Ulrich Rösner (HUR), WWF Deutschland, Wattenmeerbüro Husum*

Der menschengemachte Klimawandel und der aus ihm folgende Meeresspiegelanstieg bedroht das als Nationalpark und Weltnaturerbe geschützte Wattenmeer. Wieso?

*HUR: Viele der heute noch bei Ebbe trockenfallenden Wattflächen könnten zukünftig dauerhaft überflutet werden. Wichtige Lebensräume würden sich deutlich verkleinern oder ganz verschwinden. Das hätte erhebliche negative Auswirkungen zum Beispiel für die Vögel des Wattenmeeres, es würde seine Bedeutung als Rastplatz für ganze Populationen arktischer Watvögel verlieren. Darüber hinaus würde die Funktion des Wattenmeeres als schützender Puffer vor dem Sturmseegang aus der Nordsee vermindert. Das gefährdet die Küstenbewohner.*

Der WWF plädiert im Wattenmeer für naturverträgliche Anpassungen an den Meeresspiegelanstieg. Was ist darunter zu verstehen?

*HUR: Natürliche Salzwiesen können mit ihrer Vegetation angespülte Sedimente sehr gut festhalten und dadurch mit steigenden Hochwasserständen in die Höhe wachsen. Das ist dann eine Entlastung für die dahinter liegenden Deiche. Auch bewegliche Dünen können einen sehr effektiven Hochwasserschutz gewährleisten. Wird die natürliche Widerstandsfähigkeit von Küstenlebensräumen stärker in die Schutzstrategie einbezogen, kann man auch von „ökosystembasiertem Küstenschutz" sprechen. Dabei ist allerdings zu bedenken, dass ökosystembasierte Ansätze deutlich mehr Platz beanspruchen als der traditionelle, mehr linienhafte Küstenschutz. Außerhalb von städtischen Verdichtungsräumen kann der Schutz durch Renaturierung von Küstenlandschaften aber eine kosteneffektive Möglichkeit sein, Sturmflutrisiken für das Hinterland zu reduzieren. Und er ist gut für die Natur!*

Gibt es schon Erfahrungen mit ökosystembasiertem Küstenschutz?

*HUR: Die meisten Erfahrungen zur Renaturierung von Salzwiesen bzw. Küstenmarschen liegen aus Großbritannien vor. Dort wurden seit Anfang der 1990er Jahre über 50 derartiger Projekte durchgeführt. Beispielsweise im Humber-Ästuar konnten tief gelegene Küstenmarschen durch eine Wiederanbindung an das Tidegeschehen anfangs bis zu 10 Zentimeter und mehr pro Jahr aufwachsen und sich so relativ zum Meeresspiegel erhöhen. Eine Deichöffnung bei Freiston Shore in Norfolk reduzierte nicht nur die Ausgaben für die Deichunterhaltung, sondern es stiegen auch die Besucherzahlen, von denen das lokale Gewerbe profitierte.*

Dünen wurden vielfach durch Bepflanzungen und andere Maßnahmen stabilisiert. Kommt man davon inzwischen wieder ab?

*HUR: Die Stabilisierung unterbindet das Wachstum des Dünensystems und den Sandtransport zur Erhöhung im Hinterland und ist auf lange Sicht oft nicht hilfreich. Eine dynamische Dünenlandschaft würde dagegen zu mehr Widerstandsfähigkeit einer Küste gegenüber dem Meeresspiegelanstieg führen. Das zeigte sich in Dänemark auf der Halbinsel Skallingen und in den Niederlanden auf der Insel Terschelling, ohne dass dabei die Sicherheit der angrenzenden Siedlungsräume gefährdet wurde. Solche neuen Ansätze passen auch viel besser zum Leitprinzip der drei Wattenmeerstaaten, „so weit wie möglich ein natürliches und sich selbst erhaltendes Ökosystem zu erreichen, in dem Prozesse ungestört ablaufen können" (Esbjerg-Erklärung zum Schutz des Wattenmeeres 1991).*

## Sandiger Ausblick mit viel Wasser

Das Wattenmeer mit seinen Inseln, Watten und Salzwiesen ist regional so unterschiedlich, dass kein Anpassungsvorschlag überall passend sein kann. Die hier skizzierten Ideen sind nur Anregungen, die für viele spezifische lokale Situationen entweder nicht in Frage kommen oder stark verändert werden müssten. Gemeinsam ist ihnen indessen eine Abkehr von bloßer Abwehr des ansteigenden Meeres mit massivem Bollwerk. Propagiert wird stattdessen eine Hinwendung zu einer besseren Nutzung natürlicher Vorgänge, die mit dem Meeresspiegelanstieg verbunden sind. Wo immer möglich, sollte versucht werden, harte Bauwerke zu vermeiden, weil die unbeabsichtigten Nebenwirkungen die intendierte Wirkung bei immer weiter steigendem Meeresspiegel konterkarieren würden.

Bei bedeutend schneller steigendem Meeresspiegel gegen Ende dieses Jahrhunderts und erst recht in der Zeit danach werden die Inseln, wie sie jetzt sind, schwer zu halten sein und die Watten nicht ausreichend mitwachsen können. Daher wird der Bedarf an Sandimporten aus der Nordsee zunehmen. Die Störungen am Nordseeboden, wo der Sand entnommen würde, wären aber immer noch verhältnismäßig. Der Gesamtfläche des Wattenmeers von rund 10.000 Quadratkilometern steht eine fünfzigfache Fläche an sandigem Nordseeboden gegenüber.

Im Watt sind mit sorgfältig dosierten Sandimporten erst noch Erfahrungen zu sammeln. Viel Sand auf einmal zu transportieren, wäre ohnehin finanziell schwierig und ökologisch nicht verträglich. Das spricht dafür, zeitig mit Sandimporten in kleinen Mengen zu beginnen, um nicht später aus Zeitnot mit großen Mengen große Störungen zu verursachen. Die Versorgung des Wattenmeers mit Sand aus der Nordsee wird in Zukunft wohl zur Daueraufgabe werden. Dafür sind geeignete Sandquellen in der Nordsee zu finden und Transportverfahren ohne $CO_2$-Emissionen zu entwickeln (s. Kap. 3). Bei der Sandentnahme ergibt sich zusätzlich eine Flächenkonkurrenz zu den Offshore-Windparks, die aber ihrerseits wieder Energie für Sandspülschiffe und die notwendigen Pumpleistungen liefern könnten.

Schlick vom Grund der Nordsee im Wattenmeer aufzuspülen, wäre nicht sinnvoll, da das meiste davon sofort als Schwebeteilchen wieder davontreiben würde. Schlickwatten müssen unter Beteiligung der Organismen natürlich wachsen können. Dieser Vorgang kann allerdings durch Sandzufuhr beschleunigt werden. Zum einen kann auf der Leeseite aufgespülter Sandbänke durch gedämpfte Wasserbewegung die Schlickbildung gefördert werden. Zum anderen finden Schlickteilchen in einer Sandkornmatrix Halt, der sie vor erneuter Abdrift bewahrt. Hier ist die Sandwirkung vergleichbar den Buschlahnungen.

Mit dem Zulassen natürlicher Strand- und Dünendynamik auf den Inseln müssen ebenfalls erst noch Erfahrungen gesammelt werden. Dieses Ansinnen widerspricht jedoch herkömmlichen Vorstellungen so sehr, dass ein unbefangener Blick auf die Entwicklungschancen kaum möglich erscheint. Doch solche Dynamik hat Vorteile. Auch heute noch entstehen neue Düneninseln ganz ohne menschliches Zutun.[33] Selbst wo Land verloren geht oder Dünensand ein Hotel bedrängt, sollte nicht gleich der Abwehrreflex alles Nachdenken darüber unterdrücken, ob insgesamt nicht doch ein Gewinn daraus gezogen werden könnte.

Die Inselpolder wären prädestiniert für eine Pionierrolle, um das Aufwachsen der Marschböden durch regelmäßiges Überfluten zu erproben. Die landwirtschaftliche Nutzung ist dort inzwischen marginal und ein Wechsel zwischen Weideland im Sommer und Gezeitenwasser im Winter hat hohen Erlebniswert für die Urlauber, besonders wenn dies mit Pfahl- und Schwimmhäusern kombiniert würde.

Was aber, wenn globale Hotelketten den Inseltourismus ganz übernehmen, mit Dienstpersonal, das nur saisonweise auf den Inseln wohnt? Um dies zu verhindern, bedarf es einer starken Inselkultur. Die Insulaner sollten nicht nur Gastgeber, sondern ebenso Vermittler ihres eng mit dem Meer und der umgebenden Natur verwobenen Lebensstils sein können. Dadurch würde der Wert eines Inselurlaubs zusammen mit dem Meeresspiegel steigen.

[1] Zhang K, Douglas BC, Leatherman SP, 2004: Global warming and coastal erosion. Climatic Change 64: 41-58.

[2] Adriaanse L, Hoekstra J, 2009: Designing a safe and sustainable Rijn-Maas-Schelde Delta. Topos 68: 68-75.

[3] Temmerman S, Meire P, Bouma TJ + 3 Mitautoren, 2013: Ecosystem-based coastal defence in the face of global change. Nature 504: 79-83.

[4] Wesenbeeck BK van (+ 6 Mitautoren), 2014: Damming deltas: A practice of the past? Towards nature-based flood defenses. Est Coast Shelf Science 140: 1-6.

[5] MacLean A, Kemp W, 2010: Las Vegas, Venedig, fragile Mythen. Schirmer/Mosel, München 191 S.

[6] Rahmstorf S, 2011/2012: Der ewige Untergang. Mare 89: 70-74.

[7] Kabat P + 8 Mitautoren, 2012: The Wadden Region: Towards a science for sustainable development. Ocean & Coastal Management 68: 4-17.

[8] French PW, 2001: Coastal Defences. Routledge, London 366 S.

[9] Bird E, Lewis N, 2015: Beach Renourishment. Springer 137 S.

[10] MELUR-SH, 2013: Generalplan Küstenschutz des Landes Schleswig-Holstein – Fortschreibung 2012, Kiel und siehe www.schleswig-holstein.de/kuestenschutz auf Sylt, Sandvorspülungen 2015.

[11] MELUR-SH, 2015: Strategie für das Wattenmeer 2100. Kiel 88 S. http://www.schleswig-holstein.de/DE/Fachinhalte/Nationalpark_wattenmeer/bericht_strategie_wattenmeer2100.

[12] Louters T, Gerritsen F, 1994: The riddle of the sands. A tidal system's answer to a rising sea level. Report 94.040. RIKZ, The Hague NL, 69 S.

[13] de Vriend HJ, van Koningsveld M, 2012: Building with nature: Thinking, acting and interacting differently. EcoShape, Building with Nature, Dordrecht NL 39 S und siehe www.sandmotor.nl.

[14] NLWKN, 2010: Generalplan Küstenschutz Niedersachsen, Ostfriesische Inseln. Küstenschutz Band 2, 42 S www.nlwkn.niedersachsen.de.

[15] Priesmeier K, 1970: Form und Genese der Dünen des Listlandes auf Sylt. Schr Naturw Ver Schleswig-Holstein 40: 11-51.

[16] Carter RWG, Curtis TGF, Sheehy-Skeffington MJ (Hrsg.), 1992: Coastal dunes. Balkema, Rotterdam 533 S.

[17] Provoost S, Jones MLM, Edmonson SE, 2011 Changes in landscape and vegetation of coastal dunes in northwest Europe: a review. J Coast Conserv 15: 207-226.

[18] van Goor MA, Zitman TJ, Wang ZB, Stive MJF, 2003: Impact of sea-level rise on the morphological equilibrium state of tidal inlets. Marine Geology 202: 211-227.

[19] Dissanayake DMPK, Ranasinghe R, Roelvink JA, 2012: The morphological response of large tidal inlet/basin systems to relative sea level rise. Climatic change 113: 253-276.

[20] CPSL 2001, 2005, 2010: Coastal protection and sea level rise. Wadden Sea Ecosystem 13, 21, 28. Common Wadden Sea Secretariat, Trilateral Working Group on Coastal Protection and Sea Level Rise (CPSL), Wilhelmshaven, Germany, 61+47+51 S.

[21] Reise K, 1998: Coastal change in a tidal backbarrier basin of the northern Wadden Sea: are tidal flats fading away? Senckenbergiana maritime 29: 121-127.

[22] Madsen AT, Murray AS, Andersen TJ, Pejrup M, 2010: Spatial and temporal variability of sediment accumulation rates on two tidal flats in Lister Dyb tidal basin, Wadden Sea, Denmark. Earth Surf Process Landforms 35: 1556-1572 and 2014: Luminescence dating of Holocene sedimentary deposits on Rømø, a barrier island in the Wadden Sea, Denmark. The Holocene 20: 1247-1256.

[23] Reise K, 2002: Sediment mediated species interactions in coastal waters. J Sea Res 48: 127-141.

[24] Oost AP, de Boer PL, 1994: Sedimentology and development of barrier islands, ebbtidal deltas, inlets and backbarrier areas of the Dutch Wadden Sea. Senckenbergiana maritima 25: 65-115.

[25] Kirwan M, Timmerman S, 2009: Coastal marsh responses to historical and future sea-level acceleration. Quaternary Science Reviews 28: 1801-1808.

[26] Stock M, 2011: Patterns in surface elevation change across a temperate salt marsh platform in relation to sea-level rise. Coastline Reports 17: 33-48.

[27] Schuerch M, Dolch T, Reise K, Vafeidis AT, 2014: Unravelling interactions between salt marsh evolution and sedimentary processes in the Wadden Sea (southeastern North Sea). Progress in Physical Geography 38: 691-715.

[28] Henne A, 2010: Pellworm: Drei Szenarien. Diplomarbeit, Universität Hannover, 97 S.

[29] MELUR-SH, 2014: Bericht der Arbeitsgruppe Halligen 2050: Möglichkeiten zur langfristigen Erhaltung der Halligen im Klimawandel. Kiel 36 S.

[30] Schindler M, Karius V, Arns A, Deicke M, Eynatten H von, 2014: Measuring sediment deposition and accretion on anthropogenic marshland – Part II: The adaptation capacity of the North Frisian Halligen to sea level rise. Estuarine Coastal Shelf Science 151: 246-255.

[31] Rabe S, Stokman A, 2014: Growing with the sea. Topos 87: 34-39.

[32] WWF Deutschland, 2015: Klimaanpassung an weichen Küsten. Fallbeispiele aus Europa und den USA für das schleswig-holsteinische Wattenmeer. Husum 75 S.

[33] Hellwig U, Stock M (Hrsg.), 2014: Dynamic islands in the Wadden Sea. Wadden Sea Ecosystem 33. Common Wadden Sea Secretariat, Wilhelmshaven 134 S.

Durch Deckwerke und Buhnen massiv befestigter „Igelkopf“ im Westen der Insel Baltrum. Wäre auch ein Schutz durch aufgespülte Dünen möglich?

*A massive bulwark with revetment and groynes defends the island of Baltrum. Will dunes created by sand nourishment also provide enough protection?*

Jährlich werden rund eine Million Kubikmeter Sand vom Nordseegrund auf den Sylter Strand gespült, um Sandverluste durch die Winterstürme auszugleichen. Vor dem Kampener Kliff bleibt dieser Sand nicht lange liegen, er verteilt sich aber im Vorstrandbereich.

*The beaches of the island of Sylt are nourished with some one million cubic meters of sand from the bottom of the North Sea each year to compensate for sand lost during winter storms. Below the cliffs at Kampen this sand does not remain for in place for very long, is, however, distributed along the foreshore.*

Sandtransport im Laderaum eines Saugbaggers. Entweder werden am Zielort die Luken unten geöffnet oder der Sand wird mit Wasser durch eine Rohrleitung zum Strand oder zur Deichbaustelle gespült.

*Sand transported by a hopper suction dredger. Hatchways on the underside open at target locations. The sand can also be pumped with water through a pipe onto beaches or dike construction sites.*

Frei wandernde Dünen konnten Sylt über Jahrtausende erhalten, indem sie sehr langsam mit 3 bis 4 Metern im Jahr Sand von der Seeseite zur Wattseite trugen. Könnten Bebauung und Straßenführung künftig an solche Prozesse angepasst werden?

*Free moving dunes maintained the island of Sylt through thousands of years, by transferring sand from one side to the other – very slowly, at a rate of 3 to 4 meters per year. Could building development and routing of roads be adjusted to match such processes in the future?*

Einlaufende Flut im Dollart. Obwohl das Wasser viele Schwebstoffe enthält, ist das Schlickwatt im Verhältnis zum Meeresspiegel in den letzten Jahrzehnten auf gleicher Höhe geblieben.

*The incoming tide at the Dollard. Although the water is very rich in suspended matter, mud flat accretion over the last decades has merely kept pace with sea level rise.*

Um Strömung vom Deichfuß abzulenken und Wattboden am Ort zu halten, wurden Buhnen diagonal und parallel zum Deich angelegt. Aufgespülte Sandnehrungen und Sandbänke könnten denselben Zweck erfüllen.

*To keep off currents from the base of the dike and to hold tidal sediments, groynes were constructed diagonally and parallel to the dike. Could nourished sandy hooks or sand bars serve just as well as groynes and initiate a more natural shore development?*

Im Norden der Insel Föhr: Zwischen Sandnehrung und Deich hat sich eine natürliche Salzwiese entwickelt und schützt den Deich vor Wellen und Unterspülung.

*A natural salt marsh has developed between the sandy hook and the dike in the north of the island of Föhr, protecting the dike from waves and undermining currents.*

Landgewinnung vor einer Salzwiese mit Buschlahnungen und Grüppen. Der Abbruch an der Salzwiesenkante wurde dadurch zwar gestoppt, aber mit im Watt aufgespülten Sandnehrungen könnte ein solcher Uferbereich sich natürlicher entwickeln.

*Land reclamation in front of a salt marsh with brushwood groynes and ditches stops erosion along the edge of the salt marsh. Could nourished sandy hooks again generate a more natural salt marsh pattern?*

Bei Sandentnahmen für den Badestrand von Westerland auf Sylt in den Jahren 1972 und 1978, entstand im Watt diese Sandbank. Sie wanderte und bildet heute eine Nehrung vor dem Deich, die diesen Uferbereich schützt.

*This sand bar near the island of Sylt was created as a side effect of sand extraction for a bathing beach in 1972 and 1978. It subsequently shifted to become today's sandy hook off the dike, protecting this area of the island's shore.*

*Der Bupheverkoog im Norden der Insel Pellworm (vorne im Bild bis zu den Rapsfeldern) wurde erst 1939 eingedeicht und liegt wenig unter dem mittleren Tidehochwasser. Die übrige Insel wurde schon bald nach der ‚Zweiten Groten Mandränke' von 1634 wieder eingedeicht und liegt heute größtenteils um 1 bis 2 Meter unter dem mittleren Tidehochwasser.*

*Buphever polder on the northern shore of the island of Pellworm (visible in the foreground up to the yellow rape fields) was established in 1939 and is only slightly below the mean high-tide level. The remaining part of the island was re-embanked shortly after the great flood of 1634 and today largely lies 1 to 2 meters below the mean high-tide level.*

**Die Hallig Südfall mit Warft steht unter Naturschutz und kann bei Niedrigwasser auf einer geführten 5 Kilometer langen Wattwanderung von der Halbinsel Nordstrand aus erreicht werden, die am Horizont zu sehen ist.**

***The isle of Südfall has only one dwelling mound and is under environmental conservation. It can be reached at low tide by a guided mud walk of 5 kilometers from Nordstrand peninsula, visible on the horizon.***

Hallig Gröde. Nach der Sturmflut von 1962 erhielten manche Warften auf den Halligen einen Ringwall um die Häuser. Dadurch liegen die Häuser nun wie in einer Wanne, die bei noch höheren Fluten volllaufen wird.

*Subsequent to a storm surge in 1962, dwelling mounds on islands without high dikes as here on the isle of Gröde were fortified with circular earthen walls. As a result the houses now sit in troughs that will become completely submerged if tides become even higher.*

# 6. Neuartige Deiche

*Deiche zur Abwehr episodischer Überflutungen gerieten an der Nordseeküste in eine Spirale immer weiterer Erhöhungen. Wird sich bei zunehmenden Sturmfluthöhen diese Spirale unabwendbar weiterdrehen oder könnte ein gestaffeltes Deichsystem mehr Sicherheit und Risikostreuung bringen? Könnten Deiche außer der Sicherheit noch weitere Funktionen übernehmen? Könnten neue Binnendeiche vielleicht sogar hohl sein, um sie besonders vielfältig nutzen zu können? Könnten auch höher gebaute Verkehrswege als Binnendeiche dienen? Dieses Kapitel soll zur Diskussion über Nordseedeiche anregen, bevor es durch den steigenden Meeresspiegel dafür zu eng wird.*

„Doch zum Glück gibt es Deiche,
die sind so gebaut,
damit uns die Nordsee
das Land nicht versaut."
*Otto Waalkes*

Da weite Teile der Marschen unter den Meeresspiegel beziehungsweise unter Tidehochwasser gesunken sind, ist eine besiedelte Nordseeküste ohne Deiche heute nicht mehr möglich (s. Kap. 1, Bild 1.2). Dieses Deichkapitel stellt die Frage, ob einzig Deicherhöhungen eine mögliche Antwort auf den kommenden Meeresspiegelanstieg sind. Wir beginnen mit einem Rückblick auf die Evolution der Nordseedeiche. Danach stellen wir Deiche oder Deichsysteme der nächsten Generation vor, die bei steigendem Meeresspiegel und höher auflaufenden Sturmfluten weiterhin Schutz bieten können. Es geht dabei aber nicht um Deichbautechnik, sondern um die Rolle der Deiche in der Küstenlandschaft bei immer weiter steigendem Meeresspiegel.

**Deichgeschichte**

Wälle aus Erde oder Stein zum Schutz gegen Feinde, Wind oder Wasser haben sesshaft gewordene Menschen schon früh errichtet. Die Wallanlagen entlang von Flüssen und Küsten zur Abwehr episodischer Überflutungen werden als Deiche bezeichnet. In China wurden sie wahrscheinlich schon vor 4 000 Jahren gebaut.[1] An der Nordseeküste wurden zunächst mit einer Höhe wenig über einem Meter niedrige, bei hohen Wasserständen noch überflutbare Deiche schützend um Weiden und Äcker aufgeworfen. Sie erlaubten bereits eine intensivere Landnutzung und waren lange Zeit die vorherrschende Deichform. Wenn eine Flut diese Deiche überstieg, überlebten die Marschbewohner auf ihren deutlich höheren Wohnhügeln (Warften oder Wurten, s. Kap. 1).

Der Deichbau an der Nordseeküste war keine ungebrochene Erfolgsgeschichte, auch wenn es oft anders dargestellt wird[2] (Bild 6.1). Die Stackdeiche zum Beispiel erwiesen sich als teure Fehlentwicklungen: Die Pfähle auf der Seeseite wurden schnell morsch, von Bohrmuscheln durchlöchert oder unterspült. Auch gab es immer wieder heftige Kontroversen um Sinn, Zweck und vor allem die Lastenverteilung beim Deichbau.[3, 4]

Deiche verlangten als kollektive Großbauwerke eine straffe Organisation des Gemeinwesens. Seit dem Mittelalter galt das *Spadelandrecht*. Wer es wirtschaftlich nicht schaffte, an Deicherhaltung und -verstärkung angemessen mitzuwirken, musste sein Land abgeben. Als Zeichen des Aufgebens steckte man seinen Spaten in den Deich. Wer ihn herauszog, übernahm die Pflichten am Deich und bekam das Land.

So steht in der Bremischen Deichordnung von 1473: „Jeder Besitzer eines Grundstücks hinter dem Deich ist dienstpflichtig und hat durch Hand- wie Spanndienste sowie Geldbeiträge an den Deichen mitzuarbeiten. Jeder, der am Deich arbeitet, muss sich eines ehrbaren Wandels befleißigen. Es darf niemand, solange am Deich gearbeitet wird, fluchen oder lästerliche Reden führen. Den Deichpflichten kann sich niemand entziehen."

Da gab es nichts zu diskutieren, küstenweit galt der Spruch: *„Keen nich will dieken, de mutt wieken"*. Zwar profitierten vom Deich die Landwirtschaft und ebenso die Landarbeiter, Handwerker und Bürger, die im Schutz von Deichen wohnten, aber die hohen Deichlasten zwangen die kleineren Betriebe oft aufzugeben, wodurch dann andere, größere, immer noch größer wurden. Entsprechend war die Deichgeschichte keine Erfolgsgeschichte für alle.

Gab es größere Deichbrüche, entstanden oft Situationen, die sich ohne Hilfe höherer, landesherrlicher Instanzen nicht mehr lösen ließen. Sie gewannen mit der Zeit an Einfluss und machten ab dem 18. Jahrhundert den einst kommunalen Deichbau weitgehend zur hoheitlichen Aufgabe. Heute sind

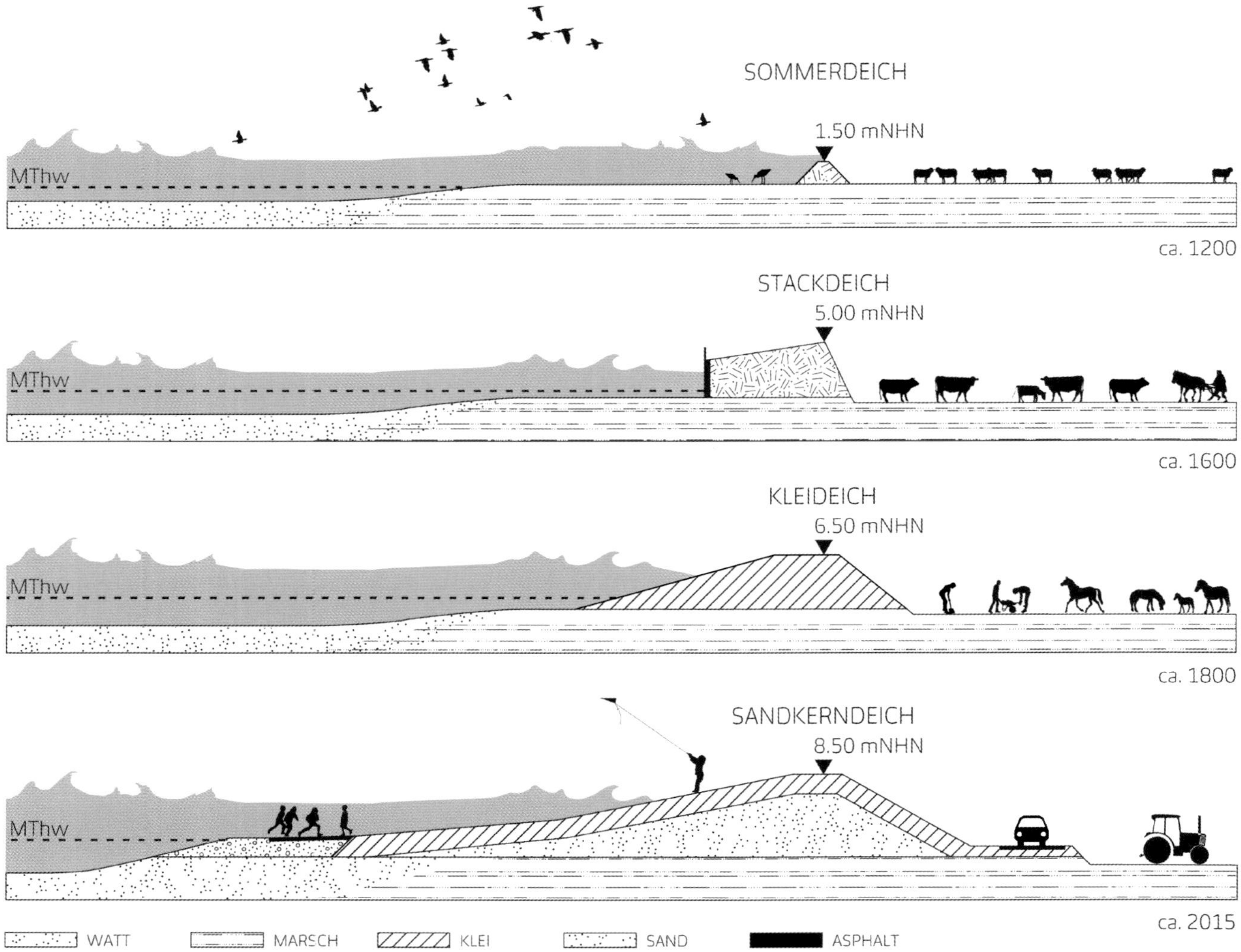


**6.1: Deichentwicklung vom mittelalterlichen Sommerdeich bis zum heutigen Sandkerndeich (ca. 1200 bis heute). In dieser Zeit stieg der Meeresspiegel an der Nordseeküste um etwa 1 Meter, die mittleren Sturmfluthöhen um das Doppelte und die Deichhöhen um das 5- bis 6-Fache.**

Deiche Landessache und die Finanzierung teilen sich Land, Bund und EU.[5-7]

Für den Deichbau wurde Kleiboden benötigt, der im Deichvorland gestochen wurde (Foto S. 120). Mit zunehmender Mächtigkeit der Deiche wurde Klei knapp, besonders dort, wo das Vorland nur einen schmalen Streifen bildete.

Moderne Deiche sind daher heute anders konstruiert. Der Kern ist aus Sand und wird mit dem kostbaren Klei nur überdeckt (Foto S. 119). Darüber befindet sich noch eine Grasdecke, die meist von weidenden Schafen kurz, dicht und in fest getretenem Zustand gehalten wird. Fehlt ein Vorland, wird der Deich zusätzlich mit Stein, verklebtem Schotter oder Asphalt auf der Seeseite gesichert (Bild 6.1).

Je mehr Marschen eingedeicht wurden, desto kleiner wurde der Raum, in dem sich die Sturmfluten unter sukzessiver Abgabe ihrer Bewegungsenergie auslaufen konnten. Wellen trafen mit mehr Wucht direkt auf die Deiche, und besonders in Buchten liefen die Fluten höher auf. Das löste einen sich selbst verstärkenden Prozess im Deichbau aus (Bild 6.2).

Nachdem im 13. Jahrhundert eine weitgehend geschlossene Deichlinie („Goldener Ring") entstanden war, wurde der jeweils niedrigste Deich zum schwächsten Glied in der Kette. Die Marschbewohner durften daher bei der Erhöhung ihrer Deiche nicht nachlassen. Überstieg die Deichhöhe schließlich die der Warften, hing bei hohen Sturmfluten auch das Überleben der Polderbewohner einzig von den Deichen ab.

Das Deichen hatte eine weitere entscheidende Kehrseite. Die eingedeichten Marschen erhielten keinen neuen Schlick mehr aus der Nordsee und wurden mit der Zeit kompakter. So verloren sie an Höhe im Vergleich zum vom Meer überspülten und dadurch weiter wachsenden Deichvorland. Hinzu kam die Entwässerung für die Landwirtschaft. Da-

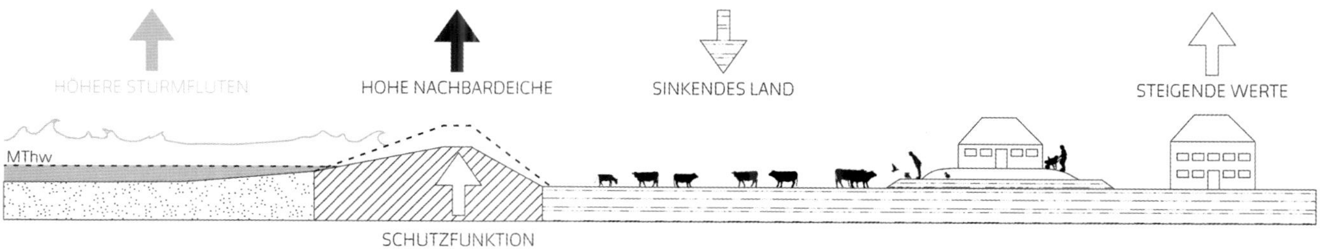


**6.2: Gründe – außer Meeresspiegelanstieg - zum Erhöhen von Deichen:**
**(1) Die Eindeichung verengt den überflutbaren Raum und erhöht dadurch Sturmfluten.**
**(2) Durch höhere Nachbardeiche entsteht ein Druck, die Deichhöhe anzugleichen.**
**(3) Deiche höher als Wohnhügel übernehmen Schutzfunktion.**
**(4) Durch fehlende Überflutungen sackt der Boden im Polder ab.**
**(5) Im Vertrauen auf den Schutz durch Deiche nehmen geschaffene Werte zu**

durch senkte und senkt sich die Marsch relativ zum Meeresspiegel. Dieser Nebeneffekt erhöhte zusätzlich den Aufwand für die Entwässerung vom Land zur See.

Außerdem nahmen jetzt die Schäden zu, wenn Deiche brachen und das Meerwasser in die tief abgesenkte Marsch lief. Diese Entwicklung verstärkte wiederum die Notwendigkeit, die Deiche immer haltbarer zu bauen.

Entsprechend verhallte der Ruf nach höheren Deichen nie und ist heute so gegenwärtig wie in den Jahrhunderten zuvor (Bild 6.2). Höhere Deiche lockten höhere Investitionen in das flache Land dahinter. Die wiederum verlangten erneut nach höheren Deichen.

Derlei Entwicklungen werden als Rebound-Effekt oder Jevons' Paradoxon bezeichnet.[8] Jevons war ein britischer Ökonom. 1865 sah er voraus, dass eine bessere Nutzung der Kohleenergie durch James Watts gerade erfundene, im Vergleich zu ihren Vorgängern deutlich effizientere Dampfmaschine die Förderung von Kohle eher erhöhen als senken würde.

Bei Deichen kommt noch der nach oben offene Meeresspiegelanstieg hinzu (s. Kap. 2). Dann erreichen technischer und finanzieller Aufwand ein Niveau, das nur noch wenig Spielraum lässt.

Das Risiko großer Schäden nimmt dramatisch zu, wenn die wachsenden Werte hinter dem Deich multipliziert werden mit der Wahrscheinlichkeit von deichbrechenden Sturmfluten, die wiederum mit der Klimaerwärmung häufiger werden. Wegen der Schwierigkeit, in dieser Zwangslage umsteuern zu können, droht schließlich ein Kollaps der Küsten im Sinne eines zusammenbrechenden Sicherheitssystems. Wie kann dem vorsorglich begegnet werden und wie können wir unsere Möglichkeiten im Küstenschutz erweitern?

## Multifunktionsdeiche und Doppeldeiche

Beim Bau eines sicheren Deiches geht es nicht allein um die Höhe, sondern ebenso um die Breite[2] (s. Bild 4.9). Ein breiter Deich muss nicht so hoch sein wie ein schmaler Deich, weil die Wellen auf einer flachen, langen Außenböschung besser auslaufen können. Durch eine ähnlich flache Innenböschung wäre sogar ein Überspülen möglich, ohne dass es zum Deichbruch kommen würde.

Wichtig sind außerdem die Höhenverhältnisse vor einem Deich. Ein weites Deichvorland kann viel Sturmflutenergie abfangen. Wo das natürliche Vorland fehlt, könnte mit künstlichen Sandnehrungen und Sandbänken im Watt ein weites, biotopreiches Vorland gefördert werden (s. Kap. 5, Bild 5.5). Das beugt einem sogenannten „coastal squeeze" vor, das von befestigten Uferlinien bei steigendem Meer ausgelöst wird.[9] Auch einer Unterspülung des Deiches kann das Vorland vorbeugen.

Bestehende Deiche weiter zu verbessern, ist sicherlich nicht falsch, aber warum sollten heute schon Deiche gebaut werden, deren Schutz erst unsere Enkel oder Urenkel brauchen? Das könnte vor allem dann plausibel sein, wenn Deiche außer Sicherheit vor Überflutungen noch mehr zu bieten haben.

So erhielt 2015 das Seebad Büsum einen breiteren Deich, der nicht nur mehr Sicherheit bietet, sondern zusätzlich die Wasserfront touristisch attraktiver macht (Foto S. 123).[10] Neue Promenaden und barrierefreie Übergänge sind entstanden sowie mehr Platz zum Aufstellen von Strandkörben. Dieses Modell ist ein Beispiel von multifunktionalen Deichen sowie einer Verteilung der Deichbaukosten[11-13] und leitet über zu neuen Ideen im Küstenschutz (Bild 6.3).

Voraussetzung für wirtschaftliche Nutzungen des Deiches ist natürlich, dass die Sicherheit vor Sturmfluten darunter nicht leidet. Haben die Deichverbände das letzte Wort, kann vermieden werden, dass die Sicherheit von privaten Geschäftsinteressen abhängig wird. Strukturen für wirtschaftliche Nutzungen sollten leicht wieder zu entfernen sein, wenn die Sicherheit das erfordert. Gebäude sollten darum in Leichtbauweise und als Pfahlbauten konzipiert wer-

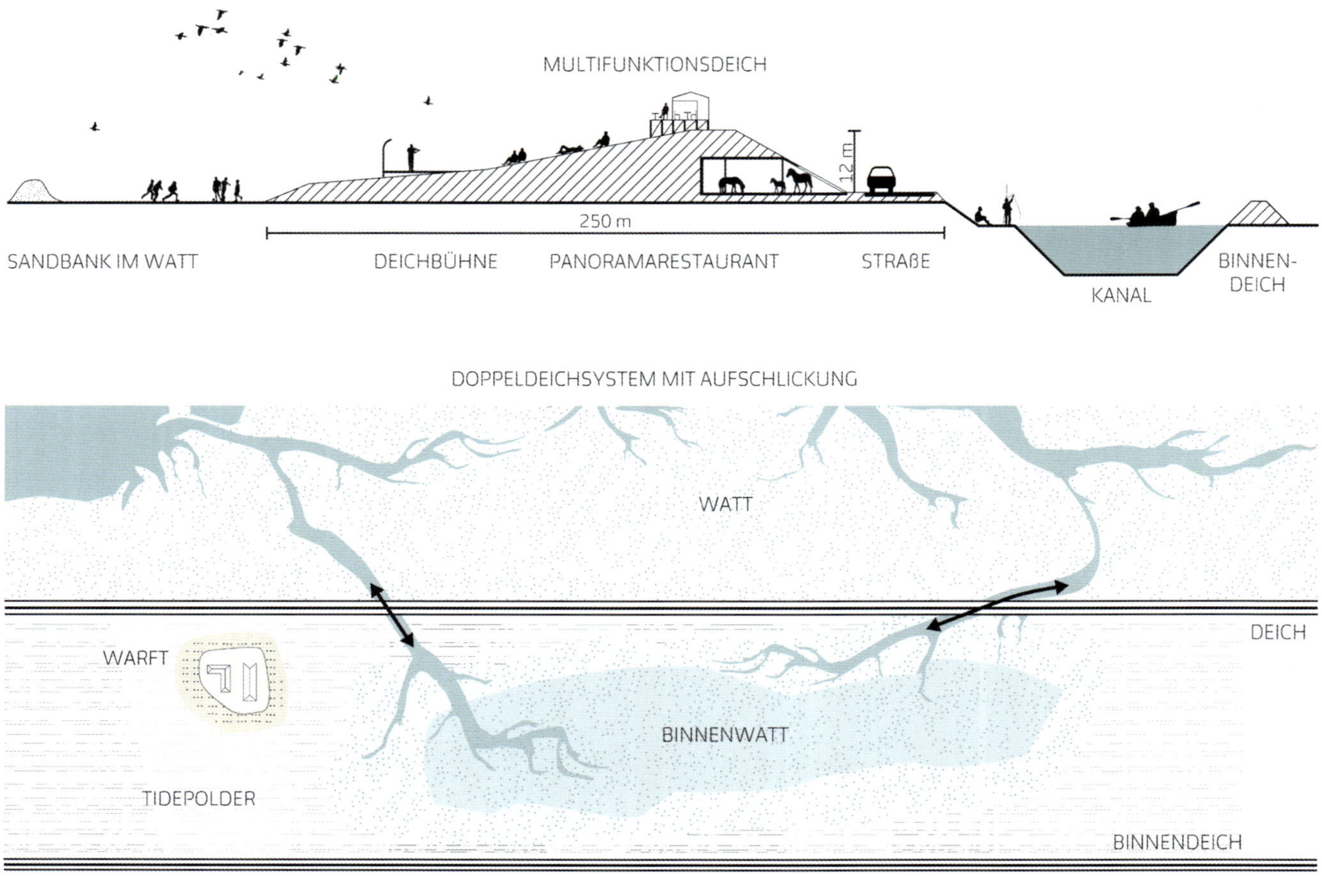


**6.3: Multifunktionsdeich (oben, Profilansicht) und Doppeldeichsystem mit tideabhängigem Überflutungsbereich zur Aufschlickung dazwischen (unten, Vogelperspektive).**

den. Je breiter ein Deich, umso mehr Platz wäre für zusätzliche Einrichtungen vorhanden. Oben auf dem Deich könnten Restaurants mit Panoramablick, Ferienwohnungen oder Freilichtbühnen entstehen. In der Innenböschung wäre Platz für überdachte Räume für Schafställe, den Katastrophenschutz, Winterlager für Boote oder nur in der Sommersaison benötigte Installationen auf dem Deich. Solche zusätzlichen Nutzungen hätten jedoch auch Nachteile, die es zu bedenken gilt. Die Deichpflege würde aufwendiger, Hohlräume in der Innenböschung erhöhen die Baukosten und könnten zu Komplikationen bei der Reparatur von Deichschäden führen.

Auf der Landseite können Multifunktionsdeiche in einem sicheren Abstand von einem Kanal begleitet sein. Der Aushub dient dem Deichbau und Lastkähne können darauf weitere Baumaterialien transportieren. Durch Verbindung mit anderen Kanälen und Sielhäfen könnte ein attraktives Revier für Sportboote entstehen. In Ausbuchtungen können schwimmende Häuser ankern oder sich Naturzonen entwickeln.

Eine Alternative zu Multifunktionsdeichen wäre die doppelte oder mehrfache Deichlinie[14-17] (s. Kap. 4, Bild 4.9 und Bild 6.3). Eine solche Staffelung und damit verbundene Risikostreuung ist entlang der Nordseeküste vielerorts schon realisiert, wenn das auch ursprünglich nicht intendiert war (Foto S. 125). Dort zum Beispiel, wo nur ein schmales Vorland eingedeicht wurde, das unbesiedelt blieb, oder wo eine alte Deichbiegung seewärts durch eine gerade Deichlinie verkürzt wurde oder wo niedrige Sommerdeiche vor den hohen Hauptdeichen liegen. Je nach örtlichen Gegebenheiten kann der erste oder der zweite Deich zum Hauptdeich ausgebaut werden.

Ist der Raum zwischen den beiden Deichen nicht besiedelt, kann durch Siele im ersten Deich tideabhängig Meerwasser fließen. Dadurch kann es zur Aufschlickung kommen, die zwischen den Deichen zu einem mit dem Meeresspiegel wachsenden Watt- und Salzwiesenbereich führt (Bild 6.3). So entsteht im Verlauf von Jahrzehnten für den hinteren Deich ein erhöhtes Vorland, was wieder mehr Sicherheit bringt, wenn der Meeresspiegel schneller steigt. Wo in der Zwischenzone die Aufschlickung sehr schnell erfolgt, könnte zur Abdeckung der Sandkerndeiche neuer Kleiboden gewonnen werden.

In Verbindung mit tideabhängigem Meerwasserdurchfluss kann sich zwischen den Deichen eine Naturzone entwickeln, mit guten Beobachtungsmöglichkeiten für Naturfreunde von den Deichen aus. Auch ist es möglich, dort zeitweise Meerwasser oder Regenwasser aus dem Hinterland höher aufzustauen. Mit Feriensiedlungen auf Warften, mit Pfahlbauten und schwimmenden Häusern könnte zusätzlich ein abwechslungsreicher Ferien- und

Erlebnisraum geschaffen werden. Eine solche Nutzung würde auch für Landbesitzer oder Pächter, die vorher intensive Landwirtschaft im Deichzwischenraum betrieben haben, eine neue Einkommensmöglichkeit schaffen.

Sowohl für Multifunktionsdeiche als auch für Doppeldeiche wird viel Raum benötigt. Geht durch den Deichausbau geschützte Natur verloren, gibt es, vor den Deichen Voraussetzungen zu schaffen, dass sich dort entsprechende Biotope und Lebensgemeinschaften trotz Meeresanstieg neu entwickeln können (s. Kap. 5). Beansprucht der Deichausbau vorher genutzte Flächen, dann sollten Voraussetzungen für neue Nutzungen am Deich oder zwischen den Deichen geschaffen werden, die mehr Einkommen und Arbeitsplätze ermöglichen als vorher. Dann ist es auch sinnvoll und möglich, mit dem Deichausbau unter Anwendung neuer Konzepte zu beginnen, ohne schon genau den Meeresspiegelanstieg vorhersagen zu können.

**Neue Binnendeiche**

Kein Deich ist absolut sicher. Daher kommt im Falle eines Deichbruchs den Schlafdeichen, alten Deichlinien früherer Eindeichungen, eine wichtige Funktion bei der Eindämmung von Überflutungsschäden zu. Polder der ersten Reihe würden sich im Falle eines Deichbruchs mit Meerwasser füllen, aber der Seegang bliebe dort gedämpft. Der Wasserstand würde je nach Größe der Polder und der Dauer der Sturmflut eine Höhe erreichen, die meist geringer bliebe als vor dem Außendeich. In der Regel ist es sehr wichtig, eine durch die erste Deichlinie gebrochene Flut mit den Deichen der zweiten Linie aufhalten zu können, weil die weiter im Binnenland liegenden Polder noch tiefer liegen (s. Kap. 4, Bild 4.3, Poldertreppe). Mit doppelten Deichen beginnend, könnte sich so bei weiten Marschgebieten ein gestaffeltes Deichsystem über das ganze flache Land erstrecken und für mehr Sicherheit trotz Meeresspiegelanstieg sorgen (s. Kap. 4, Bild 4.9).

Daher ist es sinnvoll, Schlafdeiche aufzuwecken und sie wieder in einen besseren Zustand zu versetzen. Meist sind sie im Laufe der Jahrzehnte oder Jahrhunderte abgesackt und müssten erhöht werden. Umtriebige Mäuse oder Kaninchen haben sie oft durchlöchert, und die Grasdecke weist durch Büsche und Bäume Lücken auf. Gelegentlich wurde das Erdreich der Schlafdeiche auch anderswo benötigt, oder Häuser und Straßen wurden auf alten Deichen gebaut. In solchen Fällen kann es einfacher sein, neue Binnendeiche zu errichten.

Binnendeiche werden auch dort benötigt, wo hinter einem Hauptdeich Wasser aufgestaut wird, um Regenwasser aus dem Hinterland zu speichern. Auch dort, wo Flussniederungen durch Sturmflutsperrwerke gesichert wurden, kann es ratsam sein, die alten Flussdeiche zu erneuern oder durch neue Binnendeiche zu ersetzen. Außer höheren Sturmfluten bringt der Klimawandel in der Nordseeregion wahrscheinlich auch stärkere Regenfälle. Im unglücklichen Fall gerade dann, wenn vor dem Sperrwerk ein Sturm das Wasser so hoch aufstaut, dass das Sperrwerk vor der Flut schließen muss und in die andere Richtung auch kein Flusswasser mehr passieren lässt. Entsprechend müssen die Flüsse und ihre Rückhaltebereiche in kurzer Zeit mehr Wasser aufnehmen können als bisher. Darauf müssen die Flussdeiche eingestellt sein (Fotos S. 174 und 176).

Allein aufgrund der Gesamtlänge der vorhandenen Schlaf- und Flussdeiche kann eine Erneuerung zu erheblichen zusätzlichen Kosten für den Küstenschutz führen. Wenn Außendeiche an den steigenden Meeresspiegel angepasst und gleichzeitig Binnendeiche erneuert werden sollen, bedarf es insgesamt noch deutlich höherer Aufwendungen. Da lohnt es, das Konzept multifunktionaler Deiche auch auf Binnendeiche anzuwenden, um Kosten und Nutzen breiter verteilen zu können. Auch Binnendeiche sollten neben ihrer Funktion für Sicherheit und Wasserwirtschaft in vieler Hinsicht zur Strukturverbesserung beitragen können und dadurch zu privatöffentlichen Investitionen werden. Solche Investitionen können deshalb auch schon ohne drohenden Kollaps der Küsten sinnvoll sein und rechtzeitig in Ruhe mit allen Betroffenen geplant werden. Wegen der örtlichen Vielfalt wird es kein Patentrezept geben können.[11] Vor Ort sind Erfindergeist und Zusammenarbeit gefragt.

Bei Binnendeichen kann sich die Lage und Form auch nach anderen Nutzungen richten, solange die Schutzfunktion gewährleistet bleibt. Das Hauptaugenmerk kann sich also darauf konzentrieren, was sich mit linearen Erhebungen in den Küstenmarschen alles anfangen lässt. Damit könnten Investitionen für lokale Entwicklungsziele angelockt werden. Ideenwettbewerbe könnten ausgeschrieben werden. So etwas wäre eine Alternative zur rein staatlichen Finanzierung. Staatliche Raumplanung muss dabei sicherstellen, dass ein Binnendeichsystem ohne Lücken zusammenwächst.

Als Beispiel sei eine Idee präsentiert, die anstelle kompakter Erdwälle auf Hohlformen setzt (Bild 6.4). Die müssten tief und fest im Boden verankert sein. In den meisten Fällen dürften Höhen zwischen 4 und 6 Metern ausreichen. Damit die Hohlform genutzt werden kann, müssten auf der Binnenseite Eingänge vorhanden sein und oben sowie an den Seiten Sichtscheiben. Für die Landwirtschaft kann ein hohler Binnendeich als Viehstall, zur Einlagerung der Ernte oder als Gerätelager dienen. Auch

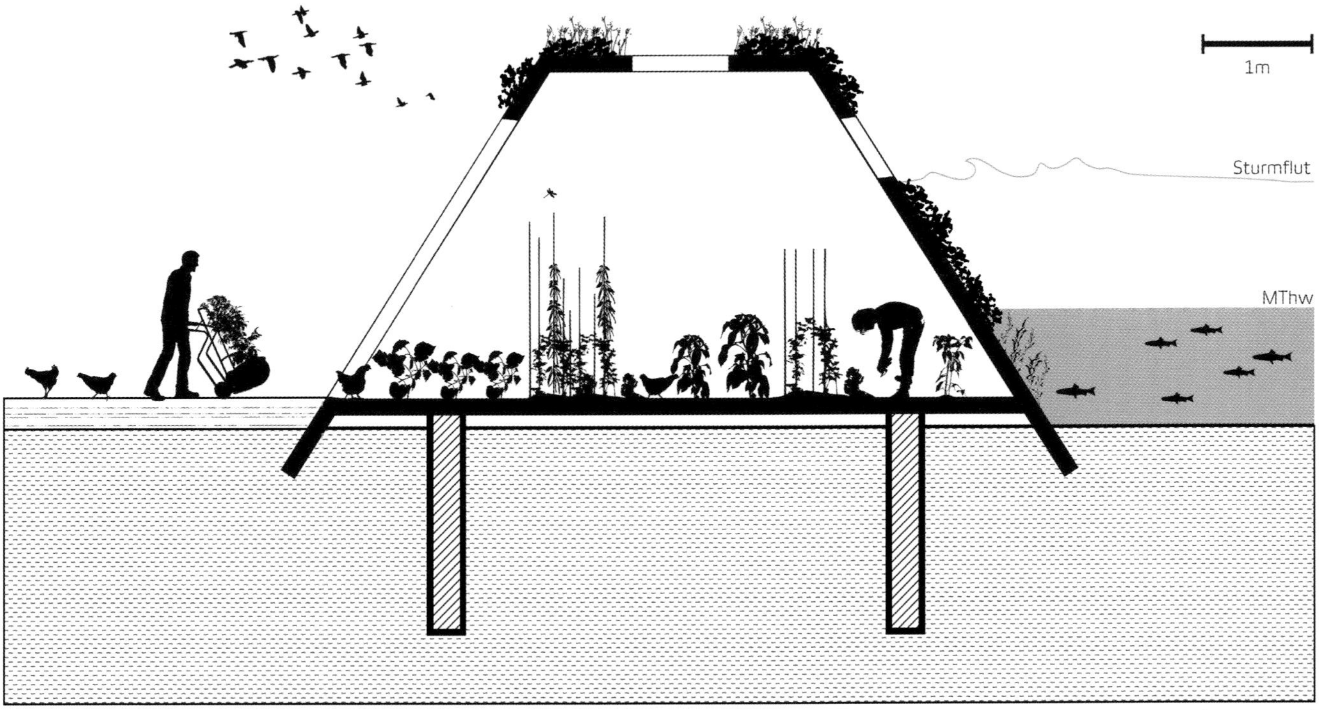


**6.4: Schema eines hohlen Binnendeichs, zusammengesetzt aus begrünten Betonschalen mit Fenstern und tief in den Boden reichenden Pfählen zur Verankerung.**

als Gewächshaus wäre der Hohlraum denkbar. Werkstätten wären darin möglich, ebenso Ferienappartements, Shopping-Malls oder was immer in die Umgebung passen würde und die Zustimmung der örtlichen Bevölkerung findet. Entlang von Flüssen könnten Binnendeiche zum Beispiel auch als Bootsschuppen dienen.

Damit kein ästhetischer Bruch im Landschaftsbild entsteht, sollten die Seiten begrünt werden. Bei passender Exposition könnten sie auch mit Photovoltaik-Anlagen bestückt werden. Neben Hohlformen sind auch zur Rückseite offene Formen möglich, um lediglich einen halb überdeckten Bereich zu schaffen. Ein ganz anderer Weg wäre, ohnehin notwendige Bahntrassen oder Straßen auf so hohe Dämme zu legen, dass sie gleichzeitig die Funktion von Binnendeichen übernehmen. Damit könnte sofort begonnen werden. Den höheren Baukosten stehen nennenswerte Risikominderung, verbessertes Katastrophenmanagement und höhere Funktionssicherheit der Infrastruktur gegenüber.

Der entscheidende Unterschied zu bisherigen Binnendeichen ist die Kombination der Schutzfunktion vor Hochwasser mit einer Vielzahl anderer Nutzungen und Notwendigkeiten, die auf oder in solche langgestreckten Formen passen. So könnte effiziente Raumnutzung mit privat-öffentlicher Finanzierung kombiniert werden. Die Sicherheit der Marschbewohner würde erhöht und gleichzeitig entstünden Infrastrukturen, die zu einer verbesserten Wirtschaftslage beitragen und die sich dabei in das charakteristische Landschaftsbild gut einfügen.

## Mein Freund, der Deich

Fühle ich mich schwach, finde ich hinter dem Deich Schutz. Fühle ich mich stark, blicke ich von seiner Krone weit über Land und Meer. Ohne Deich stünden weite Teile der Marschen zweimal täglich unter Wasser und bei Sturm würden die Fluten dort meterhoch wogen und alles zerstören, was von Menschenhand entstand. Deiche sind eine der eindrucksvollsten Leistungen an der Nordseeküste und prägen das Küstenbild und Küstenleben. Mit dem Schimmelreiter von Theodor Storm fanden die Nordseedeiche sogar Eingang in die Weltliteratur. Deiche sind mehr als Hemmschwellen für das stürmische Meer.

In ihrer fast tausendjährigen Geschichte sind die Nordseedeiche zunehmend wichtiger geworden. Sie avancierten von einem Wall zur Verbesserung landwirtschaftlicher Marschnutzung zum Garant für die Sicherheit vor Sturmfluten. Form, Bauweise und Größe der Deiche haben sich im Laufe der Zeit mehrfach gewandelt und werden es weiterhin tun müssen (Bild 6.1 und 6.3). Den perfekten Deich gibt es nicht. Erst recht nicht, wenn der Meeresspiegel schneller steigt als bisher. Durch die Kombination mehrerer Nutzungen würden die Deiche über die staatliche Daseinsvorsorge hinaus stärker in das Interesse der Betroffenen rücken. Nicht nur Experten würden über Deiche beraten, sondern es gäbe für diese lebenswichtigen Bauwerke nachhaltiges, öffentliches Engagement.

In diesem Kapitel wurden Beispiele für neuartige Deiche nur grob skizziert. Was in einer konkreten Situation gebaut wird, bedarf einer Abstimmung zwischen Ingenieuren, Raumplanern und anderen Experten, den geldgebenden Institutionen und nicht zuletzt den Menschen vor Ort. Der Meeresspiegelanstieg wird zwar zum Schlüsselprozess, aber die wirtschaftlichen, gesellschaftlichen und kulturellen Entwicklungen spielen ebenso wichtige Rollen, wenn es zu entscheiden gilt, was für Deiche es wann und an welchen Stellen geben soll. Dieses Kapitel will zum Dialog darüber anregen.


[1] Seavitt C, 2014: Poldering the Yangtze River Delta. Topos 87: 98-103.

[2] Kramer J, Rohde H (Hrsg.), 1992: Historischer Küstenschutz. Verlag Konrad Wittwer, Stuttgart, 567 S.

[3] Allemeyer M-L, 2006: „Kein Deich ohne Land ...!" Lebenswelten einer Küstengesellschaft in der Frühen Neuzeit (Veröffentlichungen des Max-Planck-Instituts für Geschichte 222), Göttingen: Vandenhoek & Ruprecht.

[4] Jakubowski-Tiessen M, 2011: Vom Umgang mit dem Meer. Sturmfluten und Deichbau als mentale Herausforderung. In: Fischer L, Reise K (Hrsg.) Küstenmentalität und Klimawandel. Oekom, Münschen: 55-64.

[5] NLWKN, 2007, 2010: Generalplan Küstenschutz Niedersachsen/Bremen, Bd. 1 und 2. Niedersächsischer Landesbetrieb für Wasserwirtschaft, Küsten- und Naturschutz. www.nlwkn.de.

[6] MELUR-SH, 2013: Generalplan Küstenschutz des Landes Schleswig-Holstein. Fortschreibung 2012. www.schleswig-holstein.de/UmweltLandwirtschaft/DE sowie LKN 2015 Fachpläne Küstenschutz. Landesbetrieb für Küstenschutz, Nationalpark und Meeresschutz Schleswig-Holstein. www.schleswig-holstein.de/Kuestenschutz/DE.

[7] Stadelmann R, 2008: Den Fluten Grenzen setzen. Schleswig-Holsteins Küstenschutz, Westküste und Elbe. Bd. 1 und 2. Husum 703 und 552 S.

[8] Polimeni JM, Mayumi K, Giampicto M, Alcott B, 2008: The Jevons paradox and the myth of resource efficiency improvements. Earthscan, London.

[9] Doody JP, 2004: ‚Coastal squeeze' – an historical perspective. J Coast Cons 10: 129-138.

[10] LKN-SH, 2013: Küstenschutzmaßnahme Deichverstärkung Büsum. Landesbetrieb für Küstenschutz, Nationalpark und Meeresschutz Schleswig-Holstein. www.lkn.schleswig-holstein.de.

[11] Metz T, van den Heuvel M, 2012: Sweet & Salt. Water and the Dutch. NAi Publishers, Rotterdam NL, 296 S.

[12] Hill K, 2014: The new age of coasts: A design typology. Topos 87: 16-21.

[13] Delva S, 2014: Future dike design. Topos 87: 30-33.

[14] Ahlhorn F, 2009: Long-term perspective in coastal zone development. Multifunctional coastal protection zones. Springer-Verlag, Berlin 220 S; www.comcoast.org.

[15] Michael Otto Stiftung, 2010: Ein Zukunftsbild für eine klimasichere Wattenmeerregion. Hamburg, 59 S.

[16] Al M, Braaksma J, 2014: Weg met de Afsluitdijk? LAMA landscape architects VOF, Antwerpen 48 S.

[17] Programma naar en rijke Waddenzee, 2015: Proefproject dubbele dijk dient drie doelen. Eemsdelta. www.ee-eemsdelta.nl/nieuws/.

Für die Pflege der Grasnarbe des mit Klei abgedeckten Sandkerndeiches haben sich Schafe bewährt. Im Bereich häufigen Wellenschlags sichert eine Asphaltdecke mit Steinreihen und Steinschüttung den Deich.

*Sheep keep the turf of earthen dikes in good shape while the seaward base of the dike is armored with stone against wave attacks.*

Mächtiger Landesschutzdeich in der ostfriesischen Westermarsch, innen und außen mit Fahrwegen für den Katastrophenfall und die Deichpflege. Die Häuser hinter dem Deich wirken vergleichsweise klein.

*A mighty dike rises above the sea, dwarfing the homes behind it (Westermarsch, East Frisia). An emergency road runs along the dike's inner side; on the sea side there is an access road for dike maintenance.*

**Pellworm: Schafe weiden hinter, auf und vor diesem Deich. Das den Deich schützende Vorland (rechts) benötigt selbst Schutz gegen Kantenerosion, weil das Watt davor zu wenig aufschlickt.**

***Sheep are grazing behind, on, and in front of this dike on the island of Pellworm. The foreland (right side) protecting the base of the dike has been armored to prevent edge erosion. The lack of mud accretion on the tidal flat in front of the salt marsh means that ever-stronger armoring is required.***

Gräben senkrecht zum Deich vermeiden Staunässe am Deichfuß. Das anschließende, einst künstlich gewonnene Deichvorland wird inzwischen nicht mehr entwässert und beweidet. Es soll sich natürlich entwickeln können.

*Ditching perpendicular to the dike prevents soil wetness at its base. The adjacent foreland was originally created artificially. Draining and domestic grazing has, however, now been halted to allow the area to further develop naturally.*

Geschwungener Außendeich vom Beltringharder Koog mit einem Speicherbecken (vorne) zur besseren Entwässerung tiefer Marschen. Zudem wurde eine künstliche Meerwasserlagune eingerichtet. Der 1987 fertig gestellte Koog sollte das Wassereinzugsgebiet eines Wattstromes verkleinern und ihn dadurch stabilisieren.

*Dike line of Beltringharder Koog with a water reservoir (in the foreground) and a lagoon supplied with marine water through a tide gate behind it. This polder was established in 1987 with the intention of stabilizing a tidal gully system by cutting off part of its watershed.*

Deichverstärkung aus den Jahren 2013 und 2014 (vorne rechts) mit schwarz verklebtem Schotter auf steiler Außenböschung an der Wattseite von Sylt. Der Sandhaken davor ist natürlich entstanden. Oben links ersetzt eine Sandvorspülung den Deich.

*Dike improvements from 2013 to 2014 (in the foreground, right) with black rip-rap glued together on the steep outer slope of a dike on the island of Sylt. The sandy hook is a natural development. Instead of the rigid dike, a dune created by sand nourishment has taken over in the upper left.*

Nordstrand bei Husum: Neue Deichverstärkung auf 8,7 Meter Höhe mit noch nicht abgedecktem Sandkern. Die Straße verläuft auf dem Schlafdeich, dessen eine Seite zwischen Osterkoog (links) und Altem Koog bebaut ist.

*A recently reconstructed dike has been raised in height to 8.7 meter. The inner core has been filled with sand and is not yet covered by layers of clay and turf (Nordstrand near Husum). An old dike running perpendicular to the main dike is partially used for housing and a road.*

**Elisabeth-Außengroden im Wangerland mit erodierender Salzwiesenkante (links). Im rechteckigen Feld (Pütte) wurde Kleiboden für Deichabdeckungen entnommen. Die Pütte schlickt allmählich wieder zu.**

***This foreland is subject to edge erosion and has a rectangular pit caused by excavating clay for dike building. The pit is expected to gradually refill with mud (Elisabeth Außengroden, Wangerland).***

Seedeich von Wilhelmshaven, dahinter Kleingärten, der künstliche Banter See und Binnenhäfen (links), davor der Jadebusen.

*Main dike at Wilhelmshaven with small garden plots, an artificial lake and inner harbor basins on the inner side and the Jade Bay on the outer side.*

Cuxhaven: Deich mit Kurpromenaden und Badestrand. Die Buschzäune zwischen den Strandkörben sollen Sandflug vermeiden.

*Dike at Cuxhaven with promenades and a beach. Brushwood fences between beach baskets are intended to stop the wind displacing sand.*

Der vor Kurzem verstärkte Stadtdeich von Büsum mit breiter Böschung zum Auslaufen der Wellen bei Sturmflut sowie mit viel Platz für geordnete Strandkorbnutzung. Der Übergangsbereich zum Watt ist asphaltiert und mit Steinpackungen gesichert.

*A newly improved dike for the town of Büsum with a very gentle slope to calm down surf during storm tides and also accommodating orderly rows of beach baskets. The foot of the dike is paved and protected with rock-fill.*

Gestaffeltes Deichsystem westlich von Neßmersiel in Ostfriesland (von links nach rechts): Watt, Salzwiese, Sommerdeich mit 3 Metern Höhe, Sommerpolder mit Pütten, Hauptdeich mit 8 Metern Höhe aus den 1980er-Jahren, dahinter schmaler Polder mit Ackerflächen und ganz rechts oben vor der Ansiedlung der alte Schlafdeich mit 5 Metern Höhe.

*Staggered sequence of dikes in the shore zone (from left to right): mud flat, salt marsh, summer dike (3 meters in height), summer polder, main dike (8 meters in height) built in the 1980s, narrow polder with agricultural fields, and finally an old secondary dike (5 meters in height) fronting a residential area (Neßmersiel, East Frisia).*

Der Bongsieler Kanal im Kreis Nordfriesland, flankiert von Deichen. Links die bereits 1515 eingedeichte ehemalige Hallig Ockholm, vorne rechts der Blumenkoog von 1871 mit Schlafdeich. Dahinter der Hauke-Haien-Koog von 1959. Der Kanal führt zu Speicherbecken bei Schlüttsiel. Dahinter der Seedeich von 1959, das Wattenmeer und am Horizont die Halligen und Außensände.

*Drainage channel flanked by dikes (Bongsieler Kanal in North Frisia), with a former island embanked in 1515 (Ockholm) to its left, in the foreground a polder from 1871 (Blumenkoog), separated by a dike from a more recent polder (Hauke-Haien Koog 1959), traversed by a new drainage channel which leads to water reservoirs at Schlüttsiel.*

# 7. Meer – Wasser – Marsch

*Die Nordseemarschen sinken immer tiefer unter den steigenden Meeresspiegel. Den dadurch verkehrten Höhenunterschied zwischen Land und Meer nur mit immer stärkeren Deichen und Entwässerungspumpen bewältigen zu wollen, stößt auf die Dauer an Grenzen. Deswegen könnten die Nordseemarschen gut ein nachhaltiges Wachstumsprogramm gebrauchen. Theoretisch würde weniger Entwässern das Schrumpfen und Sacken der eingedeichten Marschböden stoppen und Überflutungen mit den Gezeiten würden durch Ablagern neuer Sinkstoffe das Marschniveau erhöhen. Doch wie könnte das praktisch realisiert werden? Wäre mit mehr Wasser in den Marschen eine Landnutzung noch wirtschaftlich und eine Besiedlung weiterhin möglich?*

Dieses Kapitel bietet keine ausgereiften Lösungsvorschläge gegen die wachsende Kluft zwischen steigendem Meer und sinkendem Land. Aber es will Mut machen, mit mehr Wasser zu leben. Es werden Lösungen für die Nordseemarschen vorgeschlagen, die das Wasser willkommen heißen, anstatt es auszusperren, damit die Marschen nicht eines Tages ganz untergehen, sondern sich vielfältig, wirtschaftlich robust und als begehrtes Siedlungsland dem Meeresspiegelanstieg entgegenstellen können.

Nicht allen Denkmöglichkeiten wird hier nachgegangen. Zum Beispiel wird ein Auffüllen abgesackter Marschen mit Nordseesand oder Hafenschlick nicht behandelt. Ebenso wird ein sukzessiver Rückzug der Menschen aus den Nordseemarschen nicht in Betracht gezogen, weil das niemand will. Stattdessen wird überlegt, wie möglichst mit den Kräften der Natur die zu tief liegenden Marschen wieder wachsen könnten, um den Anschluss an den steigenden Meeresspiegel zu erreichen.[1-3]

### Meer über Marsch

Nahezu alle Marschen liegen heute unter dem mittlerem Tidehochwasser, weil über die letzten Jahrhunderte Nordsee und Tidehub stiegen und die eingedeichte Marsch durch verschiedene Prozesse gesunken ist. Vor den Deichen steht die See bei besonders starken Sturmfluten um 3 bis 4 Meter über der Durchschnittshöhe der Marschen. Neuendorf-Sachsenbande in der Wilstermarsch liegt dann sogar bis zu 9 Meter unter Sturmfluthöhe.

Ursache dieser verkehrten Höhenlagen ist das Eindeichen: Hinter dem Deich kann der Marschboden nicht mehr durch Aufschlickung mit dem Meeresspiegel mitwachsen. Stattdessen sinkt er immer tiefer. Was sich je Jahrhundert auf wenige Zentimeter beläuft, addierte sich seit Beginn des Eindeichens auf mehr als einen Meter. Je schneller das Meer steigen wird, desto weiter öffnet sich die Schere zwischen Meereshöhe und Marschentiefe (Bild 7.1).

Während also der Meeresspiegel langsam steigt, gehen die Marschböden in die Tiefe. Das ist die Schuld der „misslichen Drei“: Schrumpfen, Sacken und Sinken. Die Entwässerung mit tiefen Gräben, Schöpf- oder Pumpwerken senkt das Grundwasser ab. Solch ein Wasserentzug verengt den Porenraum und der Boden schrumpft. Sauerstoff dringt in die entwässerten Bodenschichten, sodass Bakterien und Pilze die organischen Bodenanteile zersetzen können. Der Boden wird kompakter und sackt.

In moorigen Bereichen wurde in früheren Jahrhunderten viel Torf abgebaut und verbrannt (s. Kap. 3). Das vertiefte dort die Geländehöhe gleich um mehrere Meter. Schließlich senkt sich auch noch die norddeutsche Küste als Schaukelpartner zur skandinavischen Hebung (s. Kap. 1, Bild 1.5). Sie sinkt aber nicht überall gleich stark. Ebenso unterschiedlich ist das Schrumpfen und Sacken je nach Bodenart und Behandlung. Aber stets geht es mit dem Boden nach unten.

Das ist nicht nur wegen des möglichen Schadens bei Deichbrüchen ein Problem, wenn das eindringende Meerwasser, dem Gefälle folgend, weit bis ins Binnenland flutet. Auch die Entwässerung wird zunehmend aufwendiger, weil überschüssiges Regenwasser hoch zum Meer gepumpt werden muss.[5] Wenn selbst bei Tideniedrigwasser das Meer noch höher steht als das Land, muss sogar ununterbrochen gepumpt werden. Zusätzlich kann durch das Pumpen die Versalzung des Grundwassers zum Problem werden. Je höher das Meer vor einem Land mit abgesenktem Grundwasser steigt, desto mehr sickert salziges Grundwasser ein und steigt nach oben, weil zudem darüber liegendes Süßwasser abgepumpt wird (Kap. 4, Bild 4.6). Eine Landwirtschaft in bisheriger Form wird dann schwierig.

Sehr anschaulich werden künftige Höhenverhältnisse auf einem viel besuchten, etwa 30 Kilometer

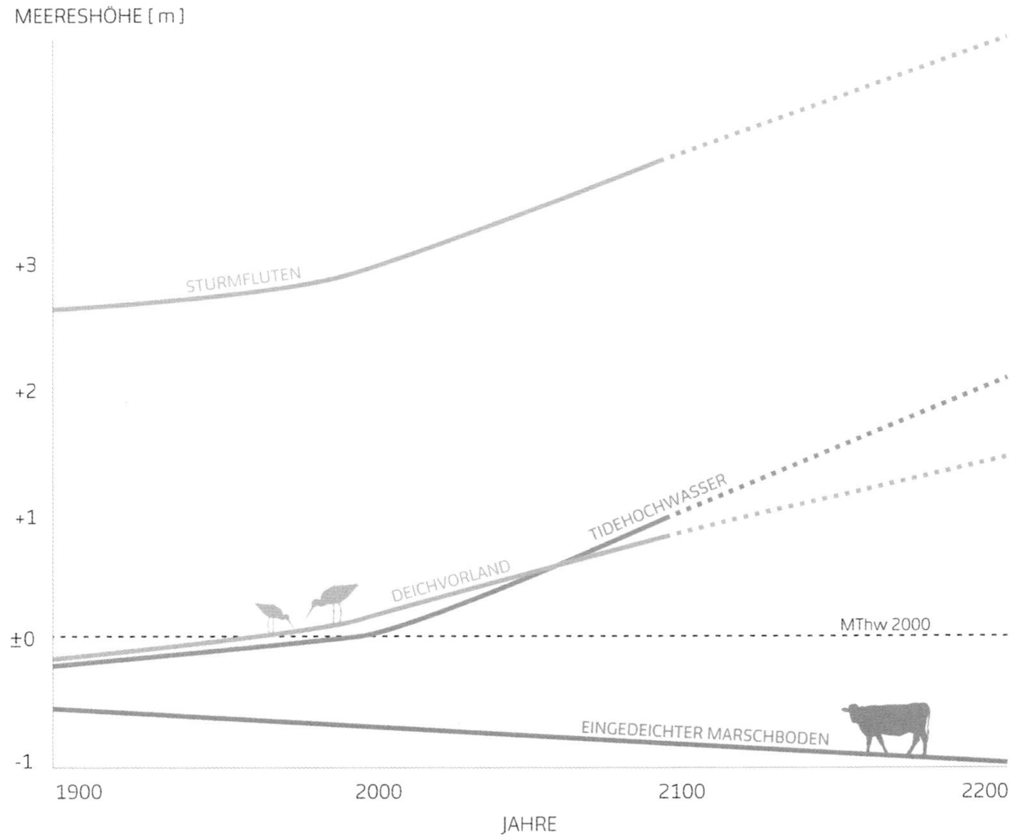


**7.1: Steigendes Meer, dargestellt als Sturmfluthochwasser und mittleres Tidehochwasser, mehr oder weniger mitwachsendes Deichvorland sowie sackender, schrumpfender und sinkender Marschboden hinter dem Deich im vorigen Jahrhundert und in Zukunft (verändert nach [4]).**

langen, einer Freilichtbühne ähnelnden Uferabschnitt der Ems von Papenburg bis zum Dollart vorgeführt. Mit Hilfe eines Sperrwerks wird der Fluss vorübergehend um einige Meter höher als das umliegende, eingedeichte Marschenland aufgestaut. Dann wird ab einer in Papenburg ansässigen Werft ein riesiges Kreuzfahrtschiff in Maßarbeit bis zum Meer bugsiert, ohne dabei den Grund zu berühren. Die Besucher sind fasziniert vom gigantisch großen Schiff auf dem kleinen Fluss, während die Anwohner besorgt den Wasserstand im Fluss mit der Höhe ihrer Häuser vergleichen. Wird es auf solch einem Schiff einmal sicherer sein als in der tiefen Marsch? Trotz des beruhigenden Gefühls, das ein massiver Deich auslösen mag, nimmt die Verwundbarkeit des von ihm geschützten Landes zu, je tiefer es liegt. Das mit dem steigenden Meer und sinkendem Land verbundene Dilemma kann kein Deich lösen. Da die Aussicht auf einen wieder sinkenden Meeresspiegel äußerst gering ist (s. Kap. 2), stellt sich die Frage, was in der Marsch getan werden kann, um das Dilemma zu mildern. Wie kann das weitere Absinken gestoppt oder sogar in ein Aufwachsen der Marschböden umgewandelt werden?

## Wasser – das Kapital der Küste

Ohne Wasser gäbe es keine Küste. Die flache Nordseeküste ist aus dem Wasser gewachsen und wurde vom Wasser geformt. Erst der Deichbau bot dem dynamischen Spiel der Elemente Einhalt und drängte die Rolle des Wassers an den Rand. Durch die Auswirkungen des Klimawandels lässt sich das Wasser nicht mehr weiter verdrängen und vor der heutigen Deichlinie halten. Es könnte sogar wieder in den Mittelpunkt des Küstenlebens fließen.

Abwehr allein kann einen nahezu unbegrenzten Meeresanstieg nicht unbegrenzt bewältigen. Ohne nachhaltige Anpassungen wäre nur ein Rückzug auf höher gelegenes Land die rettende Konsequenz. Solch ein plötzlicher Umschwung muss nicht passieren, wenn mit vielfältigen Anpassungen, verstreut über die gesamte Küstenlandschaft, frühzeitig begonnen wird. Dabei gilt es, aus dem vielen Wasser Kapital zu schlagen, denn durch Wasser könnte die Küste physisch und bei geschickter Nutzung auch wirtschaftlich wachsen. Eine amphibische Kultur der Küste könnte zum Markenzeichen der Nordseeküste werden.

Mit mehr Wasser zu leben, wäre dann nicht nur eine Frage wasserbaulicher und wasserwirtschaftlicher Innovationen, sondern auch die der persönlichen Einstellung. Angesichts umfangreicher Entwässerung nahe seiner Warft Seebüll, gelegen im dänisch-deutschen Grenzgebiet, schrieb der Maler Emil Nolde:

*„Der Zukunft bleiben wohl nur noch kleinere Wasserlöcher, gleich Gottestränen, geweint um eine in Alltäglichkeit verwandelte Urschönheit."*

7.2: **Nordseemarschen mit Ackerbau in jüngeren Poldern und, nach Einstellung des Entwässerns, im Sietland mit Feuchtwiesen und Gewässern.**

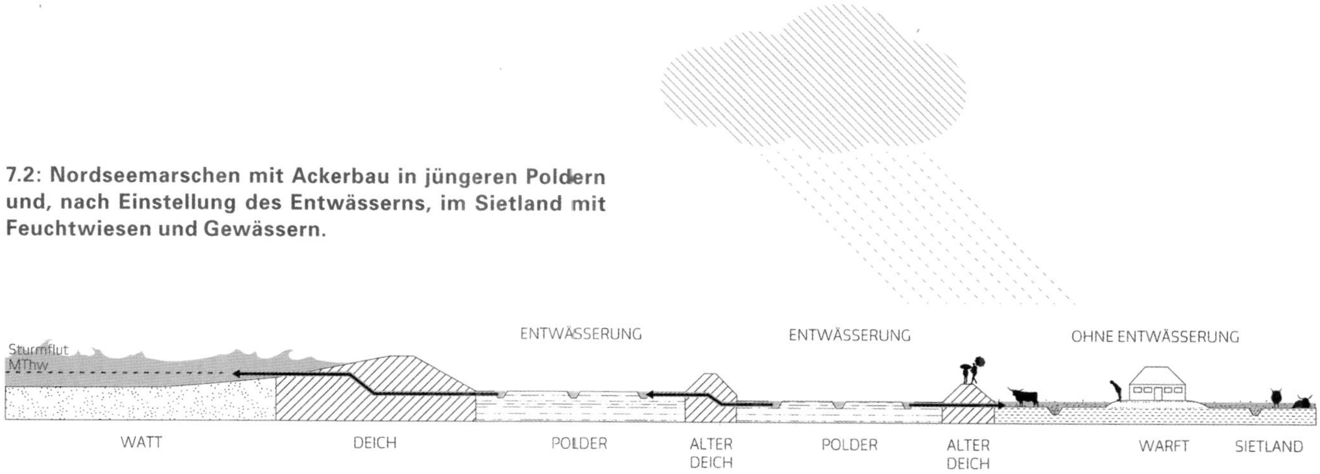


Für Nolde war es noch normal, dass die Marschwiesen um sein Haus im Winter unter Wasser standen und im Sommer zahlreiche Wasserpfützen wie Augen aus den Wiesen sahen.[6] Ohne den durch Entwässerung entstehenden Wertzuwachs für die Landwirtschaft direkt zu nennen, rechnete er den Verlust an „Urschönheit" dagegen. Jahrzehnte später wurde ein Teil der damaligen Entwässerung wieder rückgängig gemacht (Foto S. 135). Der Boden wurde entweder zu sauer oder war versalzen, während Feuchtgebiete wegen ihrer Biodiversität an Wert gewannen. Die Zeit ist vorbei, wo sie als Schandflecken im sonst urbar gemachten Land galten. Sie unterliegen inzwischen naturschutzrechtlichen Richtlinien der EU. In einer Zeit zunehmender Auswirkungen des Klimawandels kommt zu ihrer Bedeutung als Naturlandschaft eine Wertschätzung als $CO_2$-Senke und als Wasserspeicher noch hinzu.

Aufgrund derzeitiger Klimaszenarien für Norddeutschland wird nicht erwartet, dass die Gesamtniederschlagsmenge zunimmt. Im Winter wird es zunehmend mehr regnen und die Sommer werden trockener.[7, 8] Außerdem können unvermittelte Starkregen heftiger werden. Um vom Regenwasser überflutete Landflächen und Siedlungen zu vermeiden, muss daher der Aufwand für den Wasserabfluss zum Meer zunehmen.[5] Aufgrund der Tiefenverhältnisse sind natürliche Abflüsse aus dem Sietland kaum noch möglich (Foto S. 142). Pump- und Schöpfwerke werden benötigt. Der Meeresspiegelanstieg verkürzt zusätzlich noch den Zeitraum des Tideniedrigwassers, während dem noch ein freier Abfluss durch ein Deichsiel ohne Pumpleistung möglich ist.

Warum nicht das Wasser stattdessen im Land behalten (Bild 7.2)?

Im tiefen Sietland könnte das kostspielige Pumpen mit der Anlage von Wasserspeichern entfallen, sodass sich die Kostenbilanz aus technischen, ökologischen sowie wirtschaftlichen Gründen zugunsten der Speicherung verschieben würde. Das Sacken und Schrumpfen der Böden hätte ein Ende. Die Zersetzung der im Boden gespeicherten organischen Substanzen käme zum Stillstand. Wo das Grundwasser das ganze Jahr über hoch steht, würden Sumpfpflanzen wachsen und durch die Einlagerung von abgestorbenen Pflanzenteilen könnte wieder Moorbildung einsetzten.

Der so skizzierte Weg zur Entwicklung von Nieder- zu Hochmooren ist lang, aber es würden allmählich wieder dort dauerhafte $CO_2$-Senken geschaffen, wo vorher durch Entwässerung $CO_2$ freigesetzt wurde. Außerdem entstünden Süßwasserreservoire. Bei viel Regen nehmen solche Reservoire wie ein Schwamm Umgebungswasser auf, und in trockenen Sommertagen können sie etwas davon wieder abgeben. Der wasserwirtschaftliche Umbau könnte möglicherweise sogar durch Zertifikate aus dem $CO_2$-Ablasshandel finanziert werden.

Solche Wasserspeicher könnten entweder einfach der Natur überlassen werden und deren ökologische Wertigkeit heben. Möglich wären aber auch wirtschaftliche Nutzungen: Reet für Hausdächer, Anbau sibirischer Lotosblumen oder anderer für die Ernährung hochwertiger Sumpfpflanzen, Fischzuchtanlagen, Verpachtung an Anglervereine, Reviere für Wassersport, Badeseen, schwimmende Gewächshäuser oder schwimmende Gemüsegärten, Pfahl- und Schwimmhäuser zur Vermietung, darum herum Weideland für Wasserbüffel und andere Rinder, Wildpferde als Attraktion und vieles mehr.

Wichtig wäre eine Vernetzung der entstehenden Gewässer mit den Tideflüssen und dem Meer, um das Wasser in Bewegung und im Fluss zu halten (Bild 7.2). Das schützt zum Beispiel vor Mückenplagen. Die Küstenlandschaft erhielte durch die vielen Wasserflächen ein attraktives Gesicht und wäre zudem kapitalträchtig.

## Gezeiten in den Marschen

In den tiefen Sietländern ist der wegen des Klimawandels steigende Aufwand für die Entwässerung

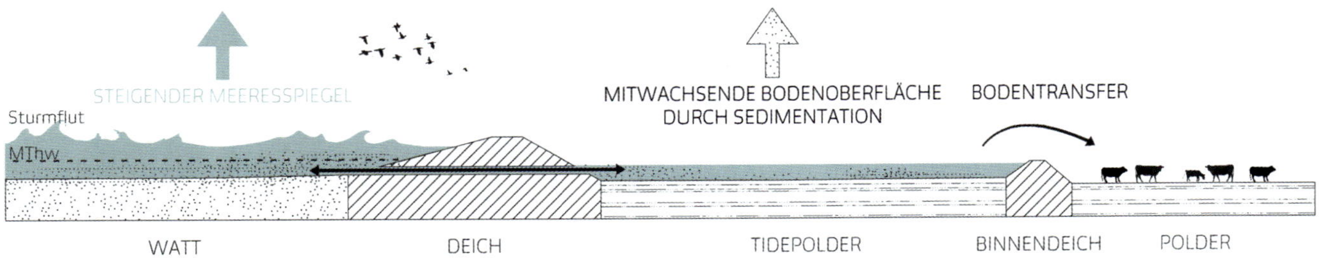


**7.3: Ein Tidepolder erhält durch Siele im Deich mit dem Flutwasser neue Sinkstoffe. Die Sedimentation hebt die Bodenoberfläche mit dem Anstieg des Meeresspiegels. So könnten neues Weideland oder Äcker auf Meereshöhe entstehen. Das neue Sediment kann auch zu Nachbarpoldern weitertransferiert werden.**

der Auslöser für mehr Wasser in der Landschaft. In den jüngeren, näher zum Seedeich gelegenen Poldern ginge es vornehmlich um ein Mitwachsen mit dem Meeresspiegelanstieg. Das ist neu und so etwas gab es seit Beginn des Eindeichens noch nicht. Bei der Entwässerung ist es sinnvoll, diese zuerst in den tiefsten Sietländern einzustellen. Für die tideabhängige Sedimentation sollten insbesondere Speicherköge und diejenigen Polder infrage kommen, die dicht hinter dem Außendeich und dennoch deutlich niedriger als das mittlere Tidehochwasser liegen[4, 9-12] (Bild 7.3). Begünstigt sind Küstenabschnitte mit hohem Tidenhub.

Geeignet wären in Schleswig-Holstein die Niederungen der Lecker Au mit dem Bottschlotter See, Marschen südlich von Husum zwischen den Ortschaften Rödemis, Rantrum und Witzwort sowie die Wilstermarsch an der Elbe. In Niedersachsen liegt östlich vom Jadebusen das Stadland besonders tief und westlich die Niederung zwischen Zetel, Friedeburg und Sande. Weiter im Westen sind es die Region Krummhörn, der Bereich zwischen Emden und Leer sowie das Rheiderland.

Speicherköge wurden vor allem in Schleswig-Holstein in der zweiten Hälfte des 20. Jahrhunderts gebaut, um das Hinterland besser entwässern zu können. Der Hauke-Haien-Koog ist ein Beispiel (s. Kap. 1, Bild 1.10, Fotos S. 126 und 144), der Beltringharder Koog (Foto S. 116), die Eidermündung (Foto S. 28) und der Meldorfer Speicherkoog sind weitere; in Niedersachsen gibt es den Greetsieler Nacken (Leyhörn, Foto S. 145). Sie entstanden zur störungsfreien Entwässerung von tiefen Marschen im Binnenland. Dafür wurden Wattgebiete neu eingedeicht, um ein Zwischenlager für überschüssiges Regenwasser einzurichten. Das Stauwasser fiel an, wenn wegen hohem Wasserstand vor dem Deich ein sofortiger Abfluss ins Meer nicht möglich war.[13]

Würden künftig aber nun schon im tiefen Sietland Wasserspeicher angelegt, wie weiter oben

### Exkurs: Wasserlandschaften für Ferien hinter dem Deich

In den Niederlanden werden neue Pläne verfolgt, um tief liegendes Land hinter den Deichen attraktiv zu machen[14-16]. Holwerd aan Zee liegt unweit vom Außendeich im niederländischen Friesland. Wie in vielen anderen Dörfern, ist die Zahl der Bewohner rückläufig, das Durchschnittsalter nimmt zu und Arbeitsplätze sind rar. Eine touristische Entwicklung könnte Holwerd helfen. Zwar durchfahren viele Touristen den Ort, um die Fähre nach Ameland zu nehmen, aber kaum jemand bleibt für einen ganzen Urlaub. Daher sieht ein Plan vor, ein bestehendes Siel im Außendeich zu nutzen, um eine Niederung zwischen Dorf und Deich gezeitenabhängig unter Wasser zu setzen (Bild 7.4). Dadurch wäre der Ort wieder mit dem Wattenmeer verbunden.

In der Niederung sollen Warften (niederländisch: Terpen) für Ferienhäuser und am Deich ein Hotel entstehen. Das Dorf soll zur Niederung hin eine Promenade mit Besucherzentrum erhalten. Tourismus und Erholung sollen so Holwerd aan Zee Arbeitsplätze bringen. Von Sedimentation im Überflutungsgebiet ist dabei nicht die Rede, aber das könnte ein Nebeneffekt werden. Überlegt wird auch, vorübergehend Wasser hinter dem Deich aufzustauen, um damit die verschlickende Fahrrinne nach Ameland stoßweise auszuspülen.

Der Plan weist einen interessanten Weg: Die bestehende landwirtschaftliche Nutzung weicht auf kleiner Fläche einer touristisch attraktiven Erlebnislandschaft, weil diese der örtlichen Bevölkerung eher eine langfristige Perspektive verspricht. Nicht das steigende Meer ist in diesem Fall der Auslöser, sondern der Wunsch, eine lebenswerte Heimat zu erhalten.

**7.4: Plan vom westfriesischen Holwerd aan Zee, wo durch ein Sperrwerk die Gezeiten in die Marsch fließen sollen, um so durch eine Erlebnislandschaft mit neuen Warften (Terpen) den Ort attraktiver zu machen.[16]**

beschrieben, dann wären diese Speicherköge zwischen Marsch und Watt weitgehend entbehrlich. Der Sielbetrieb dort könnte so umgestellt werden, dass Sinkstoffe mit einfließender Tide zur Ablagerung kommen und mit ausfließender Tide den Koog nicht wieder verlassen. Dazu könnte die Schwellenhöhe im Siel bei Ebbe etwas höher als bei Flut eingestellt werden. Zusätzlich könnten in solch einem Tidepolder künstliche Landzungen und Inseln so arrangiert werden, dass der Flutstrom seine Sinkstoffe auf seinem nun verlängerten Weg gut absetzen kann. Da die Speicherköge vorwiegend unbesiedelt blieben, sind sie besonders geeignet, um hier erste Erfahrungen mit Tidepoldern zu sammeln.

Gelingt es, mit den Tidepoldern viel Sediment einzufangen, würde sich ein aquatischer Lebensraum nach und nach zu einem Wiesengelände mit kleineren Wasserläufen entwickeln. Bis dies so weit ist, entfaltet sich ein Salz- und Brackwasserhabitat, das sich vom Watt vor den Deichen vornehmlich nur durch schwächere Wellen und fehlende Sturmfluten unterscheiden würde. Ob dort während der Sedimentationsphase salzresistente Kulturpflanzen angebaut werden können, müsste noch erprobt werden.

Der mit dem Meer wachsende Tidepolder erhöht den Schutz für dahinter liegende Polder. Eine weitere Option wäre, das dort eingefangene Sediment auch zur Erhöhung benachbarter Polder zu verwenden (Bild 7.3). Das tideabhängige Fluten von Poldern mit Meerwasser ist auch Teil des bereits beschriebenen Doppeldeichkonzepts (s. Kap. 6).

Die Speicherköge entwickelten sich zu einem Eldorado für Wasser- und Küstenvögel. In Kombination mit extensiver Beweidung in den Randbereichen finden auch Wiesenvögel dort geeignete Habitate. Für den Naturschutz spielen die Speicherköge inzwischen eine wichtige Rolle, auch wenn sie auf Kosten des Wattenmeeres entstanden sind. Ihre Umwandlung in Tidepolder würde die dort entstandenen Süßwasserbiotope versalzen. Eine ökologische Kompensation böten jedoch die neuen Wasserspeicher in den tiefen Sietländern.

Auch wenn Tidepolder hinter einem Deich und Wasserspeicher im Sietland auf kommunaler Ebene diskutiert und beschlossen werden müssen, lohnt ein Blick auf mögliche Vernetzungen dieser Anpassungen (Bild 7.5). Läuft der Wasserspeicher im Sietland über, kann der Tidepolder vorübergehend auch als Speicher für Regenwasser fungieren. Die dann

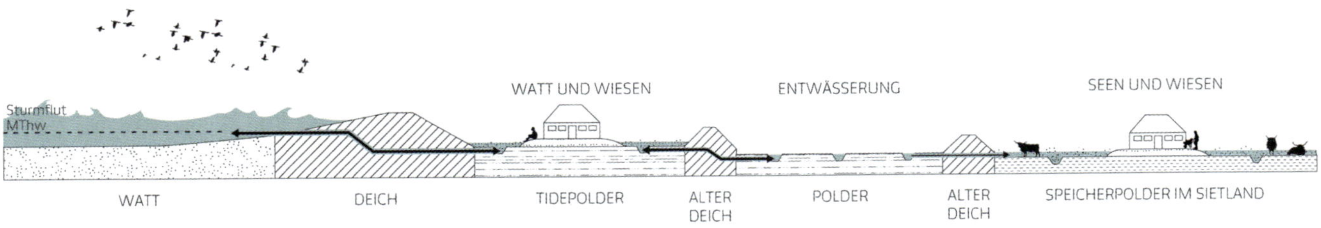


**7.5: Vision einer Nordseemarsch mit Tidepolder hinter dem Hauptdeich und Speicherpolder in tiefer liegender, älterer Marsch (Sietland).**

dort stattfindende Vermischung von Meer- und Süßwasser kann die Sedimentation fördern, weil Schwebstoffe im Brackwasser zur Bildung von großen Flocken neigen, die schneller absinken.

Rund um die neuen Gewässer in den Marschen könnten wilde Weiden das Landschaftsbild prägen. Außer Schafen und Ziegen können große Weidetiere wie Wasserbüffel, Schottisches Hochlandrind, Galloway, Angus und andere Rinderrassen oder rückgezüchtete Auerochsen und Wildpferde die Landschaft offen halten und für eine große Biotop- und Artenvielfalt sorgen.

Watt und Salzwiesen bieten großen Scharen durchziehender Küstenvögel reiche Nahrung, aber die Brutmöglichkeiten sind im heutigen Wattenmeer begrenzt. Mit neuen Gewässern in den Marschen, die zahlreiche, kleine Vogelinseln enthalten, könnte sich das ändern. Deutschland hat sich in Rio 1992 verpflichtet, der Wildnis einen höheren Flächenanteil einzuräumen. Eine Marschlandschaft mit eingestreuter Wasserwildnis würde sich gut mit dem Wattenmeer ergänzen und zu einer vielseitigen Erholungsküste passen (Bild 7.6).

Der Küstenwind der Nordsee war einst wichtig für Segelschiffe und Schöpfmühlen, war dann lange Zeit eher lästig und nimmt heute mit den alles überragenden Windkraftanlagen wieder eine zentrale Rolle an der Küste ein.[17, 18] Nicht aus Not, sondern weil neue technische, gesellschaftliche und politische Bedingungen eine Energiewende möglich machen, wurde der Wind wieder wichtig. Könnte es entsprechend in den Nordseemarschen auch eine Wasserwende geben? Könnte sogar eine bewohnte, amphibische Wasserlandschaft zu solch einer Besonderheit werden, so wie es das UNESCO-Welterbe Wattenmeer bereits jetzt ist (Bild 7.6)?

### Dem Meer das Wasser reichen[19]

Bei schneller steigendem Meeresspiegel als bisher ist ein Küsten- und Hochwasserschutz allein durch Deiche zu riskant. Besser wäre eine Streuung des Risikos. Darum bedarf das Wohnen in den tief liegenden Marschen einer grundlegenden Reform beziehungsweise einer Rückbesinnung auf alte Siedlungsformen. Einst gab es ein Ensemble aus Warften

**7.6: Dieses Luftbild vom Beltringharder Koog im Kreis Nordfriesland gibt mit den zahlreichen Gewässern unterschiedlicher Funktion eine Vorstellung davon, wie eine amphibische Wassermarsch an der Nordseeküste aussehen könnte. Die deichnahen Häuser stehen noch auf alten Warften. Der Bau des Kooges war in den 1980er-Jahren so umstritten, dass wegen des Verlusts an Salzwiesen und Watten zum Ausgleich eine weitgehend naturbelassene Wasserlandschaft geschaffen wurde.**

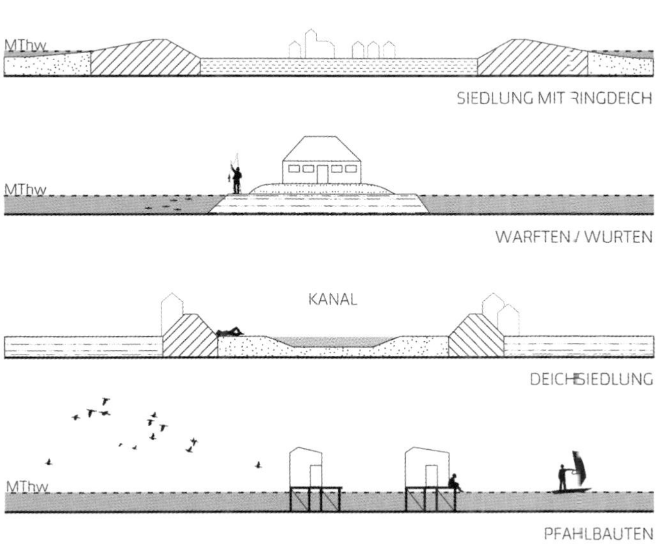


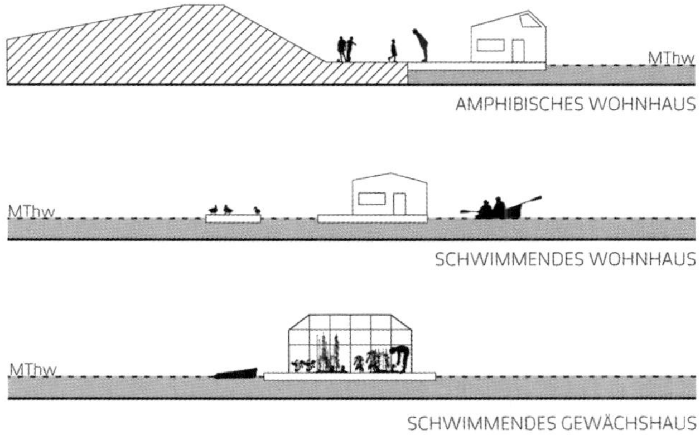


**7.7: Siedlungsformen und Bauweisen in einer wasserreichen Marschlandschaft.**

oder Wurten in den Marschen, das aber nach dem Deichbau immer tiefer sackte und nicht mehr erhöht wurde. Das gilt auch für größere Wurtensiedlungen wie Rysum im Krummhörn (Foto S. 146), Ziallerns im Wangerland, Itzwörden nahe der Ostemündung oder Wesselburen in Dithmarschen. Heute reicht deren Höhenlage bei Deichbrüchen kaum noch aus.

Neues Bauen in der Marsch muss entweder die alte Siedlungsweise wiederbeleben und Häuser auf künstliche Wohnhügel stellen, einzelne Siedlungen mit Ringdeichen umgeben oder andere Bauformen entwickeln, die an Hochwasser angepasst sind (Bild 7.7). Wohnhäuser sollten so hoch stehen, dass der Blick aus dem Fenster wieder über die Deiche bis zum Meer reicht. Das bedeutet, an der Küste mit dem Meer wieder auf Augenhöhe zu leben.

Tradierte und neue Bauweisen am und im Wasser könnten zu einem neuen Markenzeichen der Nordseemarschen werden.[15, 20, 21] Auf dem Wasser schwimmende Siedlungen mit gut gedämmten Passivhäusern, die bei Bedarf verlegt werden können, auf ummanteltem Styropor schwimmen und mit Sonnenkollektoren für Warmwasser, Solarpanelen für Strom sowie eigener Wasseraufbereitung mit Umkehrosmose ausgerüstet wären, würden natürliche Entwicklungen kaum behindern. Sie führten zu einem eng auf das umgebende Wasser und die Natur darum herum bezogenen Lebensstil in den Nordseemarschen. Vielleicht wird so etwas einmal künftige Normalität, nicht nur für Urlauber?

Die besonders durch Überflutungen gefährdeten Marschen sollten über gut erreichbare Fluchttürme verfügen. In ruhigen Zeiten wären sie als Aussichtspunkte mit weitem Panoramablick eine Attraktion. Eine weitere Herausforderung in überflutungsgefährdeten Marschen sind die Verkehrsverbindungen. Bahn und Straßen müssten auf, in oder zwischen Dämmen verlaufen, die dann gleichzeitig Binnendeiche wären. Wo diese Funktion nicht gebraucht wird oder eher störend wäre, könnten Verkehrswege auf Stelzen verlaufen.

Bei touristischer Nutzung von überflutbaren Niederungen und Gewässern mit Schwimmhäusern, Pfahlbauten und Warften wären Wassertaxis und amphibische Busse passende Verkehrsmittel. In künftigen Marschen könnte es mehr Kanäle als Straßen geben und mehr Boote als Autos. Ein Netz von befahrbaren Wasserwegen, das von den deichbegleitenden Kanälen abzweigt, wäre auch aus wasserwirtschaftlichen Gründen sinnvoll, um stillstehende Gewässer zu vermeiden. Durch Anschluss an die Gezeiten würde auch hinter den Deichen das Wasser fortlaufend in Bewegung gehalten.

Eine ganz andere Bewegung jedoch könnte den aufwendigen, derzeitigen Küstenschutz in Zukunft infrage stellen: Was ist, wenn kaum noch jemand in den Marschen wohnen will? Wie könnte eine Umkehr der Landflucht erreicht werden?

Die technisierte Landwirtschaft bietet dafür zu wenige Arbeitsplätze.[22] Helfen könnte Nutzungsvielfalt in einer Wasserlandschaft. Wasser in den Marschen erhöht nicht nur die landschaftliche Vielfalt, sondern auch die Vielfalt möglicher Nutzungen in Mischbetrieben mit Ackerbau und Weidevieh, Aquakultur sowie Natur- und Wassertourismus. Mit hoher Wohn- und Lebensqualität am Wasser könnten Berufsgruppen gelockt werden, die wenig ortsgebunden sind. Möglicherweise könnte ein Klimawandel mit Hitzewellen im Binnenland den Wohnwert in erfrischenden Wassermarschen der Küste noch erhöhen.

Eine schrittweise partielle Flutung der Marschen dürfte besonders von der Landwirtschaft abgelehnt werden. Aber lässt sich heute schon erahnen, welche landwirtschaftlichen Produktionsformen in 50 oder 100 Jahren aktuell sind? Gibt es nur noch Monokulturen globaler Konzerne und Tiere nur noch in Stallhaltung? Oder findet eine Agrarwende statt mit breitem Produktspektrum für regionale Märkte und viel Schutz für Wasser, Böden und Artenvielfalt? Überlegungen zu langfristigen Strategien für die Wasserwirtschaft, den Küsten- und Hochwasserschutz bei steigendem Meeresspiegel sollten sich nicht durch Forderungen blockieren lassen, die zwar heute noch Gültigkeit haben, aber schon morgen durch veränderte Lebensverhältnisse nicht mehr von Bedeutung sein könnten.

Anpassungen an die Folgen des Klimawandels wie an den steigenden Meeresspiegel mit aufschlickenden Marschen, schwimmenden Gärten und Wassersiedlungen werden nicht alle Probleme lösen können, aber die konventionelle Deichverstärkung kann das erst recht nicht.[3] Die Frage wird sein, welche Küste wir uns an der Nordsee schaffen, welche Siedlungs-, Landnutzungs- und Naturformen wir fördern oder begrenzen wollen? In diesem Kapitel über künftige Nordseemarschen werden ein paar noch unreife Vorschläge gemacht, wie hoffentlich noch lange dem steigenden Meer das Wasser gereicht werden könnte. Die Intention ist, mit diesen Vorschlägen einen offenen Dialog anzuregen, aus dem sich vielleicht einmal konkrete Projekte entwickeln werden.


[1] Kirwan ML, Megonigal JP, 2013: Tidal wetland stability in the face of human impacts and sea-level rise. Nature 504: 53-60.

[2] Temmerman S, Bouma TJ, Herman PMJ, Ysebaert T, de Vriend HJ, 2013: Ecosystem-based coastal defence in the face of global change. Nature 504: 79-83.

[3] Temmerman S, Kirwan ML, 2015: Building land with a rising sea, Science 349: 588-589.

[4] Braaksma J, 2012: Rijzend Land. LAMA landscape architects VOF. Antwerpen 126 S.

[5] Ahlhorn F, Meyerdirks J, 2010: Speichern statt pumpen. Nationalpark- und Biosphärenverwaltung Niedersächisches Wattenmeer. Wilhelmshaven 89 S.

[6] Gottburgsen M, Hassenpflug W, 1991: Der Gotteskoog. Verlag Karl Heinrich Bock, Bad Honnef 215 S.

[7] von Storch H, Claussen M (Hrsg.), 2011: Klimabericht für die Metropolregion Hamburg. Springer, Berlin 321 S.

[8] Klimzug-Nord Verbund (Hrsg.), 2014: Kursbuch Klimaanpassung: Handlungsoptionen für die Metropolregion Hamburg. TuTech Verlag, Hamburg 133 S.

[9] Helmer W, Vellinga P, Litjens G, Goosen H, Ruijgrok E, Overmars W, 1996: Growing with the Sea. World Wide Fund for Nature NL 36 S.

[10] Michael Otto Stiftung (Hrsg.), 2010: Ein Zukunftsbild für eine klimasichere Wattenregion. Hamburg 59 S.

[11] Neubauer A, von Bargen U (Hrsg.), 2014: Klimaanpassung an der Unterweser durch einen Tidepolder im Bereich der Dreptenniederung. Gesamtbericht zur Vorstudie. Bremenports, Bremerhaven. http://www.studie-tidepolder-drepte.de.

[12] Al M, Braaksma J, 2014: Weg met de Afsluitdijk? LAMA landscape architects VOF, Antwerpen 48 S.

[13] Prange W, 1986: Die Bedeichungsgeschichte der Marschen in Schleswig-Holstein. Probleme der Küstenforschung im südlichen Nordseegebiet 16: 1-53.

[14] Deltacommissie, 2008: Samen werken met water. Hollandia Printing NL, 140 S.

[15] Metz T, van den Heuvel M, 2012: Sweet & Salt. Water and the Dutch. NAi Publishers, Rotterdam NL, 296 S.

[16] Programma naar een Rijke Waddenzee, Deltaprogramma Waddengebied, 2015: Haalbaarheidsonderzoek Holwerd aan Zee. http://www.rijkewaddenzee.nl/nieuws/holwerd-aan-Zee.

[17] Cartier S, 2014: Der Wind oder das himmlische Kind. :Transit, Berlin 174 S.

[18] Preuß O, 2014: Kraftwerk Küste. Wachholtz, Neumünster/Hamburg 179 S.

[19] Martens BH, 1991: Land, das dem Meer gehört. Verlag die Werkstatt, Göttingen 128 S.

[20] Jungblut C, Swart S, 2009: Plan B. GEO 12: 84-99.

[21] Strassmann B, 2013: Die Sintflut kann kommen. In: Die Zeit am 10.01.2013.

[22] Westerman F, 2009: Das Getreideparadies. Ch. Links Verlag, Berlin 318 S.

Zwischen Tondern und Niebüll wurde das nach der Eindeichung entstandene Seengebiet bis auf 2,5 Meter unter den Meeresspiegel für die Landwirtschaft entwässert. Nach 1983 wurde es wegen der schlechten Bodenqualität und wegen der Versalzung zum Teil wieder renaturiert. Im Bild ein Rest vom Gotteskoogsee.

*Following early embankment, a lake area emerged between the settlements of Tender and Niebüll and was subsequently drained to a depth of 2.5 meters below mean sea level. Due to bad soil and salinity the area was partly renaturalized after 1983.*

**Spuren der winterlichen Reeternte am Gotteskoogsee im Mai. An der Küste ist der Bedarf an Reet für traditionelle Dächer immer noch hoch.**

***Traces of winter harvesting of reeds at embanked Gotteskoogsee, photographed in May. Demand for reeds is high on the coast, where many houses still have thatched roofs.***

Eiderstedt: Die frühere Eiderschleife und der Verlauf der Eindeichung spiegeln sich bei Oldenswort noch heute im Muster der Felder und Gräben wider.

*The present pattern of fields and ditches still reflects a former river bend and embankments in the Eider region near Oldenswort in Eiderstedt.*

Überflutungsraum des Flusses Leda bei Potshausen östlich von Leer. Deich mit Siel zur Regulierung des Wasserstandes in den Entwässerungskanälen.

*A flood plain of the river Leda with a dike and sluice for regulating water levels in draining canals (near Potshausen east of Leer)*

**Wesselburenerkoog, eingedeicht 1862: Intensiver Ackerbau mit wenig Raum für Biodiversität im Nordwesten von Dithmarschen.**

***Intensive arable farming at Wesselburenerkoog, embanked in 1862, with little room left for biodiversity (northwestern Dithmarschen).***

Nach Eindeichung der Nordstrander Bucht im Jahre 1987 wurde das Schöpfwerk an der Arlau-Schleuse bei Husum zur Naturschutzstation. Der Jelstrom und die Arlau entwässern seitdem in einen Speichersee und erst von da weiter ins Wattenmeer.

*After embanking Nordstrander Bucht in 1987, the pumping station on the Arlau sluice near Husum has been used as a nature information centre. The Jelstrom and Arlau rivers now first drain into a water reservoir and from there runoff continues towards the Wadden Sea.*

Der Hauke-Haien-Koog wurde zum Landgewinn und zur besseren Entwässerung des Hinterlandes durch Speicherbecken 1959 ins Watt gebaut. Vom Fährhafen Schlüttsiel geht es zu den Halligen im nördlichen Wattenmeer.

*Hauke-Haien-Koog was embanked in 1959, with the intention of gaining arable land and improving drainage of the hinterland by creating water reservoirs. The ferry port Schlüttsiel serves islets, the so-called Halligen (islands without dikes) in the northern Wadden Sea.*

Die Deichnase Leyhörn mit dem Speicherbecken wurde 1991 angelegt. Sie dient der Entwässerung und durch eine Schleuse gelangen Kutter und Freizeitboote tideunabhängig bis nach Greetsiel (oben links).

*Leyhörn was embanked in 1991. The water reservoir serves to drain the hinterland and a sluice allows cutters and leisure boats to sail through towards Greetsiel (upper left), independently of the tides.*

Rysum, westlich von Emden, liegt auf einer bis 6 Meter hohen Dorfwarft mit 400 Metern Durchmesser. Noch 1717 zerstörte die sogenannte „Weihnachtsflut“ dort 20 Häuser. Heute schützt ein 8 Meter hoher Seedeich den Ort.

*The village of Rysum is located on a dwelling mound 400 meters in diameter and up to 6 meters above sea level. Despite this, the so-called Christmas Flood of 1717 destroyed 20 houses in the village. Today it is protected by an 8-meter high dike.*

Giethoorn bei Zwolle, Niederlande: In einem ehemaligen Torfabbaugebiet, das unter Wasser gesetzt wurde, werden Ferienhäuser angeboten.

*Vacation homes have been built in a former peat mining area now filled with water (Giethoorn near Zwolle in the Netherlands).*

Emil Nolde erwarb 1926 im Gotteskoog eine Warft und errichtete auf ihr aus Backstein ein modernes Wohn- und Atelierhaus. Heute befindet sich dort ein Kunstmuseum. Die zwei neuen Gebäude stehen in der flachen Marsch und sind auf Pfählen gegründet.

*The famous painter Emil Nolde purchased a dwelling mound in the polder Gotteskoog in 1926 to build a mansion with a studio which later became an art museum. The two new buildings in the lower marsh were built on pilings.*

Am Rande der 1969 abgedämmten Wattenmeerbucht Lauwersmeer im niederländischen Friesland, wurde der Ferienpark Landal Esonstad mit einer Mischung aus alten und neuen Baustilen errichtet.

*The Landal Esonstad holiday complex is located on the waterfront of a former bay of the Wadden Sea that was embanked in 1969. The architecture is a mix of old and new building styles (Lauwersmeer, NL).*

# 8. Tideflüsse und Hafenstädte

*Bei höher steigender Nordsee würden die von der Schifffahrt genutzten Tideflüsse ohne ständiges Ausbaggern noch schneller stromauf sedimentieren. Aus wirtschaftlicher Perspektive müsste daher das Ausbaggern noch mehr forciert werden. Andererseits liefen dadurch Sturmfluten immer höher auf, die Sedimentdynamik nähme zu und die biologische Verarmung in den Tideflüssen würde eskalieren.*

*Wenn keine EU-weite oder weltweite Begrenzung der Schiffsgrößen möglich wird, sollte dann in einem schwimmenden Nordseeterminal von den immer größer werdenden Seeschiffen auf kleinere Küsten- und Flussschiffe umgeladen werden, die danach die Küstenhäfen anlaufen? Aber auch ohne vertiefte Fahrrinnen würde die Abwehr von Sturmfluten durch die zu engen Überflutungsräume gewaltige Deiche, Sperrwerke und Mauern zu extrem hohen Kosten erfordern.*

*Wo liegt dann die Lösung? Könnten große Siele und Schleusensysteme vor den Flussmündungen eine Lösung sein, die außerdem den mittleren Wasserstand und den Tidehub im Fluss niedrig halten? Noch ist Zeit, unterschiedlichste Anpassungsoptionen und deren Kombinationen auszuloten und die Vor- und Nachteile abzuwägen.*

*Zur Dämpfung von Sturmfluthöhen bräuchten die Mündungstrichter der Tideflüsse eine künstliche Sandzufuhr aus der Nordsee, aber wie soll man dann die Schiffbarkeit gewährleisten? Zur Dämpfung der Tide, zur Aufnahme von Sedimenten und zur Sanierung der Flussökologie bräuchten die Tideflüsse vor allem wieder breitere Überflutungsräume. Könnte das als Chance wahrgenommen werden, wenn dort auf Wohnhügeln, in Pfahlbauten oder Schwimmhäusern gewohnt würde, schwimmende Gärten und Werkstätten entstünden?*

*Viele Hafenstädte könnten, statt sich nur abzuschotten, stufenweise ihre Baustruktur auf mehr Wasser umstellen, um so auf Überflutungen besser vorbereitet zu sein. Viel würde davon abhängen, ob an der Nordseeküste künftig eine mit dem fließenden Wasser eng verbundene Lebensweise zu einem Teil städtischer Kultur werden könnte. Voraussetzung für eine nachhaltige Entwicklung ist, dass die Dimension des langfristigen Anstiegs des Meeresspiegels von deutlich über einem Meter nicht verdrängt, sondern heute bereits in allen Konsequenzen von den Bewohnern wahrgenommen und darüber offen diskutiert wird.*

Wegen tiefer Fahrrinnen, Sperrwerken und die Flüsse eng begleitender Deiche bei einem Nebeneinander von dichter Besiedlung, Industrie- und Hafenanlagen, intensiver Landwirtschaft und stadtnahen Erholungsgebieten sind in den Tideflüssen Anpassungen an den Meeresspiegelanstieg und höhere Sturmfluten eine besonders knifflige Aufgabe.[1-3] Weiterhin die Tideflüsse auf Tiefe zu halten und Deiche zu erhöhen, kann auf Dauer nicht gut gehen. Wenn im nächsten Jahrhundert der Meeresspiegel um deutlich mehr als 1 Meter angestiegen ist, dürfte diese tradierte Strategie aus dem Ruder laufen. Die Tideflüsse sollten wieder als einzigartiger Lebensraum für Mensch und Natur und mehr als Einheit mit ihren Flussmarschen begriffen und gestaltet werden. Sie weiter gegen den Fluss abzuschotten bedeutet auch, die Überflutungsrisiken weiter zu erhöhen.

Wie gefährlich eine falsche Küstenarchitektur sein kann, zeigte sich bei der Sturmflut 1962 in Hamburg-Wilhelmsburg. Seitdem hielt zwar massive Abwehr Meer und Fluss in festen Grenzen, aber der kommende, sich beschleunigende Meeresspiegelanstieg wird die Abwehr durch zunehmende finanzielle, soziale und ökologische Kosten in eine Sackgasse führen.

8.1: Die prekären Höhenverhältnisse für Landnutzung und Besiedlung in den Flussmarschen bei steigendem Meeresspiegel. Das Entwässern muss hoch zum Fluss erfolgen und vom Fluss sickert salziges Wasser in die Marschböden (verändert nach [2]).

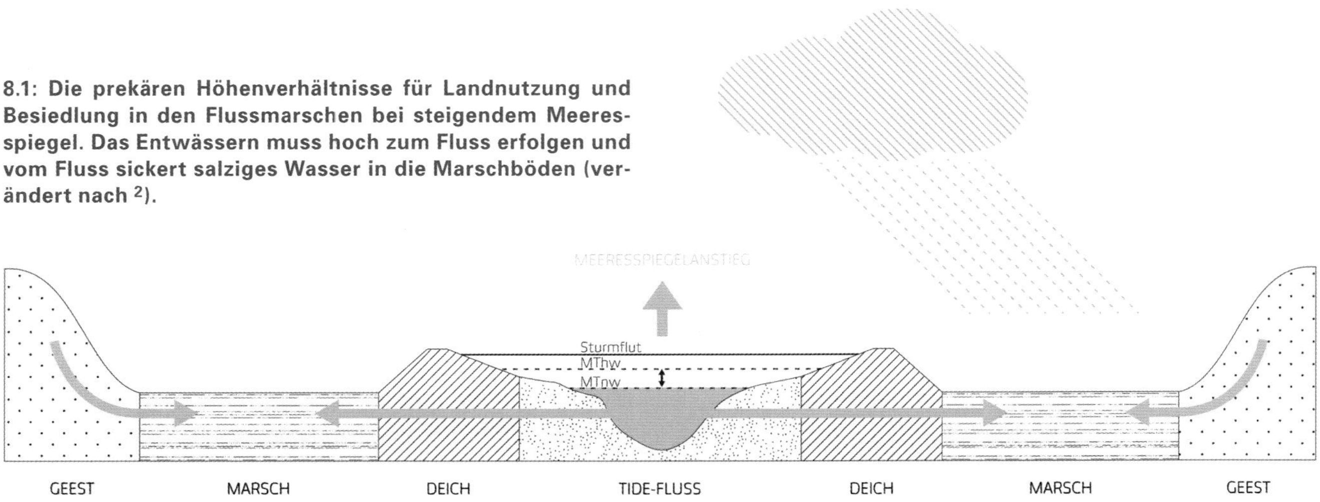


Was für Wattenmeer, Inseln und Marschen schon gesagt wurde, gilt für den Bereich der Tideflüsse in komprimierter und gesteigerter Form (Bild 8.1). In diesem Kapitel werden zuerst die kleineren, durch Sturmflutsperrwerke geformten Tideflüsse und ihre Marschen betrachtet, danach die großen, stark durch Küstenschutz und Schifffahrt geprägten Tideflüsse mit ihren Marschen. Daran schließt sich ein Plädoyer für mehr Wasser in den Hafenstädten an, um sie für den Meeresanstieg fit zu machen.

### Die kleinen Tideflüsse

Die kleinen Flüsse an der Nordseeküste, die außer der Eider Nebenflüsse der großen Ströme Ems, Weser und Elbe sind, wurden schon vor rund 50 Jahren ihrer natürlichen Mündungstrichter beraubt (Fotos S. 28 und 176). Durch Sperrwerke an ihren Mündungen wurden sie von den Sturmhochwassern der Nordsee getrennt.[4] Ein Meeresspiegelanstieg durch die globale Klimaerwärmung zeichnete sich damals noch nicht ab. Sturmfluten liefen aber höher auf, weil sich besonders in den eng eingedeichten Tideflüssen das Wasser nicht mehr über weite Flächen verteilen, sondern nur nach oben steigen konnte. Diese steigenden Fluten vermochte man nicht mehr mit den zu schwach gewordenen Deichen der Nebenflüsse eindämmen. Zu lang waren die Deichstrecken und zu dicht die Bebauung entlang der Flüsse.

Dem Vorbild der Niederlande im Rheindelta folgend, schienen mächtige Sperrwerke quer durch die Mündungen der Flüsse die beste Lösung zu sein. Sie lassen das Flusswasser hinaus und die normalen Gezeiten etwas gebremst hin- und herfließen. Aber wenn bei Sturm die Flut um mehr als 1 Meter über das mittlere Hochwasser steigt, dann spätestens werden diese Sperrwerke geschlossen. Aufgrund der Sperrwerke mussten die Nebenflussdeiche nicht mehr den steigenden Sturmfluthöhen angepasst werden; sie sollen nur noch Überflutungen durch Binnenhochwasser nach heftigem Regen weiterhin verhindern können.

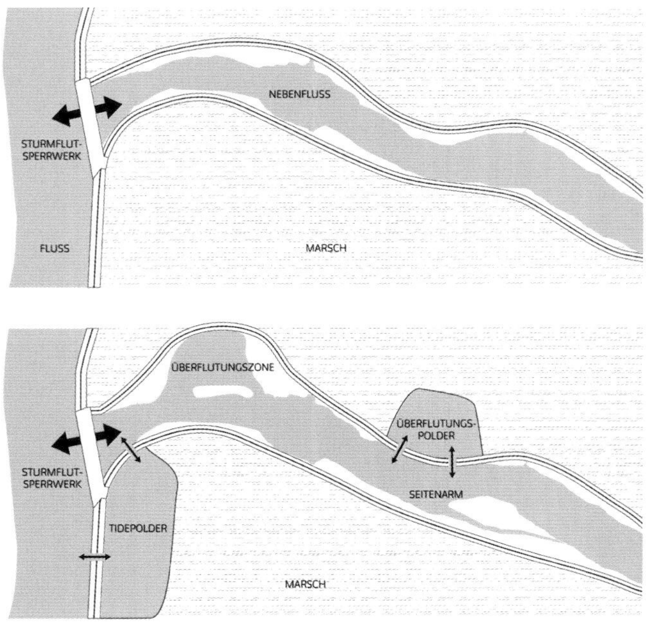


8.2: Fluss mit Nebenfluss, eingedeichter Marsch und Sturmflutsperrwerk (oben). Bei steigendem Meeresspiegel und stärkerem Regenwasserabfluss benötigt der Nebenfluss mehr Raum (unten).[6-8]

Die damalige Entscheidung zur Umgestaltung der Mündungen kleiner Tideflüsse erscheint auf herkömmlichem Weg kaum umkehrbar. Zu hoch wären inzwischen die Kosten für neue Flussdeiche im Vergleich zum Umbau von Sperrwerken in Anpassung an das steigende Meer. Auf lange Sicht entsteht allerdings ein Dilemma: Je höher das Hochwasser im großen Tidestrom steigt, desto öfter und länger müssen Sperrwerke schließen. An der Mündung von Lesum und Wümme in Bremen wurde in manchen Jahren schon bei mehr als 200 Tiden im Jahr gesperrt. Dort ist in den letzten 40 Jahren das mittlere Tidehochwasser von +2 auf +2,4 Meter NHN gestiegen und bei +2,7 Metern wird das Sperrwerk geschlossen.

Besonders wo Sturmhochwasser und starker Regen zusammenfallen, gibt es in einer dicht besiedelten Kulturlandschaft keine einfache Lösung. Viel Zeit ist nötig, sich in Gesprächen mit der neuen Lage auseinanderzusetzen und unterschiedliche Optionen abzuwägen.[1, 2, 5] Da Irrwege nie auszuschließen sind, sollte es vorwiegend um kleine, möglichst noch umkehrbare, aber gut aufeinander abgestimmte Schritte gehen (Bild 8.2). Bei einem Grundkonsens, dass nach bestem Wissen die Anpassungen nicht zulasten der nächsten Generationen gehen sollten, könnte das aber zu schaffen sein.

Nehmen mit dem Klimawandel Starkregen zu,[2, 9] dann ist bei geschlossenem Sperrwerk der Speicherraum des Flusses schnell voll, und das Wasser läuft über. Das kann in der Regel nicht toleriert werden, wenn Siedlungen dabei unter Wasser geraten. Zur Entlastung ganze Polder kontrolliert zu fluten, hilft dann am ehesten. Vorzugsweise sollten solche Polder dort eingerichtet werden, wo die Marschböden am tiefsten gesunken sind. Oft werden wohl neue Binnendeiche nötig, damit dem einflutenden Wasser klare Grenzen gesetzt werden[10,11] (s. Kap. 6).

Obwohl die landwirtschaftliche Nutzung eingeschränkt würde, hätten Überflutungspolder dennoch ein breites Nutzungspotenzial (Bild 8.3 und 8.4). In trockenen Sommern kann ein Teilbereich als Wasserreservoir zur Bewässerung der Umgebung dienen. Im Reservoir können auch Aquakulturen oder schwimmende Gärten angelegt werden. Randbereiche sind als Wildweide geeignet oder für den Anbau von Sumpfpflanzen, der sogenannten Paludikultur. An wechselnde Wasserstände angepasste Siedlungen auf Warften oder Pfählen oder als Schwimmhäuser, erreichbar über Stege und Kanäle, hätten hohen Wohnwert oder könnten als Ferienhäuser vermietet werden.[2,12] So könnten sich Überflutungspolder auch wirtschaftlich lohnen (Fotos S. 149 und 150). Außerdem dient eine an mehr Wasser angepasste Bauweise auch der Risikominderung.

Der gewerbliche Gütertransport auf den kleineren Flüssen spielt meist kaum noch eine Rolle. Das gilt auch für die einst wichtigen Küstenkanäle zwischen Elbe, Weser, Jade und Ems. Dagegen steigt die Nachfrage für stadtnahe Freizeiträume am und auf dem Wasser. Für Ortschaften in den Flussmarschen kann ein eng mit dem umgebenden Wasser verbundener Lebensstil neue Erwerbsmöglichkeiten erschließen. Gerade weil die kleinen Tideflüsse ins wirtschaftliche Abseits gerieten, konnten sich dort wertvolle Kulturlandschaften erhalten. Sie passen gut zu einer touristischen Nutzung des fließenden Wassers. In den Niederlanden ist dieser Kurswechsel bereits voll im Fluss.[13]

Die Umwidmung ganzer Polder zu Überflutungsbereichen bringt die größte Entlastung bei Hochwasser. Kleine Maßnahmen jedoch zur Erhöhung der Speicherkapazität von den Quellen bis zur Mündung der Flüsse sind ebenfalls wichtig und oft einfacher umzusetzen.[14, 15]

Gerade bei den Unwägbarkeiten des Klimawandels wäre es zu riskant, sich allein auf Sperrwerke und Überflutungspolder zu verlassen. Außerdem tragen bessere Wasserspeicher im Quellbereich und Erweiterungen des Flussbetts durch Seitenarme viel zur biologischen Vielfalt sowie zur Landschafts-

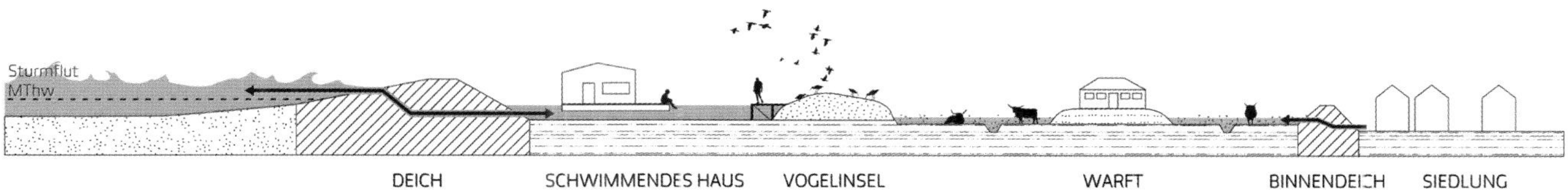


**8.3: Überflutungspolder mit Deichsielen und angrenzender Siedlung, deren Wohnwert und Entwicklungsmöglichkeiten durch den zeitweise oder teilweise gefluteten Polder gewinnen könnten.**

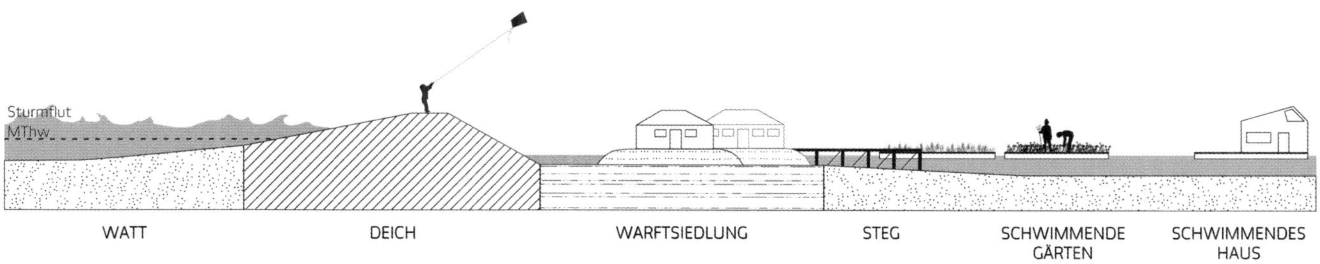


**8.4: In einer künftigen, wasserreichen Marsch könnten sich Siedlungen mehr zu ihren Gewässern als zu ihren Straßen orientieren. Schwimmende Gärten würden von Pontonringen über Wasser gehalten.**

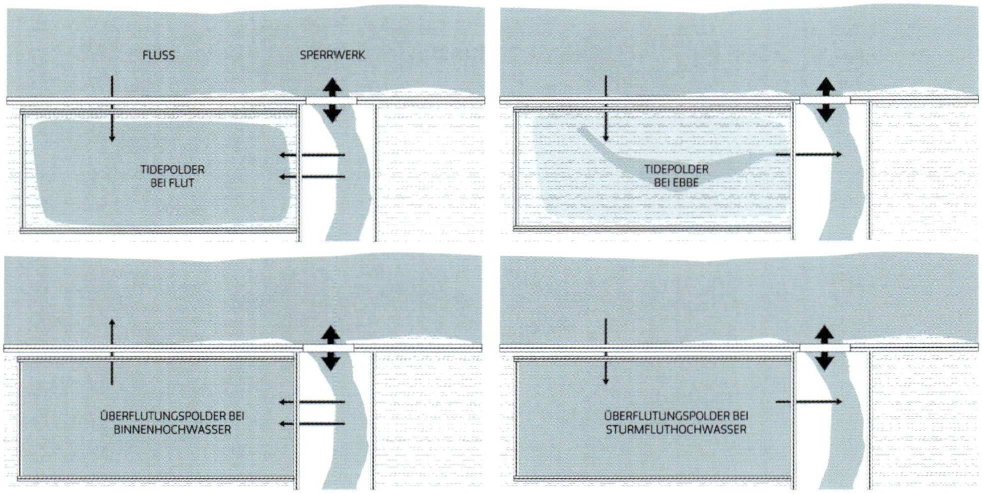


**8.5: Tidepolder neben Sperrwerk mit Beflutung durch ein Deichsiel im Hauptdeich zur Sedimentablagerung und mit gebremstem Ebbstrom zum Nebenfluss (oben). Dieser Tidepolder kann bei Binnenhochwasser oder Sturmfluthochwasser auch als Überflutungspolder dienen (unten).**

Foto: Patrick Ohligschläger

**Exkurs: Flutung der Oste-Marschen**

*Gespräch mit Dr. Norbert Fischer (NF), Sozial- und Kulturhistoriker, Professor an der Universität Hamburg.*

Die Idee, niedrig gelegene Flussmarschen durch Überflutungen wieder zu erhöhen, ist gar nicht so neu?

*NF: Nein, schon Mitte des 19. Jahrhunderts wurden Durchlässe in Flussdeichen geschaffen, um dahinter die Aufschlickung zu fördern. Gleichzeitig wurden so die Wiesen und Weiden gedüngt. Die standen nach Regenfällen oft lange unter Wasser, weil sie so tief lagen. Man wollte gerne daraus wieder Äcker machen.*

Wurden Siele gebaut, um kontrolliert das tief gelegene Grünland zu fluten?

*NF: Die einfachen Durchlässe in den Deichen links und rechts der Tide-Oste zwischen Hemmoor und Bremervörde waren bis zu 70 Meter breit. Sie wurden im Sommer durch Schotten aus Holz verschlossen und im Winter offen gelassen.*

*Gefährdeten solche Durchlässe nicht die Anwohner?*

*NF: Ja natürlich, im Dorf Blumenthal stimmten sogar 34 Hofbesitzer einer Umsiedlung zu. Sie erhielten Kompensationen. Aber 50 Jahre später wurde der Erfolg der Durchlässe sichtbar. Ein etwa 333 Hektar großes Feld war zu gutem Marschboden geworden. Man hatte nicht nur gute Weiden gewonnen, viel Heu ohne Bitterkräuter, sondern danach konnten auch Hafer und Bohnen angebaut werden.*

Was brachte die Bauern zu dem Entschluss, die Flussdeiche zu öffnen?

*NF: Ortsansässige Hofbesitzer hatten als Nebenerwerb Kleischollen für Ziegeleien aus ihren ufernahen Flächen gestochen und über den Fluss verschifft. Sie ziegelten den Marschboden regelrecht ab. So wurde der Boden schließlich sandig und war höchstens noch als Weide zu gebrauchen. Das Ziegeleiwesen erklärt auch den im Übrigen seltsam anmutenden Umstand, dass die flussnahen Marschen direkt an der Oste niedriger lagen als die weiter landeinwärts gelegenen. Diese verkehrte Welt in der Oste-Marsch sollten die Durchlässe korrigieren und den Böden ihre gewohnte Fruchtbarkeit zurückgeben.[17]*

und Gewässerqualität bei (Fotos S. 139 und 174). Fischerei im Fluss könnte sich wieder lohnen. Alle Möglichkeiten, mehr Wasser in den tief liegenden Marschen zu halten, tragen auch dazu bei, ein weiteres Absacken der Böden aufzuhalten und Entwässerungskosten durch Pumpwerke einzusparen.[16]

Je nach Sperrwerk wird der Gezeitenaustausch etwas eingeschränkt und deswegen verschlickt oder versandet mitunter das Flussbett dahinter. Das gilt besonders für Nebenflüsse der Tide-Elbe, während durch den enorm gestiegenen Tidehub in der Unterweser die Nebenflüsse dort auch erodieren. Solche Sedimente zur Erhöhung der tief liegenden Marschböden einzufangen, wäre eine gute Anpassung an den Meeresspiegelanstieg. Ohne Deiche würde dies ohnehin passieren. Polder nahe dem Sperrwerk könnten zu Tidepoldern werden (Bild 8.2 und 8.5). Das Flutwasser aus dem großen Tidestrom trägt Sediment ein, das nach und nach den Polderboden erhöht, bis er nach einigen Jahrzehnten so weit aufgewachsen ist, dass auf dem nährstoffreichen Boden wieder Landwirtschaft betrieben werden kann – sofern die Schadstoffbelastung nicht zu hoch ist und der Flussabschnitt hinreichend Sediment antransportiert (s. Kap. 7).[5, 12, 17] Je nach Bedarf kann der Tidepolder zudem zur Senkung von Binnenhochwasser oder Sturmfluthochwasser genutzt werden (Bild 8.5).

**Die großen Tideflüsse**

Schon früh haben Entwaldung und Entwässerung im Flusseinzugsgebiet – später zusätzlich die Kanalisierung, Staudämme und Abwässer vom Oberlauf bis zum Unterlauf – die Sedimentation und Wasserqualität in den Flüssen verändert. Das ging im Unterlauf von Ems, Weser und Elbe meist unter, weil dort die Gezeiten das Wasser über flache Flussbänke und Flussauen hin- und herbewegten und wie in einem Waschgang spülten und reinigten. Je mehr Überflutungsraum aber den Tideflüssen durch Eindeichen verloren ging und je mehr die Fahrrinnen vertieft wurden, desto stärker ließ auch die Reinigungskraft nach.[18]

Der Ausbau der Unterläufe von Ems, Weser und Elbe nahm einen jeweils eigenen Verlauf. Deswegen werden sie mit Blick auf den Meeresspiegelanstieg einzeln betrachtet. Der Meeresspiegelanstieg spielte bisher im Vergleich zu den wasserbaulichen Veränderungen im Unterlauf der Flüsse keine nennenswerte Rolle. Das großräumige Eindeichen der Überflutungsräume und die immer weiter fortschreitenden Flussvertiefungen blieben bisher meist ohne den langfristigen Blick auf den kommenden Meeresspiegelanstieg. Das wird sich ändern müssen.

*Die Tide-Ems*

Die Ems, als kleinster der drei in die Nordsee mündenden Ströme, liegt abseits großer Wirtschaftszentren. Um dennoch in maritimer Wirtschaft mithalten zu können, waren gewaltige Anpassungen in Außen- und Unterems an die großen Seeschiffe notwendig und das endete schließlich im ökologischen Desaster. Wie konnte das passieren?

Obwohl die Ems nur ein Sechstel der Wassermenge der Elbe führt, ist ihr Mündungstrichter fast ebenso weit (Bild 8.6). Diese Situation begünstigt die Verfrachtung von Schwebstoffen und Sedi-

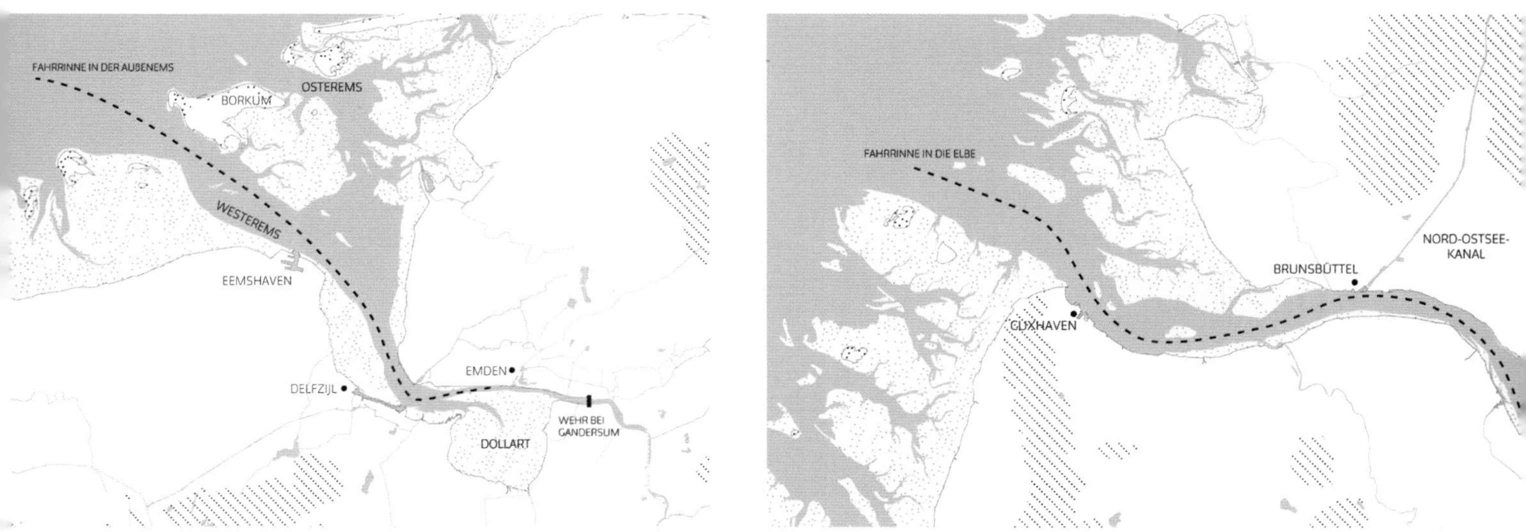


**8.6: Die breite Außenems zwischen Emden und Borkum. Östlich vom Dollart beginnt die schmale Unterems. Zum Vergleich im selben Maßstab die Elbmündung. Obwohl die Elbe mindestens die 6-fache Wassermenge führt, sind die Mündungstrichter ähnlich im Format.**

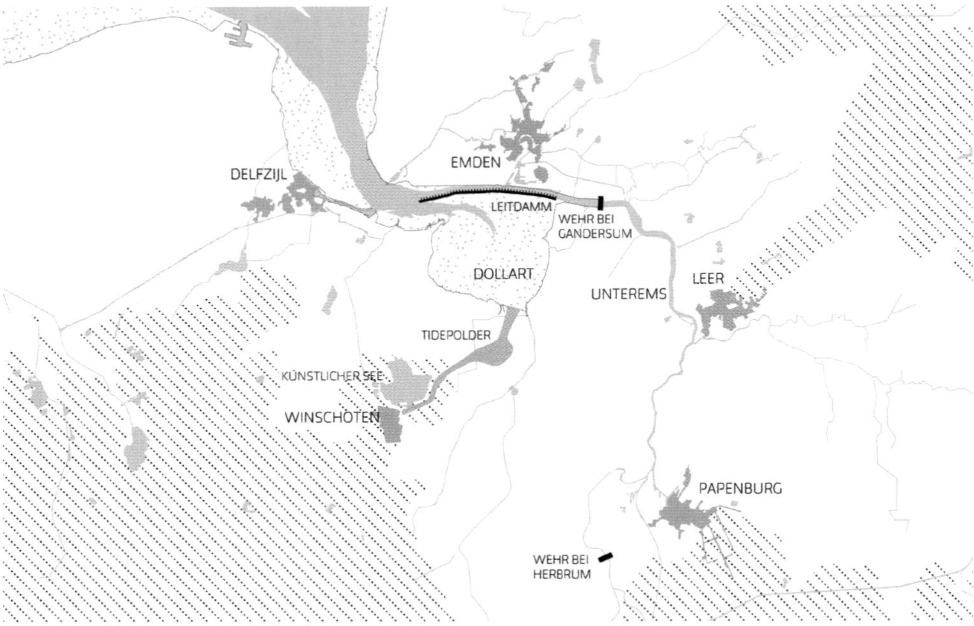


**8.7: Dollart mit anschließender Unterems, Wehr und Schleuse bei Gandersum und Hebrum. Der Tidepolder zwischen Dollart und Winschoten ist ein Vorschlag.[12]**

ment ins Innere des Emstrichters. Dort befindet sich mitten in der Brackwasserzone eine eigentümliche Ausbuchtung, der Dollart (Foto S. 94). Der entstand ebenso wie der Jadebusen im Spätmittelalter durch Überflutung von nur schwach durch Deiche und natürliche Uferwälle geschützten Marschen und Mooren. Der Dollart wurde zu einer Senke für Schlick.

Ab 1600 kehrte sich die Entwicklung im Dollart durch organisierte Landgewinnung um. Zwei Drittel vom Dollart (niederländisch: Dollard) wurden wieder eingedeicht. Fortan sammelte sich viel Schlick in der Ems. Dort wurde er immer wieder ausgebaggert und das Wasser wurde immer trüber.[19, 20] Die Fische verschwanden.

Eine Fahrrinne für große Schiffe wurde seit 1898 durch Abtragen von Untiefen stromabwärts von Emden ausgebaggert.[20, 21] Dadurch versandete eine zweite Rinne der Außenems, an der das niederländische Delfzijl liegt. Vorrangig für die Verschiffung von Autos wird das Fahrwasser von Emden bis Borkum für Schiffe bis zu 8 Meter Tiefgang offen gehalten (Foto S. 59). Zusammen mit dem Ausbaggern für den niederländischen Industriehafen Eemshaven werden jährlich bis zu 10 Millionen Kubikmeter Sediment in der Außenems umgelagert oder in der Nordsee verklappt. Nur so ist die vereinbarte Tiefe gegen den natürlichen Trend zu halten. Mehr als 100 Millionen Kubikmeter wurden im Laufe der Zeit an Land deponiert.

Die Unterems blieb dagegen noch lange vom Ausbaggern verschont[22] (Bild 8.7). Das änderte sich erst mit dem Bau riesiger Kreuzfahrtschiffe auf einer Papenburger Werft (Foto S. 180). Von 1985 bis 1995 wurde dafür die Unterems um gut 2 Meter ab Papenburg vertieft. Um die Tiefe bei 6 Meter unter Niedrigwasser zu halten, wird jährlich rund 1 Million Kubikmeter Schlick aus der Unterems gebaggert und an Land deponiert. Von der Außenems treibt ständig neuer Schlick stromauf, der dem Wattenmeer verloren geht.

Da wegen des 1989 fertig gewordenen Emstunnels bei Leer nicht mehr tiefer gebaggert werden konnte, wurde 2002 bei Gandersum ein Wehr gebaut, um die Ems bei Bedarf um 2 bis 3 Meter über mittlerem Hochwasser aufzustauen. So können selbst Schiffe mit bis zu 8 Meter Tiefgang durch die Ems von Papenburg bis zur Nordsee bugsiert wer-

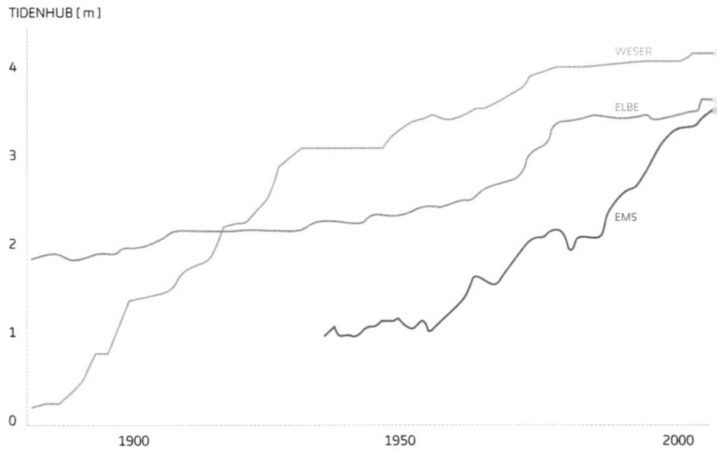


**8.8: Zunahme der Gezeitenunterschiede in der Ems bei Papenburg, der Weser bei Bremen und der Elbe bei Hamburg.[23] Im Mittel entfielen 75 Prozent der Zunahme auf eine Absenkung des Tideniedrigwassers und 25 Prozent auf einen Anstieg des Tidehochwassers.**

den. Außerdem kann dieses Sperrwerk die Ems verschließen, wenn bei Sturm das Wasser zu hoch für die Emsdeiche steigen sollte.

Beim Ausbaggern der Unterems wurde offenbar ein kritischer Punkt überschritten. Auf den Sandboden legte sich eine breiige Schlickschicht und darüber bis zu 2 Meter halbflüssiger Schlick. Der schwappt nun mit den Gezeiten hin und her und hält das Emswasser extrem trübe. Mit dem Vertiefen der Unterems verdoppelte sich der Tidehub bei Papenburg auf 3,6 Meter (Bild 8.8). Dadurch strömt die Flut doppelt so schnell wie der Ebbstrom. Bei Springflut kann sogar eine Welle („Bore") beobachtet werden, die stromaufwärts rauscht und Schlick mitnimmt. Im Vergleich dazu wurde der Ebbstrom zu schwach, um die vom Flutstrom eingetragenen Sedimente wieder zurückspülen zu können. Hätte die Unterems mehr Breite mit seitlichen Watten, wären sich Flut- und Ebbstrom ebenbürtig.

Die Schlicksuppe in der Unterems verhindert die Nahrungsaufnahme von Muscheln und verursacht im Sommer eine derartige Sauerstoffzehrung, dass kaum ein Fisch überleben kann. Zudem wurden natürliche Ufer durch Steinschüttungen ersetzt, auf denen Bewuchs stark eingeschränkt ist. Die Ems wurde zum ökologischen Sanierungsfall. Hätte die Papenburger Werft als primärer Nutznießer für das Baggern und das Stauwehr selbst aufkommen müssen, wäre dieses ökologische Desaster wohl nicht passiert. Die Werft wäre ganz oder mit Teilen ihrer Produktion vom Fluss zur Küste umgezogen.[24]

Nun verlangen die europäischen Umweltregularien einen Sanierungsplan für die Ems.[22, 24] Den großen Schiffen der Werft wurde aber weiterhin die Passage garantiert. Um dennoch die stromaufwärts gerichtete Schlickdrift zu reduzieren, sollen im Deichvorland Sommerdeiche entfernt, abgeschnittene Flussschleifen wieder geöffnet, Tidepolder angelegt werden und Auwälder aufwachsen können. Außerdem soll eine Schwelle am Wehr von Gandersum gegen den Schlickeintrag helfen. Durch Abbau des Wehrs bei Herbrum oberhalb von Papenburg soll der Tideeinfluss 7 Kilometer weiter flussaufwärts reichen und dort durch einen noch zu schaffenden Auwald fließen. Modellrechnungen besagen, dass durch diese Maßnahmen in der Unterems wieder der Ebbstrom dominieren würde.

Wie das finanziert werden soll und ob es dem Fluss die gewünschte Sanierung bringt, muss sich erst noch zeigen.[24] Die Landwirte an der Unterems sind aufgebracht, weil sie große Flächen für die Renaturierung abtreten sollen. Naturschützer vor Ort wollen weiterhin, dass die Ems wieder flacher wird und die Werft an die Außenems umzieht. Das aber will das Unternehmen nicht, und seine Arbeiter demonstrieren für einen Verbleib in Papenburg. Sozialer Frieden ist nicht in Sicht, obwohl eine Lösung innerhalb der Region möglich wäre. Der Firmensitz wurde inzwischen nach Luxemburg verlegt. Der Meeresspiegelanstieg spielte bisher in der Debatte zwischen Werft, Landwirtschaft, Fischerei und Naturschutz keine Rolle. Er verändert aber die Blickrichtung von Papenburg zur Nordsee (Bild 8.9). Wenn die Lage in der Unterems auch festgefahren ist, könnte dann die weitere Verschlickung der Unterems auch von der Nordsee her gebremst werden?

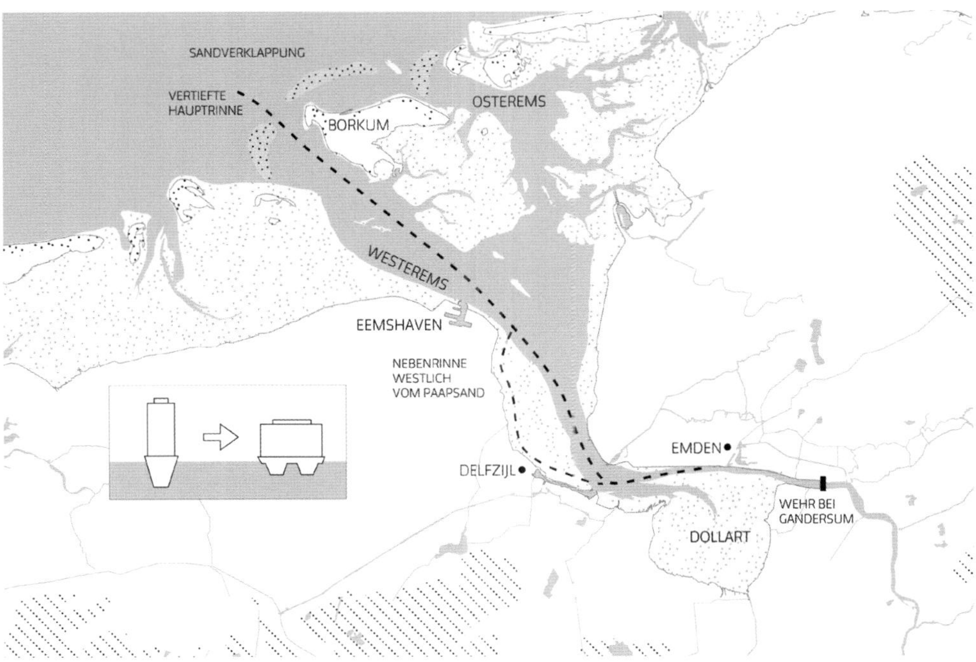


**8.9: Anpassungen in der Außenems an den steigenden Meeresspiegel: Einbringen von Sand aus der Nordsee für Sandschwellen von den westfriesischen Sandbänken bis Memmert, um den Flutstrom in die Emsmündung zu drosseln. Zusätzlich kann der Flutstrom noch auf zwei Rinnen verteilt werden. Da das Fahrwasser dadurch flacher würde, müssten Schiffe breiter und mit weniger Tiefgang gebaut werden (Nebenbild).**

Eine technische Möglichkeit wäre, den Flutstrom schon im Trichter der Außenems mit künstlichen Sandschwellen zu dämpfen. Der Sand dafür müsste vom Grund der Nordsee geholt und in den Rinnen zur natürlichen Verteilung mit dem Gezeitenstrom eingebracht werden.

Untersuchungen müssten erst zeigen, wie viel Sand für einen nennenswerten Effekt gebraucht würde. Es könnten vielleicht 30 Millionen Kubikmeter Nordseesand sein, verteilt über viele Jahre in Wester- und Osterems. Angesichts der laufenden Baggerarbeiten im Bereich der Außenems mit einer Umlagerung von jährlich bis zu 10 Millionen Kubikmeter, wäre diese Maßnahme noch im Rahmen des Üblichen, nur anders herum als bisher. Der Effekt wäre flachere Rinnen, ein Sandpolster für Borkum, ein Anwachsen der Watten in der Außenems und ein gebremster Flutstrom im Emstrichter. Vertretbar wäre solch ein Eingriff allerdings erst, wenn sich abzeichnet, dass ohne Sandimport dieses Wattgebiet nicht mit dem Anstieg des Meeresspiegels mithalten kann.

Ein derartiger Kurswechsel stünde den bisherigen Ansprüchen der Schifffahrt diametral entgegen. Statt einer tieferen Fahrrinne würden Schiffstypen gebraucht, die weniger tiefgehend und dafür breiter sind (Bild 8.9). Das hat Nachteile, aber für die besonders tief liegende Emsregion (s. Kap. 1, Bild 1.2) wäre das eine große Entlastung angesichts eines langfristig immer höher steigenden Meeres-

**Exkurs: Mit dem Meeresspiegel wachsende Emsregion**

Auf der niederländischen Seite der Außenems wird das überall in den Nordseemarschen beobachtete Sacken der Böden noch durch eine Absenkung infolge die Erdgasförderung verstärkt.[20] (s. Kap. 3) Die Absenkung umfasst schon über 20 Zentimeter und ein Ende ist so bald nicht in Sicht. Bis in die Großstadt Groningen könnte eine Sturmflut laufen, wenn in der Emsregion die Deiche brechen.

In dieser Situation hätte es große Vorteile, tief liegendes, sinkendes und sackendes Land kontrolliert mit Nordseewasser zu überspülen. Das verursacht zwar hohe Kosten und geht zunächst zulasten der Landwirtschaft, aber langfristig ist es für alle Seiten vorteilhaft. Die Marschen würden gehoben und könnten wieder höhengleich mit dem Meeresspiegel werden.

Für ein Pilotprojekt in einem schon 1570 eingedeichten Bereich zwischen dem Dollart und der Stadt Winschoten wurde ein detaillierter Plan zur Aufschlickung ausgearbeitet.[12] Der Tidepolder soll am schmalen Eingang ein Sperrwerk bekommen, das bei Sturm schließt, aber sonst die Gezeiten durchlässt (Bild 8.7 und 8.10). Durch den hohen Schwebstoffgehalt im Dollartwasser würde der Boden im Tidepolder in einigen Jahrzehnten auf Hochwasserniveau anwachsen können. Danach könnten zeitversetzt andere Polder südlich und nördlich von Delfzijl dem Beispiel folgen. Der ganzen Emsregion würde damit geholfen, weil allein durch das Pilotprojekt dem fließenden System rund 15 Millionen Kubikmeter Schlick entzogen würden.

Durch geschickte Einfügung des Tidepolders in das vorhandene Siedlungsmuster würde der Wohnwert durch Wasser- und Naturnähe so steigen, dass dieser Gewinn den vorübergehenden Verlust an Agrarfläche ausgleichen könnte. Der Tidepolder schließt an das schon vorhandene Siedlungsgebiet Blauwestad an, das bereits in einem unter Wasser gesetzten Polder angelegt wurde. Um Arbeitsplätze zu schaffen, müsste ein touristisches Konzept mit der kulturellen Geschichte der Region verwoben werden.

Im Vergleich zu einer Deponie für ausgebaggerten Schlick hat ein Tidepolder den großen Vorteil, dass während der über Jahrzehnte laufenden, natürlichen Verlandung ein Lebensraum von hoher biologischer Diversität und Dynamik, von hohem Freizeitwert und mit vielfältigen Gestaltungspotenzialen von künftigen Generationen genutzt werden könnte. Nach einigen Jahrzehnten wäre dort auch Landwirtschaft auf dann höherem Niveau wieder möglich.

Trotz des großen Flächenpotenzials für Tidepolder in den Marschen rund um die Außenems, braucht die Unterems wieder mehr Raum, um als Flusslebensraum wirken zu können. Ohne diese dringend erforderlichen Maßnahmen wird bei steigendem Meeresspiegel für die Ems keine weitere Anpassung an immer größere Schiffe möglich sein. Je später der Kurswechsel kommt, umso größer werden die Kosten und die nicht mehr wiedergutzumachenden Schäden in der Emslandschaft sein.

**8.10: Tidepolder vom Dollart bis Blauwestad und Winschoten nach einer Idee von Jorryt Braaksma.[12] Der Polder entlastet die Ems vom Schlick, sedimentiert dadurch auf und bietet attraktive Wohnlagen entlang seiner Ufer. Heute liegt das Gelände im Mittel 1,5 Meter unter mittlerem Meeresspiegel und müsste um vier Meter anwachsen, um auf heutiges Hochwasserniveau zu kommen.**

spiegels. Bisher war es üblich, dass die Kosten für Küstenschutz, Fahrrinnen und Häfen von der Allgemeinheit getragen werden, während die Fracht- und Kreuzfahrtschiffe private Investitionen sind. Darüber wird derzeit breit diskutiert, mit der Frage, ob den Schiffsgrößen Grenzen gesetzt werden können. Kosten, Nutzen und Schäden sollten sorgsam aufgerechnet und in Hinblick auf den Meeresspiegelanstieg neu verteilt werden.

*Die Jade-Weser-Küste*

Zwischen der Ostfriesisch-Oldenburgischen Geest im Westen und der Wesermünder Geest von Bremen bis Cuxhaven im Osten erstreckt sich eine weite Wattenmeerbucht, gesäumt von ausgedehnten Marschen und einst auch von Mooren (Bild 8.11).[25] Wegen des großen Tidenhubs und eines weitgehend erodierten Küstensockels fehlt eine Inselkette wie weiter im Westen und im Norden des Wattenmeers. Ähnlich wie beim Dollart durchbrachen im Spätmittelalter Sturmfluten die Uferwälle und Deiche und drangen an der Jade weit in die Moormarschen vor. Der so um 1300 entstandene Jadebusen blieb gut 200 Jahre lang doppelt so groß wie heute und hatte zeitweise sogar Verbindung zur Weser. Nach rund 350 Jahren schrittweisem Wiedereindeichen erhielt der Jadebusen seine heutige Form und Fläche von immerhin noch 190 Quadratkilometer.

Durch einen Tidehub von über drei Meter erzeugte die große Wassermenge des Jadebusens einen Spülstrom, der wie bei einer Flussmündung die tiefe Jaderinne schuf. Einen Seehafen gab es dort zunächst nicht, denn dafür fehlte eine Flussverbindung ins Binnenland. Doch 1853 erwarb Preußen Marschwiesen an der Jaderinne, um dort mit Wil-

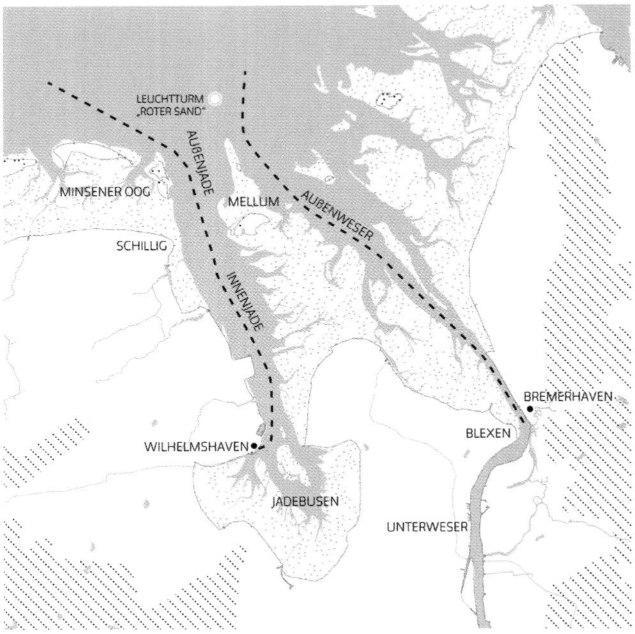


**8.11: Breiter Doppeltrichter der Jade-Weser-Küste mit ausgedehnten Watten und eingedeichten Marschen, die unter Tidehochwasser liegen. Die Innenjade fließt zwischen Schillig-Mellum in die Außenjade, die Unterweser in die Außenweser zwischen Blexen-Bremerhaven.**

helmshaven einen Kriegshafen anzulegen (Foto S. 122).[26] Für den neuen Hafen wurde 1909 bis 1931 ein durchlaufendes Fahrwasser auf 10 Meter unter Seekartennull ausgebaggert.

Damit Wattsedimente das Fahrwasser nicht gleich wieder füllten, wurde ein 10 Kilometer langes Buhnensystem mit aufgespülten Sandinseln, dem Minsener Oog, als Barriere im Watt errichtet (Foto S. 29, Bild 8.11). Heute hat das Jadefahrwasser eine Solltiefe von 19 Meter und das Baggergut wird in der Nordsee verklappt. Mit der Flut können Schiffe mit 20 Meter Tiefgang den 2012 fertiggestellten Jade-Weser-Port anlaufen. Vor dem aufgespülten Hafengelände in der Innenjade sowie nordöstlich von Wangerooge in der Außenjade muss hier wie auch bei den Tideflüssen ständig gegen die natürliche Sedimentdrift angebaggert werden.[27]

Die Fahrwasser nach Wilhelmshaven und Bremerhaven gabeln sich beim 1885 erbauten Leuchtturm Roter Sand (Bild 8.11). Wie die Ems hat auch die Außenweser einen breiten Mündungstrichter. Ihr Fedderwarder Arm wurde 1922 bis 1927 auf 10 Meter vertieft und ein 11 Kilometer langer Leitdamm zur Stabilisierung der Rinne gebaut. Heute liegt die Solltiefe der 60 Kilometer langen Fahrrinne bei 14 Meter unter Seekartennull. Geplant ist eine Vertiefung um gut 1 Meter und eine Verbreiterung von 100 Metern. Unter Berücksichtigung der Tide können dann Schiffe mit einem Tiefgang von 14 Meter Bremerhaven anfahren. Zum Vergleich: Antwerpen und Amsterdam haben auch 14 Meter Tiefgang, Hamburg hat nach geplantem Ausbau 14,5 Meter, London Gateway geplante 17 Meter, Wilhelmshaven hat 20 Meter und Rotterdam 22,5 Meter Tiefgang.

Ab Blexen-Bremerhaven beginnt die Unterweser als langer dünner Schlauch.[1, 28] Im frühen Mittelalter konnten Seeschiffe noch schwer beladen bis Bremen segeln. Aber die Entwaldung im Wesereinzugsgebiet führte zur Versandung der Unterweser. Der Flutstrom gelangte kaum noch bis Bremen und vollbeladene Seeschiffe erst recht nicht mehr. Hinzu kam die Eindeichung der Überflutungsräume. Dadurch brachte der Flutstrom mehr Sediment ein, als der Ebbstrom wieder austragen konnte. Schließlich wurde 70 Kilometer weiter stromab im Jahre 1830 Bremerhaven gegründet.

Eine Auslagerung aller Hafenaktivitäten nach Bremerhaven war Bremen aber dann doch nicht recht. Daher wurde 1887 bis 1895 die Unterweser auf ganzer Länge korrigiert, das heißt, sie erhielt ein Fahrwasser ohne Seitenarme für Schiffe mit bis zu 5 Meter Tiefgang. Daraufhin schwappte der Flutstrom sogar über Bremen hinaus, bis dort ein Weserwehr die Tide stoppte. Durch den fortlaufenden Weserausbau nahm der Tidehub bei Bremen von 0,2 auf heute 4,2 Meter zu (s. Kap. 8, Bild 8.8).

Im Vergleich zur versandeten Unterweser des 19. Jahrhunderts ist die Dimension der Fahrrinnenerweiterung gewaltig[28, 29] (Bild 8.12). Die Uferlänge wurde verkürzt und zwei Drittel wurden zu befestigten Kanten. Frühere Überflutungsräume wurden eingedeicht oder mit Baggergut erhöht. Statt einem vegetationsreichen, vielarmigen ökologischen Filter gleicht die Unterweser heute einer Klosettspülung in beide Richtungen. Wegen der Überdimensionierung der heutigen Unterweser sind Binnenhochwasser kein Problem mehr, aber Sturmfluten dafür umso mehr.

Die ersten Weserdeiche aus dem 11. Jahrhundert richteten sich vor allem noch gegen das Binnenhochwasser. Nach der Weserkorrektur kamen die Fluten vom Meer. Entsprechend reichen heute die Deichkronen 7 bis 8 Meter über den mittleren Meeresspiegel. Die zu schützenden Marschen liegen weitflächig bis zu 1 Meter unter dem mittleren Meeresspiegel.[16] Bei extremer Sturmflut befindet sich die Marschoberfläche bis zu 7 Meter tiefer als die Wasseroberfläche. Das entspricht einem zweistöckigen Wohnhaus.

Die vielen ineinandergreifenden Folgen von Deichbau und Fahrwasserausbau passen kaum in ein Diagramm[30] (Bild 8.13). Über die letzten 100 Jahre verschlickten an der Unterweser nahezu alle

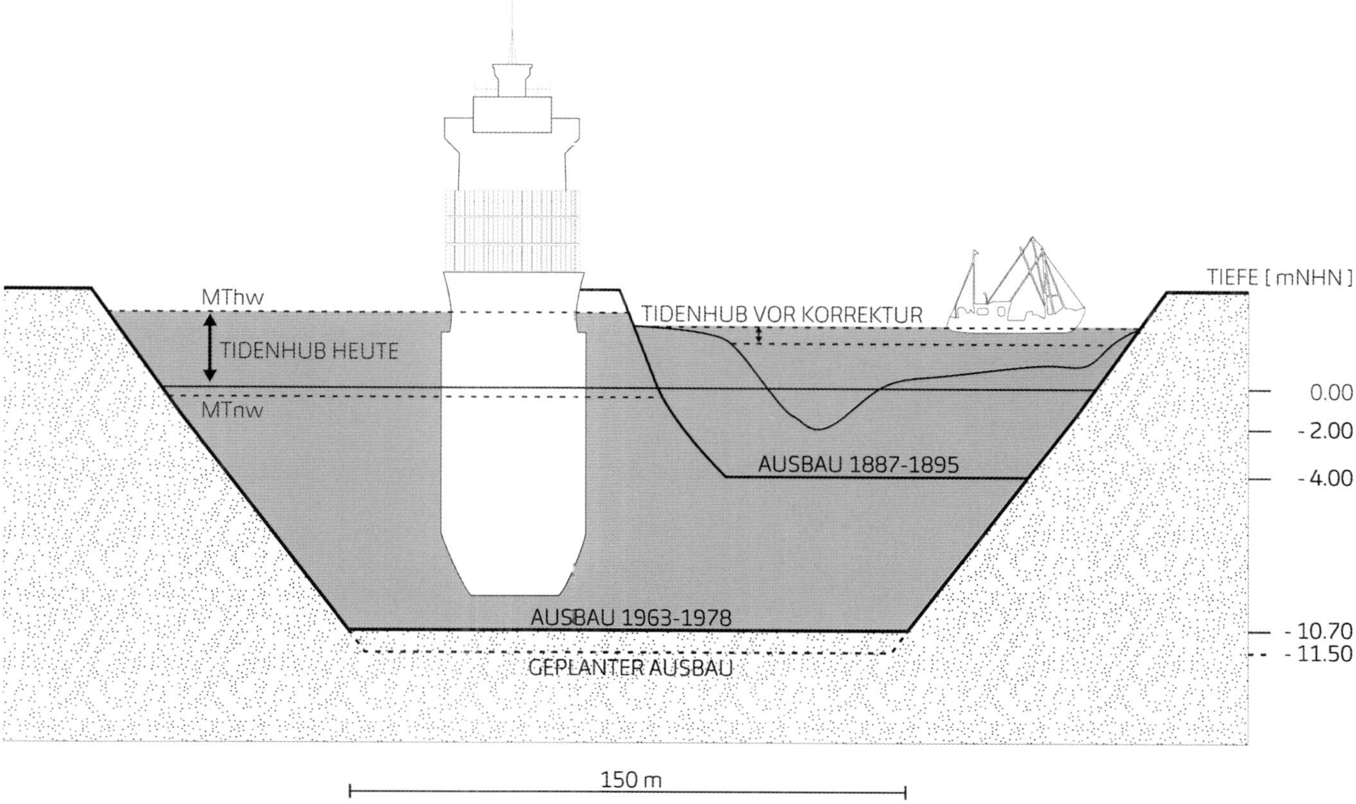


**8.12,: Querprofile durch die Unterweser nahe Bremen vor der ersten sogenannten Weserkorrektur, danach und nach mehreren Ausbauschritten bis zur Gegenwart[29] sowie die geplarte, weitere Vertiefung.**

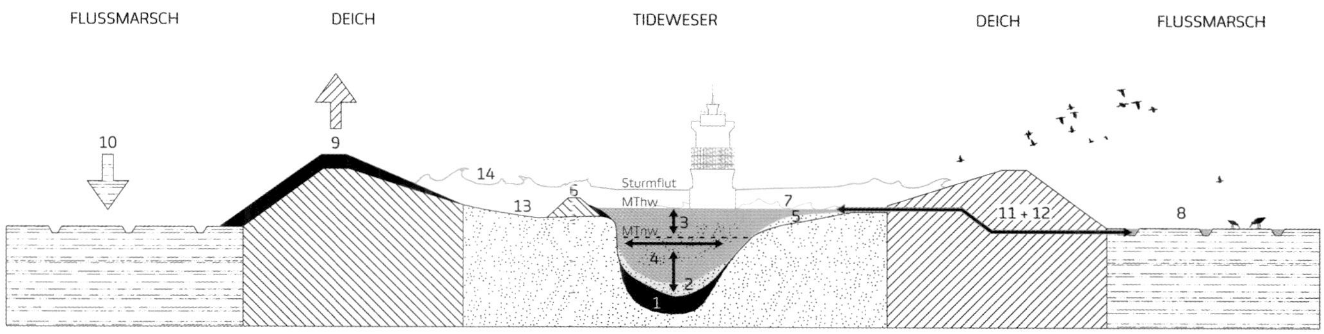


**8.13 : Folgen der Umwandlung vom freien Tidefluss zur Fahrrinne mit Deichen:[29, 30]**
**(1) Vertiefung für immer größere Seeschiffe,**
**(2) zum Erhalt von Solltiefe und Breite wird laufend gebaggert,**
**(3) Tidehub und Strömung nehmen zu,**
**(4) Sedimentdrift, Trübung und Sauerstoffarmut nehmen zu,**
**(5) Flachwasser und Watt am Gleithang verschlicken,**
**(6) Uferbefestigung und Buhnen am Prallhang,**
**(7) zunehmende Schiffswellen,**
**(8) Eindeichen von Flussmarschen,**
**(9) Deicherhöhung wegen erhöhter Sturmfluten,**
**(10) Marschböden sacken durch Entwässern,**
**(11) Entwässerung mit Pumpen hoch zum Fluss,**
**(12) im Sommer gelangt Brackwasser in Bewässerungsgräben,**
**(13) wenig Biodiversität durch fehlende Auen und Feuchtwiesen.**
**(14) Der globale Meeresspiegelanstieg führt zu höheren Sturmfluten.**

Flachwasserzonen, die Fische verschwanden, und in Nordenham verschlickte der Badestrand. Eine freie Entwässerung aus den tief liegenden Marschen ist nur kurz bei niedrigster Tide noch möglich.[28, 29] Deswegen muss viel gepumpt werden. Für die Lebewesen im Wasser ist das schwer zu ertragen.[31] Durch die Vertiefung gelangt Brackwasser weiter stromauf und zunehmend über die Siele in die Marschgräben, aus denen das Weidevieh saufen soll. Deswegen muss das Grabensystem von der Weser entkoppelt und stattdessen von der Geest aus bewässert und in die Nordsee entwässert werden.[32]

Einzeln erscheinen die in Bild 8.13 genannten Vorgänge eher nichtig, verglichen mit der von Schiffen abhängigen Wirtschaft. Doch bei langfristiger Betrachtung verschieben sich die Wichtigkeiten. Steigt in den nächsten Jahrhunderten das Meer, müssen neue Lösungen für die Unterweser gefunden wer-

**Exkurs: Flutung von Wesermarschen**

*Gespräch mit Uwe von Bargen (UvB),*
*Direktor für Umweltangelegenheiten, bremenports*

Herr von Bargen, Sie sagen, Hafenentwicklung und Naturschutz gehen bei Ihnen Hand in Hand, und das Umweltbundesamt bezeichnet den ökologischen Ausgleich für die Erweiterung des Containerterminals in Bremerhaven als Beispiel guter Praxis für Anpassungen an den Klimawandel. Worum geht es dabei?

*UvB: Nahe Bremerhaven haben wir das nahezu 1400 Hektar große Gebiet der Luneplate renaturiert. Begonnen wurde damit schon Anfang der 1990er Jahre. Ein Sommerdeich wurde entfernt, damit sich ein natürlicher Tidelebensraum entwickeln kann. Binnendeichs wurden ein alter Weserarm renaturiert und großflächig feuchtes Weideland sowie ein mit der Weser verbundener Tidepolder geschaffen.*

Was hat das für die Natur bewirkt?

*UvB: Wo vorher Hafenindustrie geplant war und intensive Landwirtschaft stattfand, können wir mit Windschöpfwerken im extensiv beweideten Feuchtgrünland die für Pflanzen und Tiere benötigten Wasserstände einstellen. Jetzt fallen dort im Winter in Schwärmen Nonnengänse ein, und im Sommer brüten und ernähren sich dort zahlreiche Wiesenvögel. Am alten Weserlauf helfen uns Wasserbüffel dabei eine naturnahe Flussaue zu entwickeln.*

Kann die Weser auch mit Ebbe und Flut auf das Gebiet einwirken?

*UvB: Ein 220 Hektar großes Areal wurde mit einem 3,5 Meter hohen Wall umgeben (Foto S. 179). Die Gezeiten strömen durch 2 Sieltore von je 13 Meter Breite. Bei normaler Tide fließt über 1 Million Kubikmeter Weserwasser rein und raus. Seit 2012 hat sich der so hinter der Deichlinie geschaffene Tidepolder mit Watt- und Schilfzonen entwickelt. Bei Bedarf kann der Tidepolder nach starkem Regen auch Wasser aus dem Binnenland aufnehmen, damit es dort keine Überschwemmungen gibt.*

Wäre so etwas auch auf größerer Fläche in der Wesermarsch möglich?

*UvB: Die Erfolge mit dem Tidepolder auf der Luneplate waren Auslöser und Ideengeber für ein größeres Projekt in der Drepteniederung (1700 Hektar) weiter stromaufwärts Richtung Bremen, das aber nicht auf Naturschutzziele beschränkt sein sollte. Das Gelände liegt einen halben Meter tiefer als der mittlere Meeresspiegel. Durch die günstige Lage zur Trübstoffzone in der Unterweser könnten die Gezeiten über ein breites Siel diesen Marschboden in wenigen Jahrzehnten mit Sedimenten wieder auf Tidehochwasserniveau bringen. Eine Vorstudie wurde erstellt, aber es sind noch weitere Initiativen und viele Abstimmungsgespräche nötig, bevor die Drepteniederung wieder mit dem Meer wachsen kann.*[5]

den. Dass an Weser und Elbe grundlegend umgedacht werden muss, hat das jüngste Urteil des Europäischen Gerichtshofs zur beantragten Vertiefung aufgezeigt. Ob die Unterweser vielleicht auch noch wie die Ems ein Sperrwerk gegen Sturmfluten erhalten soll, erscheint mehr als fraglich.

Bei schneller steigendem Meeresspiegel wäre es ratsam, die Unterweser wieder flacher und den Überflutungsraum wieder breiter werden zu lassen. Das verringert Strömung und Tidenhub und entzieht den Sturmfluten durch mehr Reibung ihre Bewegungsenergie. Das wird zwar erst in einigen Jahrzehnten akut, aber je früher der Kurs geändert wird, desto besser lassen sich wirtschaftliche Anpassungen sozial verträglich gestalten.

In diesem Zusammenhang sollte an der Weser auch diskutiert werden, welchen Schiffen der Zugang nach Bremen ermöglicht werden soll. Je früher diese Entscheidung fällt, desto eher können Betriebe, die auf größere Seeschiffe angewiesen sind, nach neuen Standorten oder Nachnutzungen suchen. Viele neue Unternehmen in der Region orientieren sich weniger an der Weser als Transportweg und suchen eher die Nähe zur Autobahn. Wie lange sind Futtermittelimporte nach Brake für eine fleischbetonte Ernährungswirtschaft noch möglich, eingedenk der Nitratbelastung für das Grundwasser?

Eine grundlegende Zukunftsfrage für die Region ist aber auch hier: Wie können die Marschen wieder auf Meereshöhe kommen und weiterhin mitwachsen? Gelingen könnte das mit Tidepoldern, in die der Flutstrom mehr Sediment einbringt, als der Ebbstrom wieder mitnimmt[5,12] (Bild 8.14). Eine Vorstudie dazu wurde für die Drepteniederung durchgeführt (siehe Exkurs).

Die Landwirtschaft der Weser-Jade-Marschen hat sich vom Ackerbau mehr der Grünlandnutzung (Weideland und Grasäcker) zugewandt.[1, 33] Durch Tidepolder könnte mehr Mischnutzung praktiziert werden. Tourismus konnte sich bisher nur direkt an der Küste und in den Städten der Jade-Weser-Region entwickeln. Ein Fluss, auf dem wieder eine Fischerei lohnt, und eine Marsch mit großen Gewässern könnten das ändern. Neben Tidepoldern können auch Überflutungspolder (Bild 8.5) das Sacken der Marschen stoppen und im Sommer als Wasserreservoir dienen. Schwimmende Gärten (Bild 8.4) könnten von dort Gemüse und Blumen in die nahen Städte liefern. Auch Werkstätten, wie Töpfereien oder Bootswerften, könnten auf dem Wasser schwimmen.

Für die maritime Wirtschaft der Jade-Weser-Region könnten die Seehäfen von Wilhelmshaven und Bremerhaven auf lange Zeit anpassungsfähig genug sein, um unter Bedingungen eines schneller steigenden Meeres mithalten zu können.[1] Die sich abzeichnende Arbeitsteilung der Eurogate-Terminals an Jade und Weser dürfte sich mit wachsenden Schiffsgrößen weiter entwickeln und dann nicht ohne Folgen für die Häfen in Bremerhaven und Wilhelmshaven sein (Foto S. 183).

**8.14: Vorschläge für mögliche Tide- und Überflutungspolder in der Jade-Weser-Marsch: (1) Schwarzes Brack bei Zetel, (2) Jade-Polder, (3) Moorpolder vom Jadebusen bis Käseburger Sieltief an der Weser, (4) Stadland bis Esenshamm-Strohausen, (5) Dedesdorfer Wiesenpolder, (6) Drepte-Niederung, (7) Osterstader Marsch bis Hagen, (8) Hunte-Wiesen, (9) Stedingen-Polder**

*Die Tide-Elbe*

Während Ems und Weser sich unvermittelt in ihre breiten Mündungstrichter öffnen, spaltet sich die Elbe erst in ein Binnendelta und verläuft von da allmählich breiter werdend bis zur Nordsee (Bild 8.15). Für Lastensegler war Hamburg deswegen besser erreichbar als Bremen. Dabei halfen schon seit dem 15. Jahrhundert Tonnen, die vor Untiefen im Fahrwasser warnten.[34] Die sumpfig-moorigen Elbmarschen verwandelte die spätmittelalterliche Wasserbaukunst der Holländer innerhalb von 200 Jahren, so wie auch an Weser und Ems, in wertvolles Agrarland.

Hamburg entwickelte sich zur Drehscheibe des Handels zwischen Ost- und Westeuropa und der Alsterhafen wuchs innerhalb des Stromspaltungsgebietes bis nach Harburg (Foto S. 28). Über die Nordsee entstand ein bedeutendes Handelsdreieck zwischen Hamburg, London und der niederländischen Rheinmündung. Während London seine maritimen Aktivitäten mit den wachsenden Schiffsgrößen stromab zum Meer verlagerte, blieb der Hamburger Hafen an seinem Standort. Für die großen Schiffe aus Übersee bedeutet das gut 100 Kilometer schwierige Flussfahrt und der von Natur aus eigentlich flachen Tide-Elbe trug das eine mehrfach vertiefte Fahrrinne ein. Schon 1555 gründete sich eine Düpe-Commission, die über Untiefen im Elbfahrwasser und die Verschlickung von Anlegestellen wachte.[34] Heute ist daraus die *Hamburg Port Authority* geworden.

Unter Wasserbaudirektor Reinhard Woltman begann 1818 die planmäßige Beseitigung von flachen Stellen im Elbfahrwasser. Bis 1825 war eine Min-

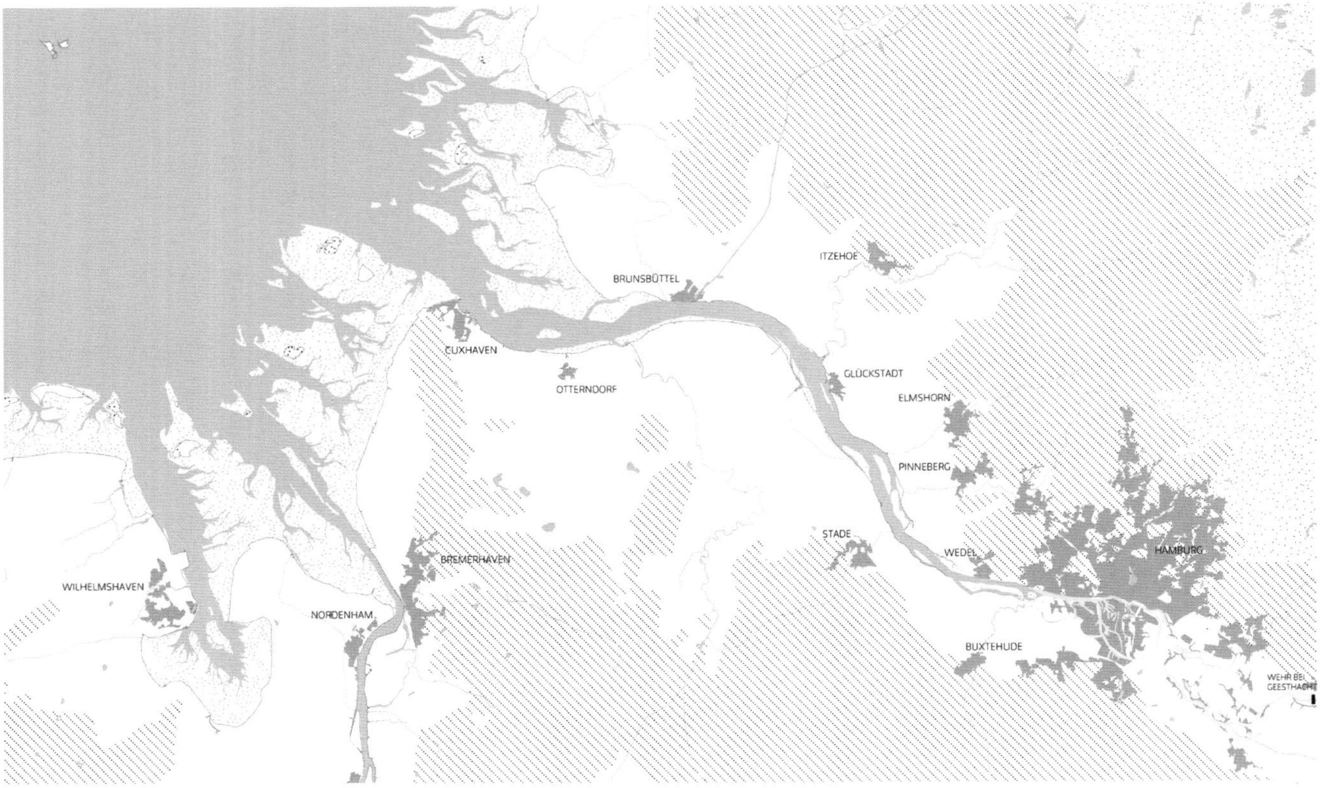


**8.15: Unterelbe von Cuxhaven bis zum Wehr bei Geesthacht.**

desttiefe von 3,5 Meter hergestellt, gemessen bei Niedrigwasser.[34] Seitdem fand das Ausbaggern kein Ende mehr (Bild 8.16). Heute liegt die Solltiefe bei 15 Meter unter Niedrigwasser. Die tiefste Stelle der Elbe befand sich 1847 vor der Wilstermarsch noch bei -16,5 Meter. Heute hat die Elbe weiter stromab nahe Altenbruch eine maximale Tiefe von 33 Meter.[35] Diese Verdopplung wurde nicht ausgebaggert, sondern entstand durch die zunehmende Strömung und zeigt, was für unbändige Wasserkräfte durch den Fahrrinnenausbau entfesselt wurden.

Dazu hat auch die Konzentration des Stroms auf nur eine Hauptrinne beigetragen.[34-37] Neue Flussinseln und Uferbereiche wurden aufgespült, großräumige Überflutungsgebiete eingedeicht, Seitenarme

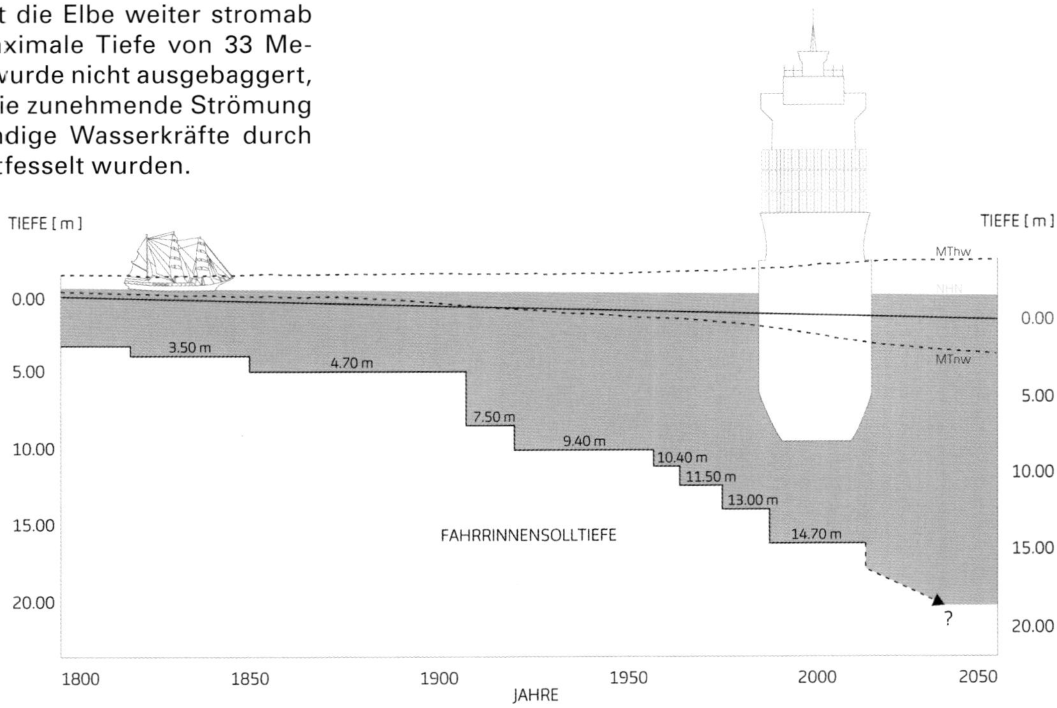


**8.16: Stufenweise Vertiefungen des Elbfahrwassers seit 1818, verändert nach [34]. NHN = Normalhöhennull Tiefenangaben in Metern unter Seekartennull, von 1818 bis heute um 1,3 Meter gesunken.**

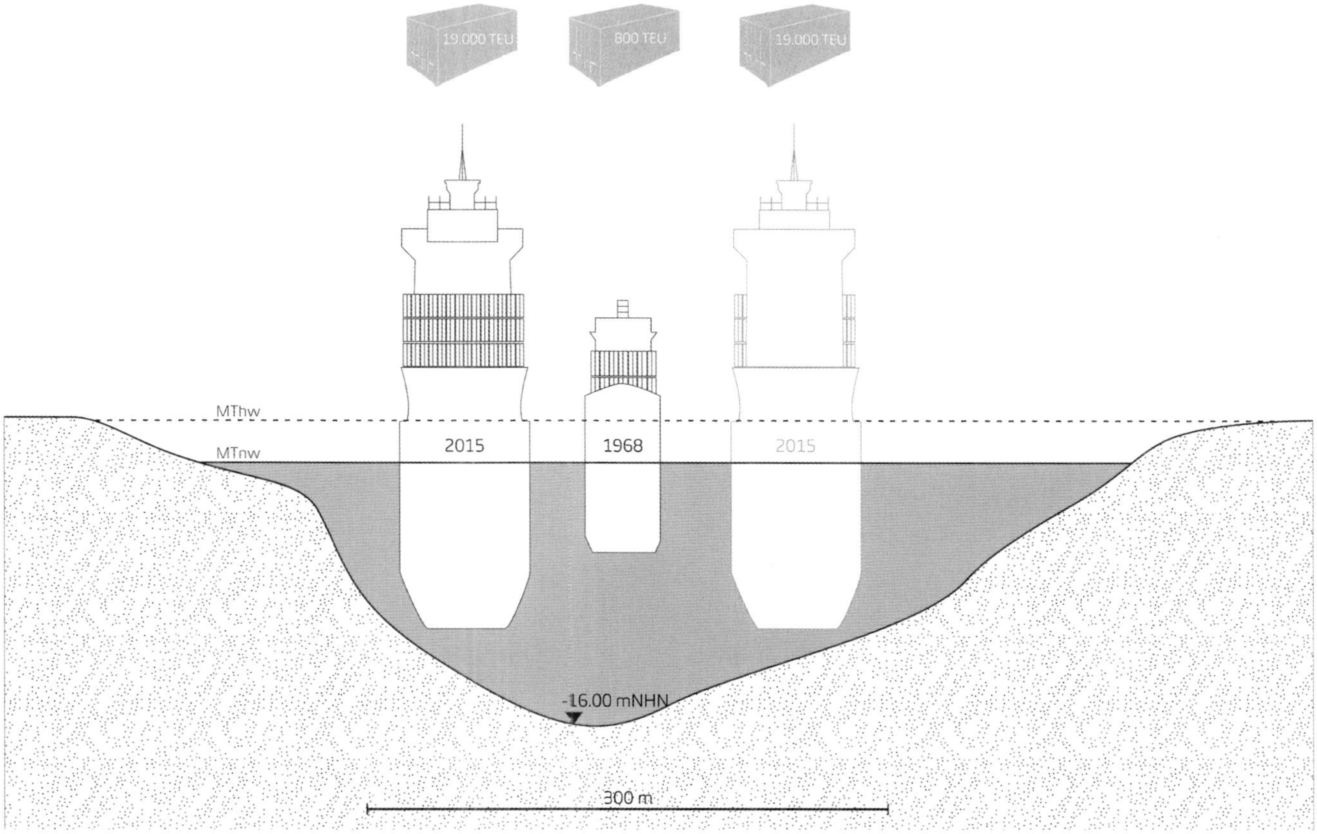


**8.17: Fahrrinne der Elbe bei Stadersand mit Solltiefe 16 Meter und 300 Meter Breite bei fiktiver Begegnung zweier Containerschiffe mit gegenwärtig maximaler Größe (bis 19 000 TEU) und einem Containerschiff von 1968 (bis 800 TEU).**
**TEU = ein Container von 12 x 2,4 x 2,6 Meter.**

zugeschüttet, ein 10 Kilometer langer Leitdamm bei Cuxhaven gebaut, Ufer mit Steinpackungen befestigt und Buhnen zum Ablenken des Stroms vom Ufer errichtet. Als Folge verdoppelte sich bei Hamburg der Tidehub von 1,8 auf 3,6 Meter (Bild 8.8). Das mittlere Hochwasser stieg um gut einen halben Meter an und das mittlere Niedrigwasser sank um über 1 Meter ab.

Strömung, Sedimentdrift, Erosion in der Außenelbe und Verschlickung im Hamburger Hafen, Baggeraufwand und Wassertrübung nahmen ständig zu. Letztere nimmt den Planktonalgen in der Tiefe das Licht. Das löst im Sommer starke Sauerstoffzehrung aus und vertreibt die Fische. Die kleineren Elbehäfen fallen längere Zeit trocken und verschlicken. Das Meerwasser drückt, vermutlich verstärkt durch eine bereits klimabedingte Abnahme im sommerlichen Oberwasserabfluss der Elbe, weiter stromaufwärts und versalzt dort die Bewässerungsanlagen für die Marsch (siehe auch Bild 8.13).

In Reaktion auf die Deichbrüche von 1962 wurde nicht nur der Altbestand erhöht. Mit Sturmflutsperrwerken wurden Nebenflüsse abgeriegelt und damit der Überflutungsraum erheblich verringert.[2] Außerdem wurde neu eingedeicht, so zum Beispiel die großen Polder Krautsand und Nordkehdingen. Die Haseldorfer Binnenelbe wurde abgedämmt. Alles zusammen verkleinerte den Überflutungsraum um weitere 150 Quadratkilometer. Das ist mehr als der gesamte Dollart und nur wenig kleiner als der Jadebusen. Mit Blick auf die Sturmfluthöhen erwies sich diese erneute Einengung des Überflutungsraumes der Unterelbe als ein Fehler. Die Sturmfluthöhe von 1962 wurde inzwischen schon neunmal übertroffen.[38]

Ebenso wie der Meeresspiegel steigt die Größe der Seeschiffe[35] (Bild 8.17). Im Jahr 2015 lief in Hamburg ein Containerschiff von 400 Meter Länge und 59 m Breite ein. Voll beladen hätte es 16 Meter Tiefgang gehabt. Solche Schiffsgiganten werden häufiger. Das erste, 1968 eingelaufene Containerschiff war noch 180 Meter lang, 25 Meter breit und lag bis 9 Meter tief im Wasser. Um 2050 könnte ein Tiefgang von 20 Meter normal sein. Würde das Fahrwasser daran angepasst, dürften die Auswirkungen auf das Tideflusssystem bisher nicht gekannte Dimensionen annehmen. Rotterdam und Wilhelmshaven könnten dann für die größten Schiffe vielleicht noch ausreichende Tiefen und Breiten der Fahrwässer anbieten, aber würde das dafür notwendige Ausbaggern in Unterweser und Unterelbe noch akzeptiert

## Exkurs: Die Tide-Elbe in 200 Jahren

von Heinz Glindemann,
Erster Baudirektor a. D., Hamburg

Die Tide-Elbe-Region umfasst eine der meist befahrenen Seeschifffahrtsstraßen der Welt, ist dicht besiedelt und ökologisch sensibel. Bei einem langfristigen Meeresspiegelanstieg von über 3 Metern (s. Kap. 2) gilt es, auf wissenschaftlicher Basis und im öffentlichen Diskurs einen Konsens über möglichst nachhaltige Anpassungen zu finden. Klimaforscher erwarten einen deutlich beschleunigten Meeresspiegelanstieg ab Mitte dieses Jahrhunderts. Bis dahin haben wir Zeit, die Vor- und Nachteile von verschiedenen Anpassungsoptionen zu erforschen und darüber zu beraten. Verdrängen wir weiter diesen notwendigen Prozess, wird früher oder später überstürzt gehandelt, so wie nach der Sturmflut von 1962. Zur Sicherung gegen weitere Sturmfluten wurden damals Sperrwerke gebaut und große Überflutungsflächen eingedeicht, mit – wie wir heute wissen – erheblichen, negativen Folgen für das Flusssystem, sowohl ökologisch als auch ökonomisch.

Die Ziele für diese Region sollten deswegen sowohl die Entwicklung der Metropole Hamburg und der Häfen dieser Region, eine weiterhin vielfältige Landwirtschaft in den Elbmarschen und dort ein sicheres Wohnen sowie eine lebendige Tide-Elbe in Verbund mit dem Wattenmeer beinhalten. Eine Lösung kommt der berühmten Quadratur des Kreises gleich. Es wird also immer notwendig sein, zwischen den jeweiligen Folgen verschiedener Anpassungsmaßnahmen abzuwägen. Zum Beispiel sind in den letzten 3 Jahrzehnten auch bereits ohne einen bis dato großen Meeresspiegelanstieg etwa 100 Millionen Kubikmeter Sediment am Wattsockel des Elbtrichters wegerodiert und vom Flutstrom Richtung Hamburg gespült worden. Ändern wir nicht diesen flussaufwärts gerichteten Sedimenttransport und schaffen wir zum Aufschlicken der Marschen und zur Erweiterung des Flutraumes Tidepolder, dann könnte das so große Sedimentmassen schlucken, dass im Mündungstrichter noch mehr Watt verloren ginge.

Entscheidend wird es daher sein, im Einklang mit der Schaffung von Tidepoldern entlang der Unterelbe schon direkt im Mündungsbereich der Tide-Elbe die richtigen Weichen zu stellen, damit die Anpassung an den klimabedingt steigenden Meeresspiegel und die immer höher auflaufenden Sturmfluten gelingt. Es sollen auch weiterhin große Schiffe zum Nord-Ostsee-Kanal und bis nach Hamburg fahren können.

Dafür werden folgende, konditionale Schritte vorgeschlagen (Bild 8.18): Auf der nördlichen (rechten) Seite der Hauptrinne soll im ersten Schritt der verfallene, inzwischen fast 80 Jahre alte Leitdamm Hermannshof am Neufelder Watt mit einem etwas modifiziertem Trassenverlauf und einer um einen Meter höheren Lage, überwiegend als langgezogene Sandbank konzipiert, wieder in Funktion gebracht werden. Im Laufe kommender Jahrzehnte kann dieser bis gegenüber von Scharhörn verlängert werden. Zeitgleich wird auf der südlichen (linken) Seite der Leitdamm Kugelbake, ebenfalls in meist sandiger Form, bis nach Scharhörn verlängert.

An der französischen Atlantikküste bei Le Havre wurde die Mündung der Seine in den vergangenen Jahrzehnten durch solch ein Leitdammsystem so erfolgreich stabilisiert, dass eine vorher bei auflaufendem Wasser als Bore in die Seine verlaufende Flutwelle wirksam entschärft wurde. Ein ähnliches Dilemma kennen wir bereits von der Ems. An der Tide-Elbe soll es sich trotz steigendem Meeresspiegel gar nicht erst einstellen.

Die zurzeit bereits in die Tide-Elbe hinein erodierenden seitlichen Watten werden durch diese Trennung mit dem Meeresspiegelanstieg aufwachsen. Ganz langfristig ist dann sogar die Bildung von ufernahen Salzwiesen möglich. Die Fahrrinne würde auf natürliche Weise durch die Tideströmung offen gehalten. Denken wir weiter bis ins nächste Jahrhundert hinein, wenn dann der Meeresspiegel deutlich über 1 Meter hinaus gestiegen sein könnte, kann es erforderlich werden, das Leitdammsystem weiter aufzuhöhen und bei einem Anstieg um mehrere Meter zu Deichen weiter zu entwickeln. Erst dann wird zu entscheiden sein, ob ergänzend zu verschiedenen ins Watt führenden Sielen und

Sperrwerken zur Regulierung der Tide in der dann immer noch lebendigen Tide-Elbe auch Schleusen für Seeschiffe seewärts von Scharhörn errichtet werden sollen und wenn ja, in welchen Dimensionen. Für heutige Betrachter wirkt in Bild 8.18 der mögliche Ausbau bis zum Jahr 2200 schockierend, weil noch niemand sich die Konsequenzen eines Meeresanstiegs um im Mittel deutlich mehr als 1 Meter, möglicherweise sogar über 3 Meter, vorzustellen wagt. Die Folgen davon dürfen nicht kollektiv verdrängt, sondern müssen erforscht, kommuniziert und mit allen relevanten Gesellschaftsgruppen diskutiert werden. Nur so kann in diesem Jahrhundert mit Anpassungen begonnen werden, an die kommende Generationen anknüpfen können. Eine solche Entwicklung der Elbmündung ist nur schrittweise über viele Jahrzehnte erreichbar, da sie ständige, an die natürliche Dynamik angepasste Fütterung von Sandbänken parallel zur Hauptrinne erfordert. Strategisch wird sie von dem Gedanken der Partnerschaft mit der Natur getragen.

Wenn man zu spät mit diesen sanften Anpassungen beginnt, sind später kurzfristige, harte Eingriffe in die Naturdynamik nötig. Die kosten ein Vielfaches, wenn sie dann überhaupt noch gegen die Naturkräfte in der beschriebenen Win-win-Situation machbar sind.

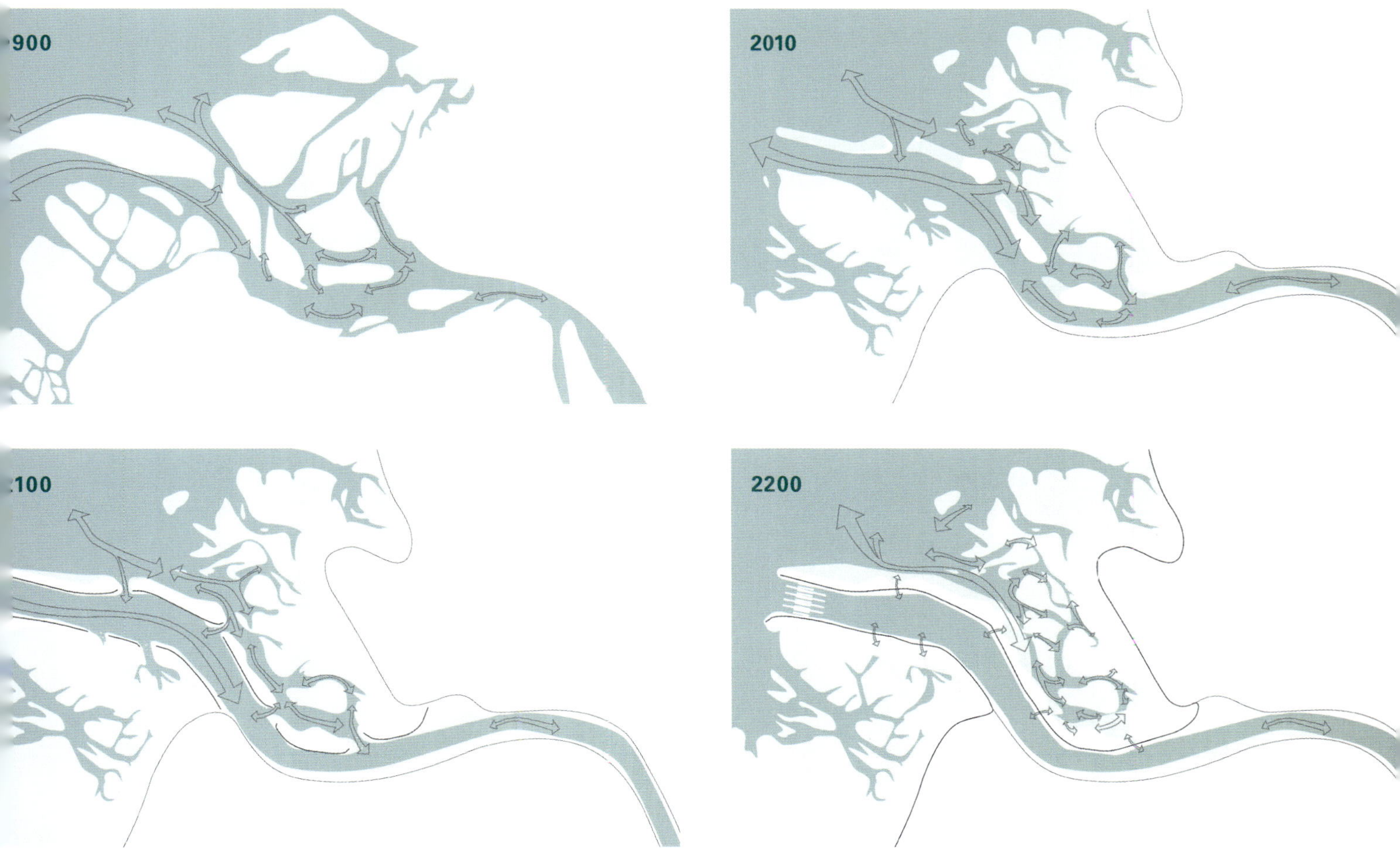


**8.18: Angenommene historische Morphodynamik und hypothetische Entwicklung in der Elbmündung, wenn die Tide-Elbe noch in diesem Jahrhundert durch eine Kombination von Leitdämmen und Sandbänken weitgehend auf eine Hauptrinne konzentriert wird und im nächsten Jahrhundert darauf aufbauend gegebenenfalls durch hohe Dämme und ein Sperrwerk mit Schleusen auf einen niedrigen Wasserstand reguliert würde.**

werden? Kann es sich noch rechnen, wenn alle Kollateralschäden, noch verstärkt durch den Meeresspiegelanstieg, mit einbezogen werden?

Damit ist kaum zu rechnen.[36, 37] Zu den Schäden kämen exponentiell steigende Kosten für die Unterhaltung der erweiterten Fahrrinne. Die zunehmenden Sedimentumlagerungen machen das Ausbaggern bereits jetzt zur Sisyphusarbeit. Gegenwärtig werden jährlich etwa 16 Millionen Kubikmeter zur Erhaltung der Fahrwassertiefen ausgebaggert. Nach weiteren Vertiefungen dürften diese Mengen deutlich weiter zunehmen, in der Elbe umgelagert und zum Teil in der Nordsee verklappt werden.

Der Meeresspiegelanstieg stellt die Tide-Elbe-Region vor eine weitere Herausforderung: Bei deutlich mehr als 1 Meter Meeresspiegelanstieg nach 2100 und damit auch höher auflaufenden Sturmfluten müssten weitere Uferbefestigungen und Deicherhöhungen folgen, die extreme Eingriffe und Kosten zur Folge hätten. Die Kombination von erweiterter Fahrrinne, verengtem Überflutungsraum und steigendem Meeresspiegel zwingt zu gewaltigen Sicherungsmaßnahmen für die Städte und Marschen. Und in der Elbe würde die Sedimentdynamik eskalieren. Bei allen Projektionen gilt es zu bedenken, dass der langfristige Meeresspiegelanstieg viel gewisser ist, als es ökonomische oder soziale Trends sind, wie zum Beispiel das Wachstum unseres Überkonsums oder die Bevölkerungszahl in der Metropolregion Hamburg.

Was kann getan werden? Wo und wie könnte der Überflutungsraum wieder erweitert werden? Könnte die Flutstromdominanz und damit die Sturmfluthöhen durch Watterhöhungen im Elbtrichter verringert werden (s. Exkurs)? Wäre sogar das Undenkbare in Zukunft doch denkbar: Kann auf der Unterelbe wieder eine natürliche Verlandung zugelassen werden, weil in den Hamburger Hafen fahrende Schiffe wieder weniger Tiefgang haben?

Bereits Ende des 19. Jahrhunderts kam Cuxhaven als Tiefwasserhafen ins Gespräch. Für einen Linienverkehr nach New York wurden dort sogar schon Kaianlagen gebaut.[34] Zusammen mit Brunsbüttel am Eingang zum Nord-Ostsee-Kanal wäre Cuxhaven als Verladehafen (Transsshipment Hub) gut positioniert gewesen. Das Projekt wurde am Ende nicht realisiert. Ob eine solche Option im Zusammenspiel mit dem Elbehafen Brunsbüttel noch möglich ist, wird die Zukunft zeigen.

Angesichts weiter zunehmender Schiffsgrößen wird eine bessere Kooperation mit funktioneller Aufteilung zwischen den Häfen von Hamburg, Bremerhaven und Wilhelmshaven angemahnt.[35-37] Wilhelmshaven verfügt über die größten Fahrrinnentiefen, aber die Entfernung zum Hinterland ist lang und schlecht ausgebaut. Hamburg liegt – über die Tide-Elbe erreichbar – günstig zum Hinterland positioniert. Seine lokalen Verbrauchs- und Verteilungszentren sowie günstige Verkehrsanschlüsse ziehen große Ladungsströme an. Bremerhaven ist ebenfalls tideflussabhängig, liegt jedoch günstiger zum Meer.

Kann in der Hafenkooperation keine geeignete Lösung gefunden werden und scheitert auch eine Begrenzung der Schiffsgrößen, dann käme neben einer weiteren Verlagerung der Güterströme nach Rotterdam noch ein schwimmendes Nordseeterminal bei Helgoland als Hub infrage[40] (Bild 8.19). Dann könnte das Ausbaggern von Fahrrinnen reduziert werden. Feederschiffe könnten ihre Akkus mit Strom von den nahen Offshore-Windparks aufladen und so mit Windenergie zu den alten Häfen fahren. Von großen Tankschiffen könnten über den Pontonhafen Pipelines zum Festland führen. Die erforderlichen Pumpen würden mit Windkraft betrieben. Sollte eines Tages solch ein Schwimmhafen besser woanders liegen, ließe er sich leicht verlegen.

Durch solch eine Utopie würden die traditionellen Häfen nicht überflüssig, sondern bekämen nur andere Funktionen. Das Umladen von großen auf kleine Schiffe erhöht allerdings die Frachtkosten. Durch den kommenden Meeresspiegelanstieg stoßen nicht nur die Seehäfen mit den Fahrrinnen auf nicht mehr zu lösende Probleme. Auch die Anpassung der Uferbereiche sowie Sturmflutschutzanlagen um mehrere Meter wären gewaltige Herausforderungen. Anstatt bis zuletzt auf schon verlorenem Posten zu verharren, ist es an der Zeit, sich mit den Vor- und Nachteilen der verschiedenen Anpassungsoptionen oder deren Kombination zu befassen.

Um die Sedimentprobleme im Fluss zu reduzieren und die wachsende Kluft zwischen sinkenden Marschen und steigenden Meereshöhen zu verringern, sollten entlang der Unterelbe Überflutungen im Gezeitenrhythmus in ausgewählten Marschbereichen erwogen werden (Bild 8.19). Diese Bereiche würden durch Öffnung zur Elbe den Tidenhub reduzieren und zugleich die Chance erhalten, durch Sedimenteintrag an Höhe zu gewinnen und damit den Anschluss an den Meeresspiegelanstieg zu finden. Gleichzeitig könnten bei Sturmfluten die Scheitelhöhen der Flutwellen gesenkt werden.

Zwar ist es ein großer Aufwand, rückwärtige Deiche zu verstärken und die Besiedlung durch Ringdeiche, Wurten, Pfahlbauten und Schwimmhäuser hinreichend sicher zu machen, aber gleichzeitig beginnen damit zukunftsträchtige Entwicklungen für Landschaft und Mensch. Der unbesiedelte Polder in Nordkehdingen könnte durch ein- und ausströmendes Gezeitenwasser zum touristischen Erlebnisraum werden. Im Binnenland liegende Sietländer sind zu weit von der Elbe entfernt, um Sedimente erhalten zu können. Stattdessen könnte dort eine Hochmoorbildung gefördert werden.

In diesem Jahrhundert wird es noch möglich sein, sich durch Deicherhöhungen an den Meeresspiegelanstieg technisch anzupassen. In den Bereichen aber, die unterhalb von Sturmfluthöhen liegen, sollte dennoch schon damit begonnen werden, Neubauten entweder auf Erhöhungen (Wurten), auf Pfähle oder Schwimmpontons zu errichten, um später dort Überflutungsflächen einrichten zu können.

**Küstenstädte**

Alle größeren Städte der deutschen Nordseeküste haben hoch aufragende Gebäude, aber der Baugrund liegt oft kaum über dem Meeresspiegel, so wie in Emden, Wilhelmshaven, Cuxhaven, Glückstadt, Brunsbüttel oder Buxtehude sowie in Teilen von Elmshorn, Hamburg, Bremerhaven und Bremen.

Diese Städte sind historisch an vorteilhaften Wasserlagen gewachsen. Sie mussten sich von Anfang an mit den Veränderungen der Tideflüsse und der Nordsee auseinandersetzen. Nach und nach wurde dabei die Anpassung an die Wasserdynamik ganz von der konsequenten Abwehr, dem Heraushalten des Wassers verdrängt. Alle Städte schützen sich mit Deichen, Mauern und Sperrwerken vor Hochwasser. Diese Schutzwerke wurden mit steigendem Wasserspiegel immer stärker und höher ausgebaut.

Dem sind jedoch Grenzen gesetzt. Vor allem in den großen Metropolen engt Flächenmangel den Spielraum zunehmend ein, während die Schutzstrukturen immer mehr Fläche benötigen. Außerdem werden sie technisch immer aufwendiger und teurer. Könnten sich Küstenstädte künftig auch ohne die strikte Trennung zwischen Stadt und Wasser behaupten, um sich so auf einen höher steigenden Meeresspiegel stufenweise vorzubereiten?[3, 41]

Venedig ist das berühmteste, aber auch ein zweischneidiges Beispiel für diese Situation.[42] Die Lage im Wasser war vorteilhaft für Verteidigung und Seehandel. Wasseradern führen zum Herzen dieser Stadt, prägen das städtische Leben und begeistern Millionen von Gästen. Über die Hälfte der Stadtfläche liegen im Wasser, aber marode gewordene Baustruk-

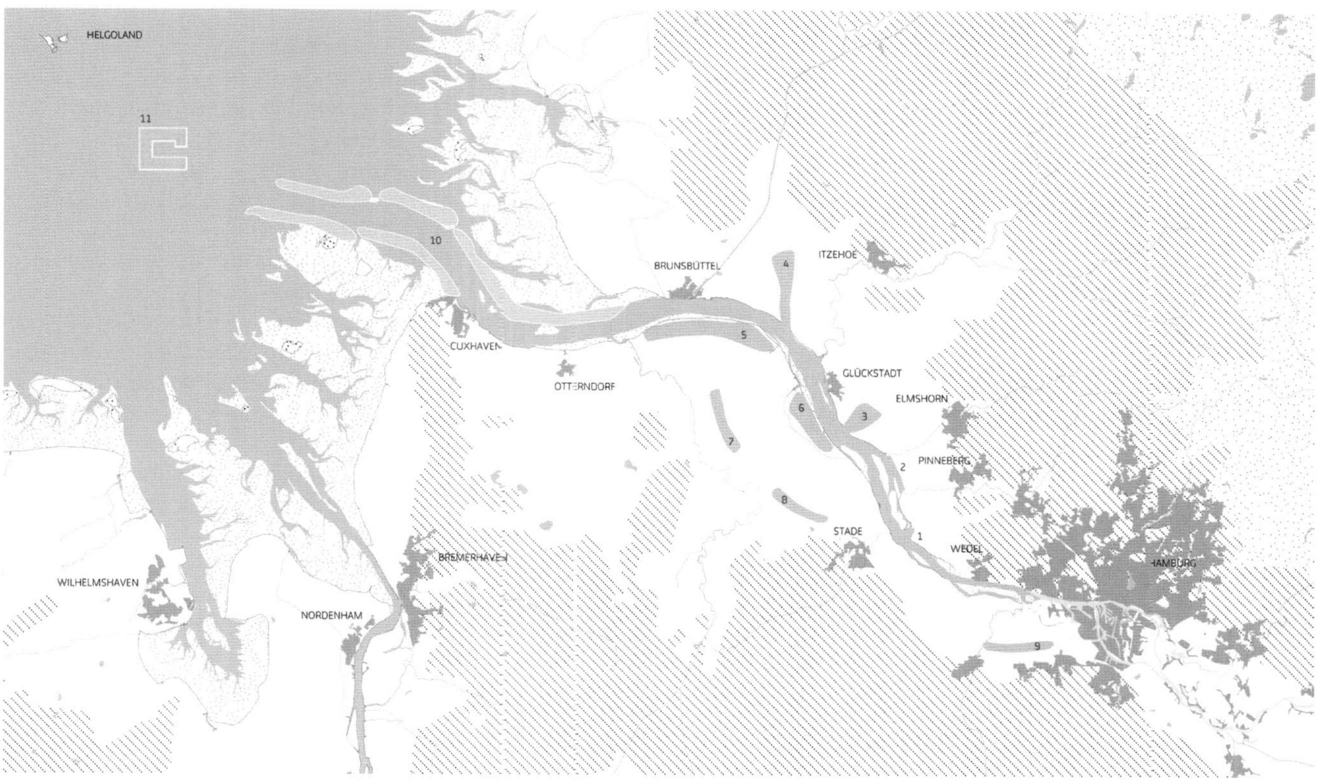


8.19: Vorschläge für Elbe-Anpassungen an ein sich veränderndes Klima mit steigendem Meer: (1) Tidepolder Haseldorfer Marsch, (2) Tidepolder Seestermühe, (3) Tidepolder Krempermarsch, (4) Tidepolder Wilstermarsch, (5) Tidepolder Nordkehdingen, (6) Tidepolder Krautsand, (7) Wasserspeicher Oste-Moore und (8) Kehdinger Moor, (9) Sietlandflutung an der Este, (10) Sandaufspülungen im äußeren Elbetrichter, (11) Nordseeterminal nahe Helgoland zum Umladen.

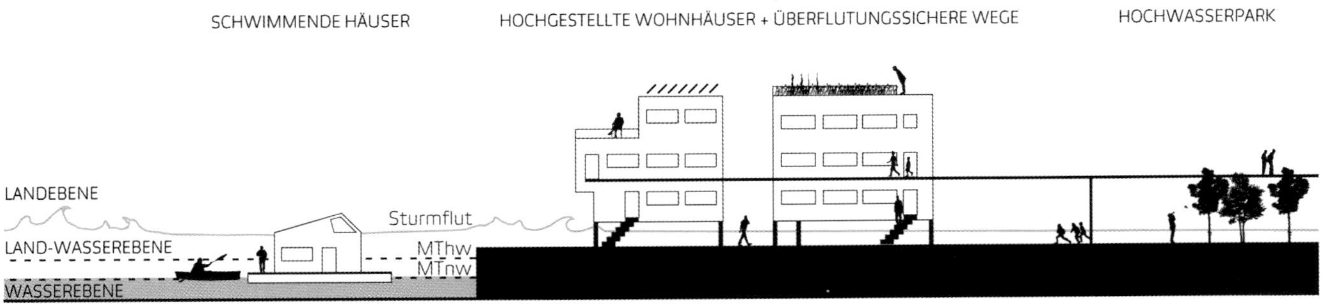


**8.20: Drei-Ebenen-Konzept für tief liegende Stadtbezirke mit schwimmenden Häusern auf der Wasserebene, episodisch überflutbare Land-Wasserebene mit zeitweisen Nutzungen (Läden, Straßen, Parks) und einer Landebene mit hoch gestelltem Wohnraum und Verbindungswegen (verändert nach [3,41]).**

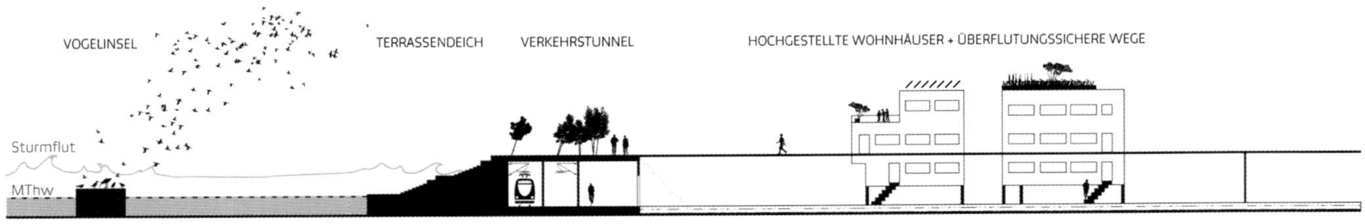


**8.21: Terrassendeich als Uferschutz sowie Erholungs- und Sozialraum für die Stadt.**

turen und höher auflaufende Sturmfluten bereiten bereits heute Probleme. Dennoch steht der amphibische Charakter der Stadt nicht zur Disposition.

In Amsterdam, dem Venedig des Nordens, nimmt Wasser fast ein Viertel der Stadtfläche ein. Dort schwimmen inzwischen viele Häuser auf dem Wasser. Gerade in den Niederlanden gibt es viele Beispiele für Bauweisen, die ein Wohnen und Arbeiten in potenziellen Überflutungsbereichen möglich machen.[13, 43] Könnte die Zukunft der Küstenstädte im oder auf dem Wasser liegen, wenn der Meeresspiegel immer höher steigt, oder welche Spielräume könnte es noch geben, um die Küstenstädte auf eine Zukunft mit mehr Wasser vorzubereiten?

Städte könnten erhöhte Zonen ausweisen, die immer über Wasser bleiben, Zonen, die auf episodisches Wasser eingestellt sind, und Zonen, in denen Wassersiedlungen vorherrschen. Gerade weil der Meeresspiegelanstieg voraussichtlich relativ langsam ist, könnten Städte die notwendigen Umbauten meistern. Zonierungen erlauben ein schrittweises Vorgehen. Ein Umdenken sollte aber schon jetzt beginnen.

Für Hamburg-Wilhelmsburg, die größte Flussinsel Europas, wurden drei Ebenen in der urbanen Landschaft identifiziert. Dies könnte zugleich als Anpassungsziel an den steigenden Meeresspiegel für andere Küstenstädte vorgeschlagen werden: Die Wasserschicht, die Wasser-Landschaft und die Landschicht[3, 41] (Bild 8.20). Dieses Modell könnte auf eine Siedlungsentwicklung ohne immer höhere Schutzbauwerke gegen Hochwasser übertragen werden. Dann ergäbe sich folgendes Städtebild:Ganz unten befände sich die Wasserebene, auf der im Hafen die Schiffe navigieren, schwimmende Häuser vertäut sind oder Pfahlbauten stehen (Fotos S. 189 und 192). Auf der Wasser-Landebene lägen episodisch überflutbare Stadtbereiche. Gewohnt würde dort erst ab der 1. Etage. Straßen, Garagen, Lagerhallen, Grünanlagen und Gärten wären auf Überflutungen in Herbst und Winter vorbereitet. Es gäbe Konzepte, wohin sensible Teile wie Autos gebracht werden könnten, und natürlich auch, wie Rettung und Evakuierung im Notfall erfolgen könnten.

Auf der dritten Ebene verliefen Fußgänger- und Radfahrerbrücken über dem Straßenverkehr und den Kanälen. Damit wären die Häuser auf höherer Ebene miteinander verbunden und hätten im Fall sehr hoher Fluten gleichzeitig Flucht- und Versorgungswege. Auf den Hausdächern könnten Solaranlagen eine dezentrale Stromversorgung und Nutzgärten eine Grundversorgung ermöglichen.

Zusammen mit einem Ausbau der Wasserwege, erweitert dieses Drei-Ebenen-Konzept die Wasserräume im Überflutungsfall. Bewohnbare Flutpolder würden geschaffen, die auch dazu beitragen, die höchsten Wasserstände zu kappen. Wo solche Überflutungen nicht tolerierbar sind, können als Terrassen gestaltete Uferwälle den Schutz vor Hochwasser übernehmen und ansonsten Erholungsgebiet sein[13, 17, 44-46] (Bild 8.21).

Je mehr Raum zur Verfügung steht, desto landschaftlicher könnten solche „Terrassendeiche" sein, mit Obstbäumen, Gärten oder Spielwiesen, auch Schwimmbäder oder Veranstaltungsflächen könnten integriert werden. Sie böten Raum für Erholung,

WILHELMSHAVEN MORGEN?

**8.22: Fiktive Ausweitung der Stadtgewässer von Wilhelmshaven zu einem Netz von Kanälen mit Kopplung an die Gezeiten in der Jade. Das Ziel ist eine schrittweise Anpassung an den Meeresspiegelanstieg und ein maritim geprägtes Stadtbild (vergl. Foto S. 122).**

Versammlungen und offene Märkte. Im Innern der Wallanlagen könnten Verkehrswege verlaufen, Garagen oder Bootsschuppen untergebracht werden.

Auch wären Kombinationen aus Deichbau und Siedlungsentwicklung denkbar, wie sie zum Beispiel im niederländischen Vlissingen schon in den 1970er Jahren gebaut wurden. Planungen in Rotterdam oder auch in Hamburg für den Deichpark Elbinsel zeigen viele gestalterische Möglichkeiten für einen lebendigen Umgang mit Bauwerken für den Hochwasserschutz auf.

Solche Terrassenufer verbinden die notwendige Sicherheit mit geselligem Stadtleben und dem weiten Blick auf das fließende Wasser (Foto S. 190). Sie wären neue Küstenschutz-Stadtlandschaften, deren Gestaltungs- und Nutzungsmöglichkeiten unendlich sind und jeweils auf die lokale Topografie und Interessenlagen hin entworfen werden können. Wo hohe Ufermauern aus Platzgründen unvermeidbar sind, könnten durchsichtige Segmente eingebaut werden, damit der Sichtkontakt zum Wasser nicht verloren geht, oder auch schmale Gebäude für kleine Werkstätten und Promenaden integriert werden. Fluss oder Meer rücken durch solche Stadtufer wieder in den Mittelpunkt des städtischen Lebens.

An der deutschen Nordseeküste haben vor allem Wilhelmshaven mit 6 Prozent der Stadtfläche, Emden mit 7 Prozent und Hamburg mit 8 Prozent große Wasserflächen im Stadtgebiet. Zusätzlich zum Küstenwind sorgen die Kanäle und Seen für ein gesundes Stadtklima und viel Lebensqualität.[44] Potenziell könnte nach heftigen Regenfällen das Wasser schnell abfließen und bei Überflutung fände das Wasser viel Raum, wenn diese Gewässer nicht von den Tideflüssen beziehungsweise der Nordsee getrennt wären. Sie könnten in Zukunft mehr Fläche erhalten und ausgebaut werden. Dann könnten die schwankenden Wasserstände besser aufgenommen werden, die sowohl durch Starkregenereignisse als auch Sturmfluten oder beides zusammen zustande kommen. Dies würde ein Umdenken hin zu mehr Wasserflächen, beziehungsweise potentiellen Überflutungsbereichen, und ein ausgeklügeltes Wassermanagement voraussetzen. Auf Stadtgewässern könnte sich eine mobile Wasserkultur entwickeln: zum Beispiel Badestellen, Sportboote und Wassertaxis, schwimmende Wohnsiedlungen, Schulen und Kirchen, schwimmende Restaurants, Hotels und Veranstaltungshallen samt Pontons zum Parken, die sich flexibel verholen ließen.[17, 43] Was schon auf dem Wasser schwimmt, kann bei Hochwasser keinen Schaden nehmen und versiegelt nicht die Böden. Durch Ebbe und Flut könnten die Gewässer der Küstenstädte ständig in Bewegung bleiben.

Eine bestehende Bebauung ist schwer an episodische Fluten anzupassen. Flächenreserven sind in vielen Städten rar und kostbar. Wo aber neu gebaut wird, sollte geprüft werden, ob eine wasserangepasste Bauweise oder sogar eine neue Wasserfläche möglich wäre. Der Meeresspiegelanstieg käme in einem Szenario „Ausweitung und Dynamisierung der städtischen Gewässer" dann nicht als Katastrophe, sondern nur als etwas, womit man schon lebt und umzugehen weiß, vor (Bild 8.22).

Der kommende Meeresanstieg kann zwar der Auslöser sein, aber die Qualifizierung der Küstenstädte mit Wasser ist auch wegen der unablässigen Ausdehnung der Siedlungsflächen ein unumgänglicher Schritt. Auch Küstenstädte mit rückläufigen Einwohnerzahlen hätten durch ihre Öffnung zum bewegten Wasser die besondere Chance, Besucher und neue Einwohner anzulocken. Das entspricht dem alten Mythos städtischer Freiheit, kompensiert bauliche Enge und erhöht die Lebensqualität. Durch den Klimawandel mit wärmeren und längeren Sommern kommt außerdem dem Wasser und dem Grün eine wichtige kühlende Wirkung auf das Stadtleben zu.

Das wären alles sehr langfristige Lösungen für Küstenstädte, die das Meer kommen sehen. Ist dann das Meer angekommen, begrüßen es die Bewohner, weil sie es kennen und alles dafür vorbereitet haben. Kommt das Meer erst später als gedacht, dann lässt es sich mit den Vorsorgestrukturen auch schon wunderbar leben.


[1] Schuchardt B, Schirmer M (Hrsg.), 2007: Land unter? Klimawandel, Küstenschutz und Risikomanagement in Nordwestdeutschland: die Perspektive 2050. Oekom, München 243 S.

[2] Klimzug-Nord Verbund (Hrsg.), 2014: Kursbuch Klimaanpassung: Handlungsoptionen für die Metropolregion Hamburg. TuTech Verlag, Hamburg 133 S.

[3] Studio urbane Landschaften, 2008: Wasseratlas: Wasser-Land-Topologien für die Hamburger Elbinsel. Jovis, Berlin 158 S.

[4] Kramer J, Rohde H (Hrsg.), 1992: Historischer Küstenschutz. Konrad Wittwer, Stuttgart 567 S.

[5] Neubauer A, von Bargen U (Hrsg.), 2014: Klimaanpassung an der Unterweser durch einen Tidepolder im Bereich der Drepteniederung. Gesamtbericht zur Vorstudie. Bremenports, Bremerhaven. http://www.studie-tidepolder-drepte.de.

[6] Defra (Hrsg.), 2005: Making space for water. Department for Environment, Food and Rural Affairs, UK.

[7] Barker R, Coutts R, 2009: Sustainable development in floodrisk environments. Topos 68: 53-59.

[8] Sijmons D, 2009: Room for the river. Topos 68: 60-67.

[9] von Storch H, Claussen M (Hrsg.): 2011: Klimabericht für die Metropolregion Hamburg. Springer, Berlin 321 S.

[10] Adriaanse L, Hoekstra J, 2009: Designing a safe and sustainable Rijn-Maas-Schelde delta. Topos 68: 68-75.

[11] De Meulder B, Shannon K, 2009: A de-poldering project in Beveren North, Belgium. Topos 68: 76-81.

[12] Braaksma J, 2012: Rijzend Land. LAMA landscape architects VOF. Antwerpen 127 S.

[13] Metz T, van den Heuvel M, 2012: Sweet & Salt. Water and the Dutch. NAi Publishers, Rotterdam NL, 296 S.

[14] Lozán J et al. (Hrsg.), 1996: Warnsignale aus den Flüssen und Ästuaren. Parey, Berlin 390 S.

[15] Wegener U (Hrsg.), 1998: Naturschutz in der Kulturlandschaft. Fischer Jena, Stuttgart 456 S.

[16] Ahlhorn F, Meyerdirks J, 2010: Speichern statt pumpen. Nationalpark- und Biosphärenverwaltung Niedersächisches Wattenmeer. Wilhelmshaven 90 S.

[17] Fischer N, 2011: Der wilde und der gezähmte Fluss: Zur Geschichte der Deiche an der Oste. Landschaftsverband Stade 368 S.

[18] Höpner T, 1995: Ökologischer Zustand der Flußmündungen an Nord- und Ostsee – Ein Überblick. In: Lützenkirchen M (Hrsg.) Wasser zwischen Land und Meer – Flußmündungen unter Druck. WWF Tagungsbericht, Bremen: 33-49.

[19] Höpner T, 1994: Auswirkungen der Ästuarvertiefung in der Emsmündung. In: Lozán JL et al. (Hrsg.) Warnsignale aus dem Wattenmeer. Blackwell, Berlin: 171-175.

[20] Bos D (und 7 weitere Autoren), 2012: Der ökologische Zustand des Emsästuars und Möglichkeiten der Sanierung. A&W rapport 1759. Programma Naar Een Rijke Waddenzee/ Altenburg& Wymenga, Leeuwarden/Veenwouden: 68 S.

[21] Laue M, 2008: Machbarkeitsuntersuchung zur Vertiefung der Außenems. Zwischen Weser und Ems 42: 19-26.

[22] WWF Deutschland (Hrsg.), 2014: Ems-Ästuar 2030. Ein Masterplan für die Ems. 34 S.

[23] Schuchardt B, Scholle J, 2009: Estuaries. Thematic Report 16.

In: Marencic H, Vlas J de (Hrsg.) Quality Status Report 2009. Wadden Sea Ecosystem 25. Common Wadden Sea Secretariat, Wilhelmshaven 19 S.

24 Schumacher T, 2011: Arme Ems: Die Vernichtung des Flusses und seiner Landschaft geht weiter. Waterkant März 2011: 30-31; Waterkant März 2013: 27-29; Waterkant Juni 2014: 33; Waterkant Sept. 2014: 27-28; Waterkant März 2015: 27-30.

25 Behre KE, 2012: Die Geschichte der Landschaft um den Jadebusen. Brune-Mettcker Druck- und Verlagsgesellschaft, Wilhelmshaven 280 S.

26 Blackbourn D, 2006: The Conquest of Nature. Water, Landscape, and the Making of Modern Germany. WW Norton & Company, New York, London 466 S.

27 Wasser- und Schifffahrtsämter: www.wsa-wilhelmshaven.de/wasserstrassen/schifffahrtsstrasse_jade/und www.wsa-bremerhaven.de/fachseminar 2004.

28 Schuchardt B, Schirmer M (Hrsg.), 2005: Klimawandel und Küste. Die Zukunft der Unterweserregion. Springer, Berlin 341 S.

29 Schirmer M, 1994: Ökologische Konsequenzen des Ausbaus der Ästuare von Elbe und Weser. In: Lozán J et al. (Hrsg.) Warnsignale aus dem Wattenmeer. Blackwell, Berlin: 164-171.

30 Kausch H, 1996: Fahrwasservertiefungen ohne Grenzen? In: Lozán J et al. (Hrsg.) Warnsignale aus Flüssen und Ästuaren. Parey, Berlin: 162-168.

31 Michaelis H, 1994: Der Schwund echter Brackwasserarten in Ästuaren und kleinen Mündungsgewässern. In: Lozán et al. (Hrsg.) Warnsignale aus dem Wattenmeer. Blackwell, Berlin: 178-181.

32 Janssen P, 2013: Weservertiefung vor dem Scheitern? Waterkant Juni 2013: 7-9; Waterkant Sept. 2013: 20-24.

33 Dede K, 2005: Die Wesermarsch und das Jeverland. In: Fischer L et al. (Hrsg.) Das Wattenmeer: Kulturlandschaft vor und hinter den Deichen. Theiss, Stuttgart: 202-233.

34 Meier D, 2014: Die Unterelbe: Vom Urstromtal bis zur Elbvertiefung. Boyens, Heide 215 S.

35 Veit S-M, 2014: Die Riesen und die Krisen. taz 14.11.2014; Pfeiffer H in taz 26.11.2014; Knödler G et al. 2015 Dicke Pötte. taz-nord 30.05.2015.

36 Hintz K, Schuldt E-O (Hrsg.), 2014: Wahr-schau zur geplanten Elbvertiefung. BoD, Norderstedt 264 S.

37 Nix H, 2010: Der Elbe geht die Luft aus. Waterkant Juni 2010: 22-23; Waterkant Dez 2011:19-21; Waterkant März 2012: 15-16; Waterkant Juni 2014: 34-36.

38 Projektbüro Fahrrinnenanpassung Wasser- und Schifffahrtsamt Hamburg, 2007: Fahrrinnenanpassung Unter- und Außenelbe. Hamburg 40 S.

39 Höppe P, 2014: Naturkatastrophen der letzten Jahrzehnte. Trends bei Häufigkeit und Schäden, Ausblick in die nahe Zukunft. Natur und Landschaft 89: 516-521.

40 Reise K, 2009: Coastal adaptations. Topos 68: 82-87.

41 Stokman A, von Seggern H, Rabe S, 2009: Designing tidal landscapes. Topos 68: 88-93.

42 MacLean A, Kemp W, 2010: Las Vegas – Venedig. Fragile Mythen. Schirmer/Mosel München 192 S.

43 Strassmann B, 2013: Die Sintflut kann kommen. Die Zeit 10.01.2013.

44 Vairavamoorthy K, 2009: Managing water for the city of the future. Topos 68: 94-97.

45 Cooper JE, 2014: Proving ground. Topos 87: 60-63.

46 Bolstad J, Meyer W, 2014: Resiliency for the city and the sea. Topos 87: 64-69.

**Nordloher-Barßeler Tief östlich Leer. Natürliche Flussmäander mit Gezeiten in der Binnenmarsch. Hin und wieder wagen sich sogar Seehunde bis hierhin vor.**

***A small tidal river meandering through an inner marsh region (Nordloher-Barßeler Tief, east of the city of Leer). Seals have even been known to swim this far upstream every now and then.***

Wewelsfleth mit der Werft im Außendeichbereich. Durch ein Sperrwerk dringen seit 1975 Sturmfluten von der Elbe nicht mehr in die Stör vor. Die untere Stör versandet und die Frachtschifffahrt wurde unbedeutend.

*Since 1975 a storm surge barrier has prevented storm tides in the Elbe estuary from entering the River Stör. The lower reaches of this river are now silting up and cargo shipping has become negligible. The shipyard at Wewelsfleth is located outside the embanked area.*

**Als ökologisch wertvolles Überschwemmungsgebiet wurde gegenüber von Nordenham auf der Luneplate ein Tidepolder von 220 Hektar eingerichtet, der auch als Speicherbecken für die Entwässerung des Hinterlands dient.**

***As an ecologically precious flooding zone, a tidal polder of 220 hectares was established on Luneplate opposite Nordenham on the River Weser. This tidal polder also serves as a water reservoir for draining the hinterland.***

**Damit die auf der MEYER WERFT in Papenburg gebauten riesigen Schiffe bis zur Nordsee gelangen können, müssen rund 30 Kilometer der Unterems aufgestaut und ausgebaggert werden.**

***Thirty kilometers of the lower section of the River Ems have to be impounded and dredged to an accommodating depth to allow gigantic cruise vessels from a shipyard in Papenburg to be towed to the North Sea.***

Linnig
TUG

Bremerhaven: Die Stromkaje hat 14 Liegeplätze, eine durchgehende Länge von fast 5 Kilometern und eine Stellfläche von 3 Quadratkilometern. Das Containerterminal ist das viertgrößte in Europa.

*Bremerhaven: The so-called Stromkaje, with 14 berths, a continuous length of 5 kilometers, and a storage space of 3 square kilometers. The container terminal is the fourth largest in Europe.*

Wilhelmshaven: Rohöllager, Kohlekraftwerke und das in 2012 noch weitgehend verwaiste Containerterminal an dem auf 20 Meter vertieften Fahrwasser der Jaderinne.

*Wilhelmshaven: crude oil tanks, coal-fired power plants, and a container terminal upgraded in 2012. The latter is minimally used, in spite of the navigable Jade Deep dredged down to 20 meter depth.*

Hamburg: Die Container-Terminals in Waltershof. Nach Rotterdam hatte Hamburg in 2014 mit fast 10 Millionen Standard-Containern den zweitgrößten Umschlag in Europa.

*Hamburg: Container terminals at Waltershof. In 2014 container turnover at the port of Hamburg was the second highest in Europe after Rotterdam, with almost 10 million standard containers handled.*

CMA CGM
MSC

Friedrichstadt zwischen Treene (links) und Eider (rechts) wurde 1621 gegründet und sollte nach dem Willen des dänischen Königs eine Handelsmetropole in Konkurrenz zu Hamburg werden. Heute lebt die Grachten-Stadt vom Tourismus.

*Friedrichstadt, a small town located where two rivers meet, was founded in 1621. Religious refugees from the Netherlands, skilled in water management and commerce, were expected to create a trading centre here. Now tourists visit to enjoy town canals and historic buildings.*

Nur am rechten Ufer begleitet die Weser in Bremen eine Stadtpromenade. Die kompakte Innenstadt Bremens liegt relativ hoch, aber weite Teile der Stadt könnten nach und nach an erweiterte Wasserräume angepasst werden.

*Bremen's promenade along the Weser is located on the river's right bank. The compact city centre is located on relatively high ground, while most other areas could, over time, be adapted to cope with more flooding.*

Die von Kanälen durchzogene Innenstadt Hamburgs hat noch ein enormes Potenzial, um den Schutz vor Hochwasser mit den vom Wasser ausgehenden Vorzügen zu kombinieren.

*Hamburg's city centre is criss-crossed by urban canals and still has a great potential to combine protection against high water with the advantages that living with water may entail.*

**Die Marco-Polo-Terrassen am Grasbrookhafen in der Hamburger HafenCity bieten weitläufigen Erholungsraum am Elbufer. Bei Sturmflut aber können sie unter Wasser geraten.**

***Marco Polo Terrace, located at Grasbrookhafen in the HafenCity district, is a large leisure area on the banks of the River Elbe. During storm surges it can, however, become flooded.***

**Zukunftsweisendes Ausstellungs- und Bürogebäude im Müggenberger Zollhafen, Hamburg-Veddel, entstanden für die Internationale Bauausstellung 2006 bis 2013. Es schwimmt auf seinem 50 x 26 Meter großen Beton-Ponton mit den Gezeiten 3,5 Meter auf und ab.**

***This innovative floating office building designed for an International Building Exhibition in Hamburg. The pontoon is made of concrete, 50 meters long and 26 meters wide, and experiences a tidal rise and fall of 3.5 meters (Müggenberger Zollhafen in Hamburg-Veddel).***

# 9. Zusammenfassung mit Ausblick – Summary and outlook

*Wer diese Zusammenfassung vor dem Buch liest: Das Buch schöpft aus der wechselhaften Küstengeschichte, bewertet dann Projektionen zum Meeresspiegelanstieg und zu Sturmfluten an der Nordseeküste, und macht vor allem Vorschläge, wie sich Bewohner von Küstenstädten, Marschen und Inseln nachhaltig mit dem schneller ansteigenden Meeresspiegel arrangieren könnten. Darüber möchte dieses Buch einen breiten Küstendialog in Gang bringen. Angesprochen sind die fast 4 Millionen Bewohner und ebenso alle Besucher der Nordseeküste.*

Weltweit befinden sich flache Meeresküsten in einem Dilemma. Häufige Überflutungen hielten sie zwar fruchtbar, aber um diese Schwemmländer nutzen zu können, musste erst das Übermaß an Wasser reguliert werden. Danach war einerseits eine dichte Besiedlung möglich, aber andererseits sanken dadurch die eingedeichten und entwässerten Küstenmarschen immer tiefer, während davor das Meer immer höher stieg. Mit dem vom aktuellen Klimawandel verstärkten Meeresspiegelanstieg stellt sich nun die Frage, ob die bisherigen Abwehrmaßnahmen gegen Überflutungen fortgesetzt werden sollen oder ob ein Kurswechsel angesagt ist, um das Dilemma von schneller ansteigendem Meer und weiterhin sinkendem Land zu überwinden.

**Inseln, Watt und steigender Meeresspiegel**

Düneninseln an der Nordseeküste wurden im Sommer zu begehrten Urlaubszielen, aber das führte wiederum zur Befestigung von Inselufern. Dadurch wurden genau die natürlichen Uferbewegungen eingeschränkt, die künftig ausgleichend auf die zunehmenden Meereskräfte hätten wirken können. So stellt sich die Frage, ob vielleicht auch bewegliche Inseln gute Erholung am Meer bieten könnten.

Die im Rhythmus der Gezeiten auf- und abtauchenden Watten sind nirgendwo so weitläufig wie an der Nordseeküste. Das freie Formenspiel der Priele, Sandbänke, Schlickwatten und Salzwiesen mit den spektakulären Vogelschwärmen wurde zum Weltnaturerbe erklärt. Was aber sollen wir tun, wenn dieses Wattenmeer, mit einer unverrückbaren Deichlinie im Rücken, bei schneller steigendem Meeresspiegel nicht mehr genügend aufschlickt und aufsandet? Sollte es dann, statt dauerhaft unter Wasser zu bleiben, lieber behutsam mit Nordseesand beim Mitwachsen unterstützt werden?

Voraussichtlich wird der Meeresspiegel zunächst nur langsam steigen. Spürbar beschleunigt er sich erst später in diesem Jahrhundert, wird dann im nächsten deutlich über 1 Meter zugelegt haben, und Sturmfluten werden noch höher auflaufen. Denn auch bei bester Klimapolitik wird die globale Erwärmung den Meeresspiegel weltweit um drei Meter oder mehr anheben. Wann das passiert, das ist derzeit nicht prognostizierbar und hängt vor allem von komplexen Schmelzvorgängen an den Polen ab.

Anders als bei Erdbeben oder Tsunamis, Wirtschaftskrisen oder Kriegen, ist der höher steigende Meeresspiegel dennoch eine recht klar absehbare Herausforderung, auf die wohlüberlegt und nach ausgiebiger, öffentlicher Meinungsbildung vorausschauend reagiert werden kann. Dazu soll dieses Buch beitragen. Wie soll die Nordseeküste langfristig am besten gestaltet werden, damit auch künftige Generationen dem Meeresanstieg nicht weichen müssen, sondern sich mit diesem unausweichlich gewordenen Trend arrangieren können?

**Fragen und Vorschläge**

Darauf Antworten zu finden, ist nicht allein ein wasserbauliches Problem. Wo und wann wären gezeitenabhängige Überflutungen in den Marschen willkommen, damit ein weiteres Absinken gestoppt und womöglich durch Aufschlicken Anschluss an den Anstieg des Meeres mit seinen zunehmenden Tidehochwasserständen gefunden wird? Sollen die Fahrrinnen zu den Nordseehäfen immer weiter vertieft werden oder wird uns dadurch die Gefahr durch immer höher auflaufende Sturmfluten zu groß? Wie kann es gelingen, die maritime Wirtschaft weiter zu entwickeln, ohne die Tideflüsse dabei ökologisch zu ruinieren? Könnten wir die Küstenstädte so umbauen, dass Nordseefluten auf den Straßen zu keiner Katastrophe führen?

Das sind keine Fragen, auf die es schon fertige Antworten gibt. Die Antworten gilt es im Dialog der Interessengruppen und Interessierten zu finden. Dafür braucht es Verständnis für alle Seiten und oft müssen für neue Wege erst noch Erfahrungen in Pilotvorhaben gewonnen werden. Das braucht alles seine Zeit und wird ein langer Weg der kleinen Schritte. Die Folgen eines schneller ansteigenden Meeresspiegels lassen sich aber nicht verdrängen. Je später darauf reagiert wird, umso schwerer und wahrscheinlich auch teurer käme ein Kurswechsel von der Abwehr der Überflutungen hin zu deren Aufnahme.

Was sollte heute getan werden, damit später gut daran angeknüpft werden kann? Sind starre Uferbefestigungen, höhere Deiche, schnellere Entwässerung und tiefere Fahrrinnen der richtige Weg? Oder ginge es besser mit Sandimporten aus der Nordsee und frei beweglichen Ufern, mit gestaffelten Deichsystemen, mit mehr Wasser in der Marsch, mit Häusern wie einst auf Warften/Wurten, auf Pfählen oder schwimmend, mit Küstenstädten, in denen Häuser auch zwischen oberen Stockwerken noch Verbindungswege hoch über möglichen Fluten haben, mit wieder flacher gebauten Schiffen auf den Tideflüssen – um nur einige Beispiele aus dem Strauß der Vorschläge zu nennen?

**Klimaschutz und Kurswechsel für die Nordseeküste**

Mit Anpassungen an den steigenden Meeresspiegel ist es außerdem nicht getan. Die Nordseeküste könnte Besuchern aus aller Welt ein Beispiel für weitsichtigen Klimaschutz geben: durch einen konsequenten Abschied von fossilem Kohlenstoff als Energiequelle, durch effiziente Nutzung von Küstenwind und Sonne, und durch Renaturierung von Küstenmooren als Senken für zu viel Kohlendioxid in der Atmosphäre. Das liegt im elementaren Interesse der Küstenbewohner, denn unbegrenzt sind die Anpassungsmöglichkeiten an einen beschleunigten Meeresspiegelanstieg nicht.

Ein Kurswechsel für die Nordseeküste lohnt sich schon jetzt, wenn Anpassungen gefunden werden, die nicht nur bei steigendem Meeresspiegel mehr Sicherheit bringen, sondern den Bewohnern der Küstenregion weitere gesellschaftliche, wirtschaftliche oder ökologische Vorteile brächten. So könnten durch mehr Wasser in den Marschen neben herkömmlicher Landnutzung auch Aquakultur, schwimmende Gärten oder Wassertourismus wirtschaftliche Impulse geben. Zusätzliche Deiche könnten gleichzeitig Verkehrswege sein oder sie wären hohl und böten Platz für Viehställe oder Werkstätten. Neue Gewässer in den Marschen könnten mit Brutinseln für Küstenvögel auch den Naturwert vom Wattenmeer noch weiter stärken.

Überaus eng wird es bei schneller steigendem Meeresspiegel für die Tideflüsse. Der Überflutungsraum reicht schon jetzt nicht aus, um die zunehmenden Wassermassen so zu verteilen, dass Strömung, Sedimentumlagerungen, Tidehub und Sturmfluten nicht immer weiter zunehmen. Der Fahrrinnenausbau verschärft noch die Lage. Dabei hätten die Tideflüsse beste Chancen, attraktive Erholungsräume und fischreiche Gewässer zu werden. Mit Blick auf die gesamte Flussregion und alle gesellschaftlichen Gruppen sollte ein offener Dialog zu einem breiten Konsens führen können, mit einem Ergebnis, das mit dem Meeresspiegelanstieg auf Augenhöhe bleibt.

Der Ausgang dieses Küstendialogs wird entscheidend vom Mut abhängen, den bisherigen Lebensstil zu überdenken, ihn nicht mehr an fossilen Kohlenstoff als Energie- und Wärmequelle zu binden, auch den Fleischkonsum auf ein Mittelmaß zu begrenzen und dann mehr als bisher ein Leben umgeben von Meer und Wasser zu wagen. Wie wir mit dem schnelleren Anstieg des Meeresspiegels an der Nordseeküste umgehen, ist viel mehr eine Frage der Lebenseinstellung als die von wasserbautechnischen Lösungen.

Trotz allem Aufwand, die Nordseeküste nicht nur auf einer Linie der Abwehr, sondern auf ihrer gesamten Fläche auf das schneller ansteigende Meer vorzubereiten, könnte darin doch auch eine Chance liegen. Es entstünde ein unverwechselbares Küstenprofil. Der Eigenwert und die Originalität der Küstenregion würden steigen. Das würde mehr Zusammengehörigkeit schaffen und die Identität stärken. Wohnen und Leben in wasserreicher Küstenlandschaft könnten zum Markenzeichen der Nordseeküste werden. Küstenstädte, zu Wasserstädten umgebildet, würden gut in eine Zeit mit überhitztem Klima passen.

**Ausblick**

Die gegenwärtige Vorliebe für kurzfristige Lösungen schränkt künftige Optionen für eine langfristig nachhaltig bewohnbare Nordseeküste trotz Meeresanstieg erheblich ein. Wer bei einem schneller ansteigenden Meer zu lange allein auf Abwehr der Fluten setzt, riskiert den Kollaps ausgereizter Schutzstrukturen oder stellt künftige Generationen vor unlösbare Probleme, auf die dann nur noch mit einer Abkehr von der Küste reagiert werden kann. Es wäre fahrlässig, nicht beizeiten nach Alternativen zu suchen.

Eine Alternative ist, mit dem steigenden Meer zu wachsen. Das wird im Wattenmeer vor den Deichen schon lange für die Landgewinnung praktiziert. Natürliche Aufschlickung und die Vegetation werden dabei gefördert. Nun wird es Zeit, dieses Verfahren so weiter zu entwickeln, dass auch ein Mitwachsen von Nordseemarschen hinter den Deichen gelingen kann. Die Marschen der Tideflüsse sind dafür besonders prädestiniert, weil dort die Sedimentfrachten am höchsten sind. In ähnlicher Weise könnten Naturvorgänge auf den Inseln genutzt werden, wenn Dünen wieder wandern dürften. Auch in den Fahrrinnen der Tideflüsse sollten die Gezeitenströmungen für die nötige Tiefe passend gelenkt werden, anstatt die Flüsse gegen die natürliche Sedimentdrift immer tiefer auszubaggern.

Bleibt der Meeresspiegelanstieg auch langfristig unter 1 Meter, dann wäre ein Kurswechsel für die Küste trotzdem ein Gewinn, wenn bei allen Vorhaben auf Mehrfachnutzungen geachtet wird. Pendelt sich der Meeresspiegelanstieg unterhalb von 4 Metern ein, könnten viele der vorgeschlagenen Anpassungen oder deren Kombination noch hinreichend sein. Steigt der Meeresspiegel, ähnlich wie in der letzten Zwischeneiszeit, vorübergehend noch über 4 Meter hinaus, dann würden auch diese Anpassungen zu kurz greifen. Starre Ufer und höhere Deiche allerdings wohl noch mehr.

Das Buch *Kurswechsel Küste – Was tun, wenn die Nordsee steigt?* ist weit davon entfernt, fertige Pläne oder gar einen Masterplan vorzulegen. Pläne sollten aus einem Dialog mit allen Betroffenen hervorgehen. Sinnvoll wäre auch nicht ein Plan für alles, sondern vielfältige, individuelle Lösungen, abgestimmt auf die lokalen Verhältnisse und Vorstellungen. Zu diesem überfälligen Dialog möchte unser Buch anregen und dafür wünscht das Autorenteam eine gute Fahrt und allzeit genügend Wasser unterm Kiel – aber auch nicht zu viel.

## Summary and outlook

*Sea level rise is accelerating, threatening the sustainability of the four million people who live in the lowlands and on the islands of the German North Sea coast. This book, intended to stimulate an animated public dialogue about the future of this important region, draws from the natural and human history of Germany's North Sea coast. It discusses and evaluates recent research on changes in mean sea level rise and storm surge in the North Sea. It makes a spirited argument for new ways that the inhabitants of coastal cities, lowlands and islands in this region could respond to the changes they will face in the decades ahead. Though primarily addressing the German North Sea coast, the ideas presented here are inspired by the Dutch and other international literature on coastal issues and climate change. The analysis and conclusions are vitally important for low-lying estuaries and sandy barrier islands all around the world.*

**Islands, tidal flats and the rising level of the sea**

*Attracted by stunning beaches and a comfortable climate, vacationers visit the North Sea coast in great numbers every summer. Government agencies, justifiably anxious to protect buildings and touristic utilities on the islands, have built seawalls, groynes and other structures to prevent the shoreline from moving. But, by raising these defenses, coastal engineers have inadvertently disabled natural mechanisms that could have defended the islands from the serious challenges posed by sea level rise. Could it be that the island communities would be better served by removing some of the fixed, rigid defenses and letting shorelines move naturally once more?*

*The Wadden Sea, as the vast tidal flats of the North Sea coast are known, is the largest environment with a contiguous stretch of mud flats in the world. A rich assortment of sandbars, dunes and salt marshes gives the Wadden Sea landscape unique physical and ecological properties. The region attracts spectacular flocks of migratory shorebirds. In 2009, in recognition of the Wadden's rare geological and biological importance, UNESCO added the coastal area to its World Heritage List. However, the Wadden Sea is at risk. On coastlines armored by rigid dikes, the tidal flats might not continue accumulating sediments fast enough to keep up with the accelerating rise in the level of the North Sea. If so, parts of this delicate environment could drown and disappear. Should coastal engineers protect the Wadden Sea by gradually raising its floor with loads of sand dredged from the bottom of the North Sea?*

*That sea level is rising globally and on the North Sea coast is not in doubt. Almost certainly the change is due to heat expansion of the sea and melting of mountain glaciers and polar ice sheets, all caused primarily by global warming. Nobody can be sure how the rate will change in the future, but it is widely believed that the rate of sea level rise will continue growing in the coming decades. It is likely that in the next century sea level will be significantly more than one meter higher than it is now. The crests of ocean surges are also likely to rise, especially on the eastern North Sea coast. Global warming can be slowed or even stopped. But the processes that will push sea level higher, most importantly recession of polar ice sheets, will continue for some time, no matter what people will do. Sea level is likely to eventually rise by three meters or more even under optimistic scenarios, though how many decades or centuries the process will take is unknown.*

*In contrast to disasters such as earth quakes, tsunamis, wars and economic collapse, the fact of sea level rise can be foreseen with near certainty. The challenges it poses can be anticipated and solutions be subjected to public consideration and debate. This book is intended to contribute to this important process. It offers suggestions on how we can respond to the inevitable rise in sea level, without allowing hundreds of kilometers of coastline to be flooded, destroying huge swaths of rich and diverse ecosystems and cultural heritage.*

**Questions and suggestions**

*Coastal engineers know a lot about how to respond to sea level rise. But saving the Wadden Sea, its islands, estuaries and coastal lowlands will require input from many interested parties. Rural property owners, whose low-lying land might be saved only by stimulating sedimentation with intentional flooding, must be consulted. Ship owners, port operators and shore dwellers will have strong opinions about plans to dredge channels where storm tides could grow substantially. Residents of coastal cities will wonder how their streets can be kept from flooding. Boosters of economic growth will have their concerns; conservation activists will have other, possibly conflicting, worries.*

*There is no single policy that will satisfy everyone. Only wide-ranging dialogues with all stakeholders and interested groups will produce acceptable results. This requires mutual understanding. It requires research as well; some shoreline protection measures still need testing. This takes time. Progress will be incremental. However, the consequences of sea level rise cannot be ignored. If we postpone taking action, the cost of responding later will be even greater.*

*We need to begin taking action. But what should we do now, given the uncertainty about how fast the sea will rise and what responses work best? Are conventional methods – rigid coastal defenses, higher dikes, deepening of shipping channels – still the best course? Or should we adopt less-tested solutions, such as sand nourishments, freely adjusting shores, echelons of dikes, selective flooding of coastal lowlands, elevated and floating homes, and ships adapted to shallow water?*

**Mitigating climate change and changing the course in coastal adaptations**

*In the long run, adapting to sea level rise cannot be the only response to climate change. Unless the root cause, burning of fossil fuels that releases heat-trapping gases, is addressed, the sea will eventually rise beyond possible accommodation. Other consequences of climate change will also become intolerable.*

*The North Sea coastal region could become a model for how to replace carbon-dioxide-producing fossil fuels with alternative energy sources such as wind and solar power. Coastal bogs could be restored creating new sinks to remove carbon dioxide from the atmosphere. Though inhabitants of the Wadden Sea cannot slow global warming on their own, by leading the world they can encourage beneficial changes elsewhere.*

*Even today, decades before crippling increases in sea level, some forms of coastal adaptation could already prove helpful. These could provide social, economic and ecological advantages now, in addition to serving as a defense against higher seas in the future. For instance, some kinds of coastal low-land flooding would facilitate aquaculture, floating gardens and water-based tourism. Roadways should generally be elevated to serve as secondary, inland, dikes. Some inland dikes could be hollowed out for use as workshops and barns. Birds could safely breed on islands in new lakes, adding resilience to the Wadden Sea's embattled ecosystem.*

*Accelerating sea level rise is most challenging for estuaries. There is already insufficient space there for distributing excess water during storm surges. This situation creates excessive current velocities and disrupts natural sedimentation patterns. Ship-channel dredging exacerbates these problems. However, if appropriate action is taken to protect estuaries, they can regain their important role as homes to large populations of fish. An open dialogue about how to protect these important ecosystems could lead to actions that will ensure estuaries remain vibrant even in the face of foreseeable future sea level rise.*

*Surviving – even thriving – under the conditions anticipated on the Wadden Sea in the future, will require much more than the solutions coastal engineering can supply. The very mode of our coastal life will have to change. No-holds barred discussions will be needed. Existing lifestyles, so dependent on fossil carbon as their energy source, will have to be re-evaluated. The amount of meat consumed might also need to be reconsidered. Most of all, inhabitants of the Wadden Sea region will have to summon the courage to stay connected to, and surrounded by coastal waters, despite the changes they will suffer.*

*The future of Germany's North Sea coast could be considered dire, or the anticipated changes could be seen as a tremendous opportunity. The community response could bring about a strengthening of coastal solidarity and identity. The coast could become more attractive to people than ever. The threatened coastal cities of today could become the robust, desirable water cities of tomorrow.*

***Outlook***

*Short-term thinking common today limits the options for long-term occupation of the Wadden Sea region. Relying primarily on engineered flood defenses is not only expensive, but, ultimately, counter-*

*productive, as protection devices will inevitably fail. Future generations will thus be saddled with unnecessary additional costs, and possibly with retreat to higher ground. It would be irresponsible not to consider more sensible and long-lasting, solutions today.*

*One important alternative to conventional solutions would be to help the land to rise up in synchrony with the advancing sea. This has long been practiced for claiming new land from the sea in front of dikes. The time has come to harness natural accretion processes to address the areas behind dikes as well. Massive amounts of sediments swirl in the waters of estuaries. These could be put to useful service, helping lowlands nearby to grow with the sea. Dunes, if allowed to move, rather than being permanently fixed, could also help islands to adjust to sea level rise.*

*Even if by good fortune long-term sea level rise never reaches more than a meter, it would still be advantageous to adopt new approaches to coastal adaptation. However, to achieve win-win solutions it would be important that any intervention adopt multifunctional attributes. Even if sea level reaches up to four meters, the measures suggested in this book may, individually or in combination, fit the task. These measures will fall short, however, if sea level grows further, even temporarily, as it did at the end of the last interglacial period. On the other hand, under such adverse conditions, rigid coastal defenses will fare even worse.*

*The book 'Changing the Coastal Course – What to do about North Sea Rising?' does not pretend to offer a master plan for the entire North Sea coast. Plans will have to emerge from a lengthy discussion among all concerned inhabitants and interest groups. A single plan would never suffice anyway. Rather, the response to sea level rise should consist of a multiplicity of solutions appropriate to local conditions and preferences and should be re-evaluated regularly. This book suggests how to begin the (long overdue) public dialogue on sustainable coastal development in face of an inevitable acceleration in sea level rise.*

# Glossar

Brackwasser: durch Süßwasser verdünntes Meerwasser

Buhne: quer zur Uferlinie errichtetes Bauwerk, bei Hochwasser noch überspülbar, meist aus Stein, aber auch aus Pfählen, Spundwänden oder Tetrapoden aus Beton, um küstenparallele Tideströmung vom Ufer abzulenken

Buschlahnung: doppelte, bis einen Meter hohe Pfahlreihe, zwischen die Reisigbündel (Faschinen) geschnürt werden, um Strömung und Wellen zu dämpfen und dadurch die Aufschlickung zu fördern

Butjadingen: Marschenhalbinsel zwischen Weser und Jadebusen

Coastal squeeze: Vom Meeresspiegelanstieg vor festen Uferbauwerken ausgelöste Stauchung der Sukzession von Biotopen der Gezeitenzone bis hin zum völligen Verschwinden, weil eine Verschiebung landwärts wegen der Uferbefestigung nicht mehr möglich ist. Verursacht wird die Stauchung von verstärkter Wasserdynamik.

$CO_2$ (Kohlendioxid): Treibhausgas, das durch die Verbrennung fossiler Kohlenstoffe (Kohle, Erdöl und Erdgas) in der unteren Atmosphäre angereichert wurde und für die globale Klimaerwärmung hauptsächlich verantwortlich ist.

Deckwerk: im Wasserbau eine meist asphaltierte oder betonierte und mit Steinschüttungen bewehrte Fußsicherung an besonders gefährdeten, seeseitigen Böschungen von Deichen oder Ufern

Deich: an der Küste und Flüssen errichtete Erdwälle mit Rasen- oder Asphaltdecke zur Abwehr von Überflutungen

Deichvorland: meist mit Hilfe von Grüppen und Lahnungen entstandene Salzwiesen vor den Deichen

Dithmarschen: Landschaft zwischen Elbe- und Eidermündung

Dollart (niederländisch: Dollard): Brackwasserwatt in der Emsmündung, das durch mittelalterliche Sturmfluten aus Marschen und Mooren entstand

Ebbdelta (Ebbstromdelta): seewärtiges Mündungsdelta eines Wattstromes mit Sandbänken

Ebbe: Fallen des Wasserspiegels vom Tidehochwasser zum Tideniedrigwasser

Eem-Warmzeit: letzte Warmzeit, die vor etwa 126.000 Jahren begann und vor 115.000 Jahren endete. Sie war um rund 2°C wärmer als die heutige Warmzeit und der Meeresspiegel erreichte eine Höhe um neun Meter über dem heutigen Meeresspiegel.

Flut: Steigen des Wasserspiegels vom Tideniedrigwasser zum Tidehochwasser

**Flutraum (auch: Überflutungsraum):** von extremen Hochwassern überspülte Uferzonen

**Flutstromdelta:** wattseitiges Delta eines Seegatts (Tiefs) mit Sandbänken und Sandwatten

**Geest:** eiszeitliche Ablagerungen aus Steinen, Sand und Ton, die höher als die Marschen liegen und an der Nordseeküste vorwiegend aus der vorletzten Eiszeit stammen

**Gezeiten (Tiden):** Wasserstandveränderungen durch Mond, Sonne und Erdrotation mit täglich zweimal Hoch- und Niedrigwasser an der Nordseeküste

**Groden:** siehe Polder

**Grüppen:** vorwiegend parallele Gräben im Deichvorland und den Lahnungsfeldern, die das ablaufende Wasser befördern und bei der Aufschlickung helfen sollen

**Hallig:** Marschinsel im Wattenmeer, die bei Sturmfluten bis zu den Warften unter Wasser geraten kann

**Hollerkolonisation:** planmäßige Urbarmachung von Marschen, insbesondere im Gebiet von Unterweser und Unterelbe, durch holländische Kolonisten, die oft langgestreckte Marschhufendörfer anlegten

**IPCC:** *Intergovernmental Panel of Climate Change* (Weltklimarat), veröffentlicht alle sechs Jahre einen Sachstandsbericht zu den Klimaveränderungen. Der letzte erschien 2013/2014.

**Jadebusen:** im ausgehenden Mittelalter durch Sturmfluten entstandene Einbuchtung von heute noch 190 Quadratkilometer Fläche mit meist schlickigem Watt, gelegen zwischen Wilhelmshaven und Unterweser

**Klei:** aus vorwiegend tonig-schluffigen Meeres- oder Flussablagerungen entstandener, sehr bindiger und klebriger Marschboden, entstanden aus entwässertem Schlick

**Koog:** siehe Polder

**Küsteninversion:** durch steigenden Meeresspiegel und sinkendes Land entstandene, verkehrte Höhenverhältnisse von Meer und Land

**Lagune:** durch Strandversatz entstehende Sandhaken (Nehrungen) trennen eine Meeresbucht so weit ab, dass ihr Boden auch bei Tideniedrigwasser von Wasser bedeckt bleibt

**Lahnungsfeld:** von Buschlahnungen umzäunter Wattbereich, angelegt, um die Aufschlickung zu fördern

**Leitdamm:** überflutbare Spundwand mit Steinschüttung, parallel zu einer Watt- und Flussrinne, zur Stabilisierung ihres Verlaufs

**Marschboden:** durch Ablagerungen von Meeres- und Flusssedimenten entstandene Böden mit zumeist hohem Anteil organischer Bestandteile

**Meeresspiegelanstieg:** Höhenzunahme der mittleren Oberfläche des Meeres durch Erwärmung (sterisch) und Wasserzufuhr (eustatisch), absolut oder relativ zur Höhenveränderung einer Uferregion

**Moränen:** durch eiszeitliche Gletscher zusammengeschobene Erdmassen, die der norddeutschen Landschaft eine hügelige Struktur verleihen

**MThw:** mittleres Tidehochwasser

**MTnw:** mittleres Tideniedrigwasser

**NHN (Normalhöhennull):** Niveau, auf das sich Höhen- und Tiefenangaben der Landkarten beziehen; Es stimmt meist mit der Mitte zwischen mittlerem Tidehoch- und Tideniedrigwasser überein.

**Nipptide:** Tide mit niedrigstem Tidehub, durch Stellung von Mond und Sonne im rechten Winkel zueinander (bei Halbmond)

**Nordfriesland:** Landschaft zwischen Eidermündung und dänischer Grenze

**Paludikultur:** landwirtschaftliche Nutzung nasser Moorböden durch Anbau von Röhricht (Reet), Schilf, Torfmoosen u. a. Sumpfpflanzen

**Pegel:** Im Flachwasser senkrecht stehendes Rohr, in dem über einen Schwimmkörper der Wasserstand aufgezeichnet wird

**Pionierpflanzen:** Am seewärtigen Rand von Salzwiesen ins Watt wachsende Pflanzenarten, insbesondere Queller und Schlickgras

**ppm:** *parts per million*, engl. Konzentrationsangabe in Millionstel, entsprechend dem hundertsten Teil bei Prozent (%).

**Polder:** von Deichen umringtes Marschland, in Schleswig-Holstein Koog und in Teilen Niedersachsens Groden oder Innengroden (Außengroden sind Salzwiesen) genannt

**Poldertreppe:** absteigende Höhenverhältnisse vom jüngsten, zuletzt eingedeichten Polder hin zu den älteren, heute weiter weg vom Meer gelegenen Poldern, entstanden durch die jeweilige Höhe des Tidehochwassers bei der Salzwiesenaufschlickung vor der Eindeichung und durch nachträgliche Senkung des eingedeichten Marschbodens oder Höhenverlust entstanden durch Torfabbau

**Pricken:** Holzstangen, oben meist mit Reisigbündel, zur Kennzeichnung von Fahrwassern und Wattwegen im Wattenmeer

**Priel:** vorwiegend vom Ebbwasser geformte Rinne im Watt

**Riffbogen:** im Ebbdelta eines Wattstromes im Bogen zueinander liegende, wandernde Sandbänke.

**Röhricht:** Uferbereich mit hochwachsendem Schilfrohr im flachen Brack- und Süßwasser

**Salztorf:** Moorboden, der unter Meerwassereinfluss geriet. Nach Trocknen und Verbrennen wurde im Mittelalter aus der Asche Salz gewonnen.

Salzwiese: von Meerwasser so häufig überspülte Vegetation, dass salztolerante Pflanzen vorherrschen

Sandnehrung (Sandhaken): mit dem Ufer verbundene Sandbank, die durch Dünenbildung über Hochwasserniveau hinaus wachsen kann

Schelfeis: mächtige, auf dem Meer schwimmende Eisplatten, die von polaren Eisschilden (Grönland, Antarktis) gespeist werden, während an ihrem äußeren Rand Eisberge abbrechen

Schlafdeich (Binnendeich): ehemaliger Außendeich, der durch Landgewinn und neue Eindeichung in die zweite oder dritte Reihe gerückt ist

Seegatt (Gat): Mündung eines Wattstromes in die Nordsee

Seegras: Grasähnliche Blütenpflanzen, die im Wattboden wurzeln und deren Sprosse und Blätter von der Strömung meist flach über dem Boden gehalten werden

Seekartennull (SKN): entspricht dem niedrigsten Gezeitenwasserstand und ist die Bezugsfläche für die Tiefenangaben in den Seekarten

Sedimentation: Ablagerung von Schwebstoffen bei nachlassender Strömung und dadurch abnehmender Transportkraft

Siel: Durchlassbauwerk im Deich, das bei Druck durch Binnenwasser öffnet und bei Druck durch Außenwasser (Flut) schließt

Sietland: zwischen Geest und Küste oder Fluss am tiefsten gelegener Teil der Marsch, wo sich über abgesackten, tonigen Böden Moore bildeten, die später durch die Hollerkolonisation entwässert und abgebaut wurden

Speicherkoog (Speicherpolder): Polder zur Aufnahme von aus dem Binnenland abfließendem Regenwasser, wenn zu hohe Wasserstände vor dem Außendeich den weiteren Abfluss ins Meer verhindern. Am Rand findet auch landwirtschaftliche Nutzung statt und der Speicherraum steht oft unter Naturschutz.

Sperrwerk: Querbauwerk im Tidefluss, das bei Sturmflut schließt und auch bei Bedarf die Tide abschwächen kann

Springtide: Tide mit höchstem Tidehub durch die astronomische Konstellation bei Voll- und Neumond

Sommerdeich: meist nicht über drei Meter hoher Deich, der insbesondere die weniger hohen Sturmfluten des Sommers abwehren soll; liegt oft vor dem Hauptdeich in Niedersachsen und um die Halligen in Nordfriesland

Stadland: besonders tief liegendes, früher mooriges Land zwischen Jadebusen und Unterweser

Stauwehr (Wehr): Querbauwerk, das stromaufwärts den Wasserstand im Fluss erhöht und je nach Bedarf über- oder durchströmt werden kann

Tidebecken: dem Wassereinzugsgebiet eines Flusses vergleichbarer Bereich des Wattenmeeres, der zu einem Prielsystem mit Seegatt (Tief) gehört

Tidefluss: Unterlauf eines Flusses, dessen Wasserstand im Rhythmus der Gezeiten steigt und fällt

Tiden (Gezeiten): Wasserstandveränderungen durch Mond, Sonne und Erdrotation mit täglich zweimal Hoch- und Niedrigwasser an der Nordseeküste

Tidehochwasser: Höchster Wasserstand der Gezeiten, meist angegeben als mittleres Tidehochwasser (MThw)

Tidehub (auch Tidenhub): mittlerer Höhenunterschied zwischen Tidehoch- und Tideniedrigwasser

Tideniedrigwasser: Niedrigster Wasserstand der Gezeiten, meist angegeben als mittleres Tideniedrigwasser (MTnw)

Tidepolder: Polder mit Siel im Außendeich, das Meerwasser mit den Gezeiten ein- und ausfließen lässt, damit sich im Polder Schwebstoffe absetzen (Sedimentation) können

Tiefgang: Distanz zwischen Wasserlinie und tiefstem Punkt eines Schiffes

Überflutungspolder: Wenn im Fluss der Hochwasserstand die Deichhöhe erreicht, können zur Entlastung über Durchlässe im Deich (Siele) ganze Polder unter Wasser gesetzt werden.

Überflutungsraum (Flutraum): bei extremem Hochwasser überspülte Uferzone

Verklappen: Abgabe von Schiffsladung auf See durch Klappen unten im Rumpf (oft auf Abfallstoffe bezogen, aber auch auf Sand, der anderswo in den Laderaum gepumpt wurde)

Vorstrandriff: parallel zum Strand liegende, seewärtige Sandschwellen (Sandrücken), die meist nicht bis zum Niedrigwasserniveau aufragen

Warf (Warft, Wurt): künstlich aufgeworfener Wohnhügel in der Marsch

Watt(en): nicht mit aufrechten Pflanzen bewachsene Sedimentfläche zwischen Tidehoch- und Tideniedrigwasser (oder Seekartennull)

Wattenmeer: Niederländisch-deutsch-dänische Küstenregion zwischen Den Helder und der Halbinsel Skallingen mit der weltweit größten, zusammenhängenden Wattfläche

Wattrinne (Tief, Seegatt): durch Zusammenfluss von Prielen entstehender Hauptstrom der Gezeiten

Wehr: siehe Stauwehr

Wilstermarsch: eine der holsteinischen Elbmarschen, gelegen zwischen dem Nord-Ostsee-Kanal und der in die Elbe fließenden Stör

Wurt (Warft): künstlich aufgeworfener Wohnhügel in der Marsch

# Bildnachweise / Herausgeber, Fotokünstler

**Grafiken**
Die Grafiken zu den Kapiteln 1 bis 8 wurden vom studio urbane landschaften – hamburg landschaftsarchitektur. stadt- und raumforschung, Julia Schulz, Sabine Rabe und Amy Stamatopoulou erstellt: Bild 1.1-1.13; 2.1-2.9; 4.1-4.10; 5.1-5.2, 5.4-5.5, 5.7-5.9, 5.11; 6.1-6.4; 7.1-7.3, 7.5, 7.7; 8.1-8.9 und 8.11-8.22. Die Karten in Bild 1.1, 1.2, 8.6., 8.7, 8.9, 8.11, 8.14, 8.15, 8.19, 8.22 sind Darstellungen, basierend auf Informationen aus: Bundesanstalt für Geowissenschaften und Rohstoffe, GK1000, © BGR Hannover, 2014; Corine Landcover 2000, © European Environment Agency (EEA). Diese Karten wurden mit Daten von OpenStreetMap (www.openstreetmap.org) erstellt und sie können unter der CC – by SA – Lizenz 3.0 (http://creativecommons.org/licences/by-sa/3.0/) genutzt und modifiziert werden. Für die Figuren in Bild 6.1-6.4, 7.2, 7.5, 7.7, 8.3, 8.4 und 8.20 geht der Dank an Cut out people collection: www.skalgubbar.se. Die Literaturquellen, auf denen Darstellungen vom studio urbane landschaften – hamburg basieren, werden in den Bildlegenden genannt und im Literaturverzeichnis vollständig aufgeführt.

Besonderer Dank geht an DER SPIEGEL-Titelredaktion, Hamburg für Bild 2.10; Annika Henne, Hannover für Bild 5.9; Marco Verbeek, Holwerd aan Zee, NL für Bild 7.4 und Jorryt Braaksma, LAMA landscape architects, Antwerpen, BE für Bild 8.10.

**Fotos**
Bild 5.3, 5.6, 5.10 und 7.6 stammen vom Herausgeber, © 2015 Karsten Reise.

Alle nicht besonders gekennzeichneten Luftbilder in diesem Buch wurden von Alex S. MacLean geschaffen, LANDSLIDES AERIAL PHOTOGRAPHY, 23 Conant Road, Lincoln, MA 01733 USA, http://www.alexmaclean.com.

© Thomas Konczak 2014

**Karsten Reise**, geb. 1946, aufgewachsen an der Küste und studierter Biologe, lehrte als Professor Zoologie, Meereskunde und Küstenforschung an den Universitäten Göttingen, Hamburg und Kiel. Am Alfred-Wegener-Institut für Polar- und Meeresforschung leitete er die Wattenmeerstation Sylt und ist dort nach seiner Emeritierung in 2013 auch weiterhin tätig. Seine Interessen reichen von der mikroskopischen Fauna der Sandlücken im Meeresstrand bis hin zu Fragen der Küstengestaltung.

© Robert Geipel, CEWE Stiftung 2015

**Alex S. MacLean** ist ein amerikanischer Fotokünstler, der Architektur und Kommunalplanung studierte. 1975 erwarb er den Berufspilotenschein und gründete das Unternehmen *Landslides Aerial Photography*. Seither liefert er Architekten, Stadt- und Landschaftsplanern aussagekräftige Aufnahmen aus der Vogelperspektive. Seine eindrucksvollen Fotos erleichtern das Verstehen des Zusammenhangs zwischen natürlichen Lebensräumen und bebauter Umwelt.

MacLeans Fotografien wurden in vielen Ausstellungen gezeigt. Der Fotograf ist Autor zahlreicher Bücher, darunter „Über den Dächern von New York. Die ver borgenen Oasen der Stadt“ (2012), oder „Las Vegas – Venedig, fragile Mythen“ (2010). Dank eines CEWE Fellowships war Alex S. MacLean zuletzt 2015 als *Artist in Residence* zu Gast am Hanse-Wissenschaftskolleg, wo auch die Kooperation mit Karsten Reise initiiert wurde.